U0840985

21 世纪高职高专电子信息类实用规划教材

自动检测技术

刘小波　主　编
刘泓滨　邓利军　副主编

清华大学出版社
北　京

内 容 简 介

本书根据高职高专教育的特点，以职业岗位的核心能力培养为目标，充分体现“以应用技术为目标”的主导思想，重点突出职业特色。全书本着理论知识以必需、够用为度，少而精的原则，注重知识的基础性、实用性和针对性，结构紧凑合理，便于根据需要实施项目教学。

本书首先介绍了检测技术的基本知识；然后介绍了当前使用较多的几类传感器，如电阻式、电感式、电容式、磁电式、压电式、光电式、热电式、波式和射线式以及数字式传感器的结构、工作原理、转换电路及其典型应用；最后介绍了检测装置的信号处理技术及检测装置的干扰抑制技术。

本书实用性强，可以作为高职高专院校和成人高校的电气自动化技术、生产过程自动化技术、应用电子技术、机电一体化技术、电子信息技术、楼宇智能化技术以及相关专业的教材，也可以供自动化技术相关领域的从业人员参考。

图书在版编目(CIP)数据

自动检测技术/刘小波主编；刘泓滨，邓利军副主编. —北京：清华大学出版社，2012(2021.2 重印)
(21 世纪高职高专电子信息类实用规划教材)
ISBN 978-7-302-27908-2

Ⅰ. ①自…　Ⅱ. ①刘…　②刘…　③邓…　Ⅲ. ①自动检测—高等职业教育—教材　Ⅳ. ①TP274

中国版本图书馆 CIP 数据核字(2012)第 008918 号

责任编辑：李春明　郑期彤
装帧设计：杨玉兰
责任校对：周剑云
责任印制：沈　露
出版发行：清华大学出版社

网　　址：http://www.tup.com.cn, http://www.wqbook.com
地　　址：北京清华大学学研大厦 A 座　　**邮　　编：**100084
社 总 机：010-62770175　　**邮　　购：**010-62786544
投稿与读者服务：010-62776969, c-service@tup.tsinghua.edu.cn
质量反馈：010-62772015, zhiliang@tup.tsinghua.edu.cn
课件下载：http://www.tup.com.cn, 010-62791865

印 装 者：大厂回族自治县彩虹印刷有限公司
经　　销：全国新华书店
开　　本：185mm×260mm　　**印　　张：**16.5　　**字　　数：**395 千字
版　　次：2012 年 2 月第 1 版　　**印　　次：**2021 年 2 月第 4 次印刷
定　　价：45.00 元

产品编号：043379-02

前　言

高职高专教育是以培养高技能应用型人才为主要目标的高等教育，本书根据高职高专教育培养目标的要求，本着“以就业为导向、以能力为本位”的指导思想，力图使学生掌握传感器与检测技术等方面的基本知识和基本技能。

本书不再用以前的“知识点”为线索，而是由实例引入，改用以“任务”为线索，精心组织内容，采用任务引领的项目课程教学模式，以传感器与检测技术的典型项目为载体，突出其应用的技能知识，具有较强的实用性和可操作性。书中采用了丰富的传感器实物图片，增加了内容的直观性和真实感。此外，书中穿插一些“提示”，突出了实际工作中的重点，并使全书形式活泼多样。

本书主编在科研院所从事科研工作 20 余年，高校教学 7 年，积累了丰富的传感器与检测技术的教学、科研和生产实践经验。在编写本书时，结合多年来的科研、教学工作体会，吸收、借鉴了大量国内外文献资料的精华，教材内容紧密结合生产实践和日常生活。在编写过程中，编者深入相关企业调研，了解最新应用动态，收集了大量先进的产品技术资料、图片，通过整理、绘制穿插于书中，丰富了教材内容。

全书由昆明冶金高等专科学校副教授、高级工程师刘小波担任主编并负责统稿，昆明理工大学教授刘泓滨、昆明学院讲师邓利军担任副主编。本书的编写分工为：绪论、第 1、3、4、11 章由刘小波编写，第 2、6、9、12 章由刘泓滨编写，第 5 章由邓利军编写；第 7、10 章由刘小波、邓利军共同编写，第 8 章由昆明冶金高等专科学校实验师杨颖编写。此外，昆明学院讲师李祥德参与了第 2、6 章的资料收集及部分内容编写工作。

书中引用了国内外许多专家学者的书籍和最新研究资料以及企业的产品资料，在此对所引用书籍和资料的作者表示衷心感谢！

全书内容虽经反复推敲和修改，但由于编者水平有限，书中难免存在疏漏和不妥之处，敬请广大读者及同行批评、指正。

编　者

目　　录

绪　　论

检测技术是以研究自动检测系统中的信息提取、信息转换以及信息处理的理论和技术为主要内容的一门应用技术学科。

随着现代科学技术的飞速发展，人类已进入了瞬息万变的信息时代，人们的社会活动主要依靠对信息资源的开发、获取、传输与处理。如何迅速获取信息、正确处理信息和充分利用信息，直接影响到科学技术和国民经济的发展，因此世界各国纷纷加快了信息化建设步伐。检测与传感技术是信息技术三大支柱之一。这三大支柱包括检测与传感技术、通信技术和计算机技术，其中检测与传感技术实现信息的采集，是信息系统的“感官”；通信技术实现信息的传输，是信息系统的“神经”；计算机技术实现信息的处理，是信息系统的“大脑”。

传感器处于研究对象与检测系统的接口位置，即检测与控制系统之首。因此，传感器成为感知、获取与检测信息的窗口，一切科学研究与自动化生产过程要获取的信息，都要通过传感器获取并通过它转换为容易传输与处理的电信号。提高检测技术与传感器的性能、质量和水平，直接决定着信息系统的功能和质量，是实现信息化、自动化的重要条件。“没有传感器就没有现代科学技术”的观点已被全世界所公认。目前，以传感器为核心的检测系统已成为人们认识自然、改造自然的有力工具。

1. 自动检测技术的作用和地位

自动检测技术是科学研究与生产实践的必要手段，它的水平高低是科学技术现代化的一个重要标志。如图 0-1 所示，若将计算机比喻为人的大脑，那么传感器则可以比喻为人的感觉器官，执行器比作人的四肢。如果没有功能正常而灵敏的感觉器官，就不能迅速而准确地采集外界信息，即使再好的大脑也无法发挥作用。来自生产过程和自然界的各种信息是通过传感器进行采集的，因此，传感器是检测系统从外界获取信息的窗口。随着科学和工业技术的发展，检测技术与传感器已广泛应用于工业、农业、国防、航空、航天、医疗卫生和生物工程等各个领域。

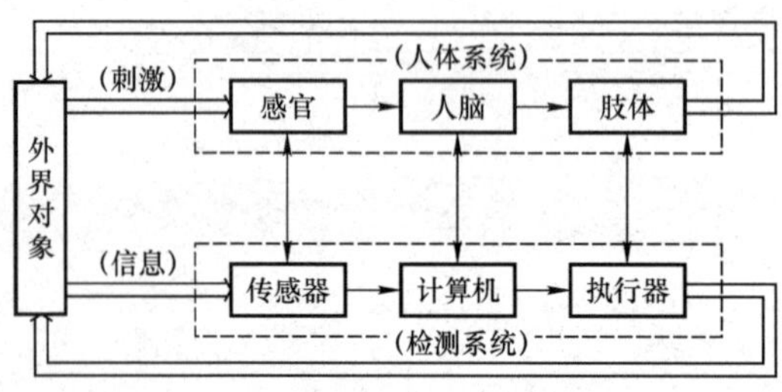

图 0-1　检测系统与人体系统对应图

2009 年 10 月 6 日，为了奖励华人科学家高锟以及两名美国科学家韦拉德·博伊尔和乔治·史密斯在光纤和半导体领域上的开创性研究，瑞典皇家科学院在斯德哥尔摩将 2009 年诺贝尔物理学奖授予了这三人。科学家高锟的获奖理由为“在光学通信领域，光在光纤中传输方面所取得的开创性成就”。两位美国科学家因“发明了一种成像半导体电路，即CCD(电荷耦合器件)传感器”而获此殊荣。

工业生产中常采用各种检测技术与传感器对生产过程某些重要工艺参数(如温度、压力、流量等)进行实时检测与自动化控制，如热电式温度传感器、切削力传感器、超声波测距传感器、红外接近开关传感器等。这是安全生产、节能降耗、保证产品质量、提高劳动生产力和经济效益的重要手段。

在自动控制系统中，传感器是不可缺少的组成部分。要实现自动化，只有通过传感器精确检测出被控对象的参数并转换成易于处理的信号，控制系统才能正常地工作。

一部现代高级轿车装有50～60个传感器，多的则达百个，这些传感器用于对温度、压力、位置、距离、车速、加速度、流量、湿度、电磁、光电、气体及振动等各种信息进行实时、准确的测量和控制，以保证行车安全。

对于现代装备系统来说，检测技术与传感器是其安全经济运行的重要保证，是其先进性和实用性的重要标志。检测技术水平越高，其性能就越好。如京沪高铁CRH380型高速列车的智能化程度非常高，车上设置的各种检测传感器有1000多个，当列车检测到故障信号后，会立即启动应急响应，自动降速直至停车。

现代国防工业更离不开现代检测技术。飞机、潜艇、火箭、导弹等都装备了大量的传感器。新型武器、装备的研制，从设计到零部件制造、装配到样机试验，都要经过成百上千次严格的试验，每次试验都需要高速、高精度地同时检测多种物理参量，测量点经常多达上千个。至于飞机、潜艇等在正常使用时都装备了上百个各种检测传感器，组成十几至几十种检测仪表，实时监测和指示各部位的工作状况。在新机型设计、试验过程中需要检测的物理量更多，而检测点通常在5000点以上。在火箭、导弹和卫星的研制过程中，需动态高速检测的参量很多，要求也更高。没有精确、可靠的检测手段，要使导弹准确地命中目标和使卫星准确地入轨是根本不可能的。

检测技术与人们日常生活和工作的关系越来越密切。自动洗衣机、冰箱、空调、复印机等都离不开检测技术与传感器。在楼宇自动化系统中的闯入监测、空气监测、温度监测、停车监测、电梯监控等方面，检测技术都具有重要的地位与作用。

在医学方面，各种先进的医疗检测仪器用于疾病诊断、显微外科、人体内部拍摄等，大大提高了疾病的检查、诊断速度和准确性。

在现代农业生产中，随着温室产业的不断发展，利用计算机视觉系统对植物进行无损实时监测，利用图像处理技术实现对植物的叶冠投影面积和株高的自动测量，正成为提高农业产量的一种新方法。

可见，检测技术与传感器已渗透到社会的各个领域，它推动现代科学技术的进步，促进生产自动化水平的提高，促进人们生活水平的改善。它不仅起到基础和支柱的作用，同时也被世界各国列为关键技术之一。

2. 检测的基本概念

检测是借助专门的设备、仪器，通过合理的方法和必需的信号分析及数据处理，获得被测对象定性或定量结果的过程。这些仪器和设备的核心部件就是传感器，传感器是感知被测量(多为非电量)，并把它转化为电量的一种器件或装置。检测就是检查与测量。检查获取定性信息，测量获取定量信息。

3. 自动检测系统

自动检测系统是自动测量、自动计量、自动保护、自动诊断、自动信号处理等诸系统的通称，通常由传感器、信号处理电路和输出单元组成，分别完成信息获取、转换、显示和处理等功能。自动检测系统的组成如图 0-2 所示。

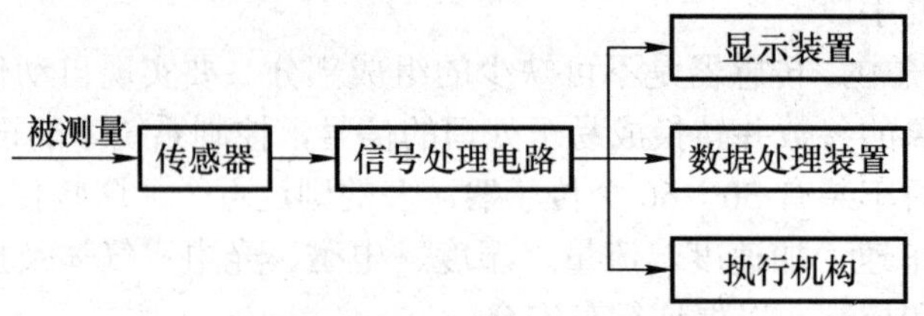

图 0-2　自动检测系统的组成

1) 传感器

传感器是检测系统的第一个环节，用来感受被测信号，并将被测信号转换为便于处理的电信号。它获得信息的正确与否，决定了检测系统的精度。因此，传感器在测试系统中占有重要的位置。

2) 信号处理电路

信号处理电路是将传感器提取出的有用电信号进行加工和处理，如放大、调制、解调、滤波、运算以及数字化等。它的主要作用是把传感器输出的电学量变成具有一定功率的模拟电压(电流)信号或数字信号，以推动后级的输出显示或记录设备、数据处理装置及执行机构。

3) 输出单元

输出单元包括显示装置、打印装置、记录装置、数据处理装置、数据通信接口和执行机构等。它使人们了解检测数值的大小和变化，供人们观察和分析，并能完成控制和保护操作等功能。传感器输出信号有很多形式，如电压、电流、频率、脉冲等，输出信号的形式由传感器的原理确定。

4. 检测技术的发展趋势

随着世界各国现代化步伐的加快，人们对检测技术的需求与日俱增。而科学技术，尤其是大规模集成电路技术、微型计算机技术、机电一体化技术、微机电技术和新材料技术的不断进步，则大大促进了检测技术的发展，主要表现在以下几方面。

1) 重视基础研究及开发新产品

新产品是指利用新材料(半导体、陶瓷、有机材料等)、新原理(生物、物理、化学效应等)、新工艺开发出的新型传感器。

(1) 发现新效应。传感器的工作原理是基于各种物理、化学和生物的现象和效应，所以发现新现象与新效应是发展传感器技术的一项重要工作，是研究新型传感器的重要基础，它为提高传感器的性能、扩大传感器的检测极限和拓展传感器的应用领域提供了新的可能。

(2) 开发新材料。传感器材料是传感器发展的重要基础。随着物理学和材料学的发展，人们可以根据所需材料功能的要求来控制材料的成分，制造出各种新型传感器的功能材料。如控制半导体氧化物的成分，可以制造出多种气体传感器；光导纤维的应用是传感器功能材料的一个重大发现；有机材料作为功能材料，正受到国内外学者的极大关注。

(3) 采用新技术、新工艺。这是指将现代先进制造技术引入传感器制造技术。如利用半导体技术制造出压阻式传感器，利用薄膜工艺制造出快速响应的气敏、湿敏传感器；将硅集成电路技术加以移植并发展，形成传感器的微细加工技术。采用新技术、新工艺可极大地提高传感器的性能指标，实现传感器的微型化。

2) 提高测量精度及可靠性

随着科学技术的发展，人们对检测系统的性能要求，特别是精度、测量范围和可靠性指标的要求越来越高。例如，在尺寸测量范畴，从绝对量来讲已提出了纳米与亚纳米的要求，纳米测量已经不仅是单一方向的测量，而是要求实现空间坐标测量。在时间测量上，相对精度为 10^{-14}，目前国际上的光钟时间基准研究，相对精度为 10^{-19}，即 3000 亿年不差 1s。

3) 研究多功能集成化传感器

多功能集成化传感器是指利用集成加工技术，在同一芯片上集成多种功能的敏感元件或同一功能的敏感元件，进行适当的排列和组合，构成一个传感器阵列。它使传感器具有高可靠性、高稳定性、体积小、成本低、电路设计简单、安装调试方便等优点。如电荷耦合元件(CCD)是由很多个光电二极管组成，集成压力传感器是将硅膜片、压阻电桥、放电器和温度补偿电阻集成为一个器件。

4) 研究智能化传感器，实现检测系统智能化

智能化传感器是一种带微处理器的传感器，将传感器与微处理器集成在同一芯片上，使它不仅具有信号检测与转换的功能，而且还具有记忆、存储、处理、自诊断、自校正和自适应等功能，实现传感器的智能化。其典型产品如美国霍尼韦尔公司的 ST-3000 型智能传感器，其芯片尺寸为 $3×4×2\ mm^3$，采用半导体工艺，在同一芯片上制作 CPU、EPROM 和静压、压差、温度等三种敏感元件。

智能化检测系统是以单片机、微处理器或微型计算机为核心，兼有检测、判断和信息处理功能，进行电量、非电量的多种测量，多输入通道的多点测量，在线动态实时测量。它具有信号的分析处理、强大的数据处理和统计功能，以及远距离数据通信和输入、输出功能，可配置各种数字通信接口，方便地接入不同规模的自动检测、控制与管理信息网络系统，以实现测量结果的高准确度和对被测信号的高分辨率。与传统检测系统相比，智能化的现代检测系统具有更高的检测精度和性价比。

5) 推进非接触式检测技术研究

在检测过程中，把传感器置于被测对象上，可灵敏地测量被测参量的变化，这种接触式检测方法直接、可靠，测量精度较高；但有些被测对象不具备传感器安装条件，只能用非接触式检测技术进行检测。例如，冶金工业中连续铸造生产过程中的钢包液位测量、高炉铁水硫磷含量分析等方面就需要多种多样的传感器为操作人员提供可靠的数据。目前，广泛应用的非接触式传感器有光电式传感器、电涡流式传感器、超声波检测仪表、核辐射检测仪表等。

非接触式检测不影响被测物的运行工况；不产生机械磨损和疲劳损伤，工作寿命长；无触点、无火花、体积小，安装、调试方便。今后将加快发展非接触式检测技术，开发更多品类，同时改进和克服非接触式检测易受外界干扰及检测绝对精度较低等问题。

6) 实现检测系统自动化、网络化

传感器技术的网络化主要是将传感器技术、通信技术以及计算机技术相结合，从而构成网络传感器，实现信息采集、传输和处理的一体化。它综合了微传感器、微机电、通信和人工智能等技术，通过自组织的方式构成无线网络，给人们的生活带来了深刻的变化。

例如，采用虚拟仪器技术，用PC机和仪器板卡代替传统板卡；用计算机软件代替硬件分析电路。

传感网络的首要环节就是借助节点中内置的传感器来测量周围环境中的热、红外、声呐、雷达和地震波信号，从而探测包括温度、湿度、噪声、光强度、压力、土壤成分、移动物体的大小、速度和方向等物质现象。无线网络可极大地增强传感器的探测能力，其应用前景是十分广泛的。网络化自动检测系统如图0-3所示。

图0-3　网络化自动检测系统

5. 本课程的内容、任务和学习方法

本课程是机电一体化、自动控制、电气自动化、应用电子等专业的一门专业基础课程。检测技术涉及的内容比较广，包括信息的获取、测量方法、信号的变换、处理和显示、误差的分析以及干扰的抑制、可靠性问题等。因此本课程首先介绍传感器与自动检测技术的基本概念，然后较详细地叙述各类常用的传感器、测量转换电路、信号处理及其应用。

通过本课程的学习，要求学生能认识各种常用传感器的基本概念、特性、作用以及发展趋势；掌握各类常用传感器的基本结构、主要性能和工作原理；了解传感器的测量电路是如何将非电量转换为电量的，能分析相应的测量转换电路、信号处理电路及各种传感器在工业中的应用电路，并能通过典型应用实例正确使用常用传感器。

本课程涉及机、电、光等多方面知识，学科面广，因此需要有较广泛的基础知识和专业知识。学好这门课程，不仅要弄懂基本原理，做到理论联系实际，举一反三，还要善于观察，富于联想和借鉴，重视实验和实训。本课程的研究对象主要是机电工程中动态物理量的检测原理、方法及常用的检测装置。通过本课程的学习，学生应能正确地选用检测装置和初步掌握进行动态测试所需要的基本理论、基本知识和基本技能，提高今后解决实际问题的能力。

思考与练习

1. 简述传感器的重要性。
2. 描述检测系统的组成，说出各部分的作用，并举例说明。
3. 说出日常生活中见到的、用过的传感器，它们检测的各是什么非电量？
4. 简述检测技术和传感器的发展趋势。

第1章

检测技术的基本知识

本章要点

- 传感器的组成及作用
- 测量方法
- 误差的基本概念
- 传感器及检测技术的基本特性

本章难点

- 传感器的选用原则
- 测量误差的处理方法

本章主要介绍检测技术与传感器的定义、作用、地位、发展方向及其组成、分类和基本特性；测量的定义和过程，测量方法的分类及特点；测量误差产生的原因、表示方法、性质及处理方法；传感器的选用原则。

任务一　传感器的认知

传感器技术所涉及的知识领域非常广泛，它们的共性是利用物理定律和物质的物理、化学或生物特性，将非电量转换成电量。

1. 传感器的定义

根据中华人民共和国国家标准(GB7665—1987)，传感器的定义是：能感受规定的被测量并按照一定的规律将其转换成可用输出信号的器件或装置。通常传感器由直接响应于被测量的敏感元件和产生可用的输出信号的转换元件以及相应的电子线路组成。美国测量协会把传感器定义为“对应于特定被测量提供有效电信号输出的器件”。并不是所有的传感器都能明显分清敏感元件和转换元件两个部分，而是两者合二为一。例如半导体气体传感器、半导体光电传感器等，它们都是将感受的被测量信息直接转换为电信号输出，没有中间变换。有些国家的有些学科和领域，将传感器称为变换器、探测器或检测器等。

若从它的功能出发，所谓传感器，是指那些能够取代甚至超出人的“五官”，具有视觉、听觉、触觉、嗅觉和味觉等功能的元器件或装置。这里所说的“超出”是因为传感器不仅可应用于人无法忍受的高温、高压、辐射等恶劣环境，还可以检测出人类“五官”不能感知的各种信息(如微弱的磁、电、离子和射线的信息以及远远超出人体“五官”感觉功能的高频、高能信息等)。

由于电学量(电压、电流、电阻等)便于测量、转换、传输和处理，因此传感器一般都是以电量输出的，以至于可以简单地说：传感器是一种以一定的精确度把非电量转换为电量的器件或装置。

2. 传感器的组成

传感器一般是利用物理、化学和生物等学科的某些效应或机理按照一定的工艺和结构研制出来的。传感器从字面上理解，具有“感”和“传”的功能，即感受被测信息，再传送出去。它由敏感元件和转换元件组成，有时也将信号转换电路作为传感器的组成部分，如图 1-1 所示。

非电量 被测件 → 敏感元件 → 非电量 → 转换元件 → 电参量 → 转换电路 → 电量 输出量

图 1-1　传感器的组成框图

(1) 敏感元件是指直接感受被测对象(一般为非电量)，并输出与被测量成确定关系的其他量(一般为电量)的元件。如应变式压力传感器的弹性膜片就是敏感元件，它的作用是将压力转换为弹性膜片的变形。敏感元件如果直接输出电量(热电偶)，它就同时兼为转换元件了。还有些传感器的敏感元件和转换元件合为一体，如压阻式压力传感器。

(2) 转换元件又称变换器，一般情况下，它不直接感受被测量，而是将敏感元件的输出量转换为电量输出。如应变式压力传感器中的应变片就是转换元件，它的作用是将弹性膜片的变形转换成电阻值的变化。转换元件有时也直接感受被测量而输出与被测量成确定关系的电量，如热电偶和热敏电阻。

(3) 转换电路是指能把转换元件输出的电信号转换为便于显示、记录、处理和控制的有用电信号的电路。转换电路的种类要视转换元件的类型而定，常用的电路有电桥、放大器、振荡器、阻抗变换器等。

最简单的传感器由一个敏感元件(兼转换元件)组成，它感受被测量时直接输出电量，如热电偶。有些传感器由敏感元件和转换元件组成，没有转换电路，如压电式加速度传感器，其中质量块是敏感元件，压电片是转换元件。有些复杂检测系统，如轴承缺陷检测，则要经过若干次转换才能得到所需的有用信号，如图 1-2 所示。

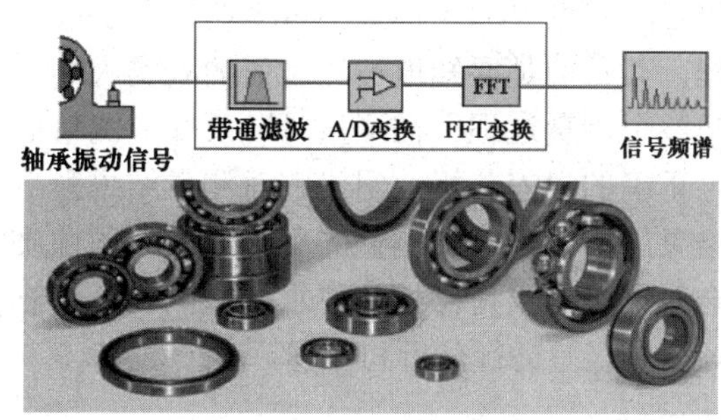

图 1-2　轴承缺陷检测

3. 传感器的分类

传感器的种类繁多，原理各异，检测对象五花八门，即使同一种被测量也可以用不同类型的传感器来测量，如位置检测，可以用光电、磁电、电感、电容等多种传感器进行测量；而一种传感器又可测量多种物理量，如电容式传感器可用来测位移、压力、荷重、加速度等。传感器常用的分类方法如下。

(1) 按被测量分类：以被测物理量命名，可分为位移、速度、加速度、压力、温度、湿度、流量、振动、气体传感器等。这种方法明确表明了传感器的用途，便于使用者选用。

(2) 按工作原理分类：以传感器对信号转换的作用原理命名，可分为应变式、电容式、电感式、压电式、热电式、光电式传感器等。这种方法表明了传感器的工作原理，有利于传感器的设计和应用。

(3) 按能量形式分类：可分为能量变换型(自源型)和能量控制型(外源型)两种。

能量变换型传感器在进行信号转换时不需外加电源，就可将输入信号能量变换为另一种形式的能量输出，通常它们配合电压测量和放大电路，例如热电偶传感器、压电式传感器等。

能量控制型传感器工作时必须有外加电源，例如电阻式、电容式、电感式、霍尔式等传感器。外源型传感器常用电桥和谐振电路等电路进行测量。

(4) 按传感器工作机理分类：可分为结构型传感器和物性型传感器。

这种分类方法是以其工作原理划分，将物理、化学和生物等学科的原理、规律、效应作为分类的依据。

结构型传感器，是指敏感元件的结构在被测量作用下发生形变，从而引起输出电量变化。如电容式传感器，根据两极板的间距或面积发生变化从而使电容量改变。

物性型传感器，是指敏感元件的固有性质在被测量作用下发生变化，包括物理性质、化学性质和生物效应等。物性型传感器一般没有可动结构部分，易实现小型化，例如各种半导体传感器。

任务二　测量误差的分析及处理

1. 任务分析

测量是人们认识和改造客观世界的一种必不可少的重要手段。测量是为确定被测对象的量值而进行的实验过程，其目的是要知道被测量值的真实大小。任何测量过程都存在误差，而且误差始终贯穿于整个测量过程。在测量时既要知道测量值，还要知道测量值的误差范围。因此，只有通过正确的误差分析，明确它对测量结果影响的大小，才能抓住关键因素，减小误差对测量结果的影响，增加测量的可靠性。不同性质的误差对测量结果的影响不同，不同的应用场合对测量结果可靠性的要求也不同。要使测量结果的准确程度与测量的目的相适应，必须对测量误差进行分析和处理。

2. 任务实现

被测对象某参数的量值的真值是客观存在的，由于各种原因，使测量结果总有误差。误差处理是测量技术的理论基础。本章具体介绍测量的方法及测量误差的消除方法。

3. 任务小结

测量是为确定被测对象的量值而进行的实验过程，其目的是要知道被测量值的真实大小。在实际测量时，由于实验方法和实验设备的不完善，周围环境的影响以及人们认识能力所限等因素，使得测量值与真值之间不可避免地存在着差异，在数值上即表现为误差。随着科学技术的发展，虽可将误差控制得越来越小，但始终不能完全消除它。误差研究的目的是，确切地了解测量误差的大小范围，把测量误差控制在能够满足需要的程度，并能以误差理论为依据对测量结果作出科学、合理的评定。

1.1 测量方法

1.1.1　测量的概念

测量是人们借助专门的技术和设备，通过实验的方法，把被测量与作为单位的标准量进行比较，以确定出被测量是标准量的多少倍数的过程，所得倍数就是测量值。测量结果可用一定的数值来表示，也可以用一条曲线或某种图形来表示。但无论其表现形式如何，测量结果都应包括两部分：数值大小和测量单位。确切地讲，测量结果还应包括误差部分。

1.1.2　测量的分类方法

测量方法是实现测量过程所采用的具体方法。对于测量方法，从不同角度有不同的分类方法。根据获得测量值的方法可分为直接测量、间接测量与组合测量；根据测量的精度因素情况可分为等精度测量与非等精度测量；根据测量方式可分为偏差法测量、零位法测量与微差法测量；根据被测量变化快慢可分为静态测量与动态测量；根据测量敏感元件是否与被测介质接触可分为接触式测量与非接触式测量；根据测量系统是否向被测对象施加能量可分为主动式测量与被动式测量等。

1. 根据获得测量值的方法分类

(1) 直接测量。直接测量就是用预先分度或标定好的测量仪表直接读取被测量的测量结果。例如，用卡尺测工件的长度，用弹簧管式压力表测量流体压力等。直接测量的优点是简单而迅速，测量过程中不需要进行任何运算，缺点是测量精度不高。

(2) 间接测量。间接测量就是利用被测量与某中间量的函数关系，先测出中间量，然后通过相应的函数关系计算出被测量的数值。例如测量直流电功率 P，先分别直接测出 I 和 U 的值，再通过 $P=IU$ 的函数关系计算得到功率 P。间接测量手续复杂，花费时间长，通常用于不能直接测量或没有直接测量的仪表的场合。

(3) 组合测量。组合测量是被测量与多个元素有关，必须经过求解联立方程组才能得到最后的结果。进行联立测量时，一般要改变测试条件，才能获得一组联立方程所需的数据。例如，在研究热电阻 R_t 随温度 t 变化的规律时，热电阻的电阻值与温度之间的关系为

$$R_t = R_{20} + a(t-20) + b(t-20)^2 \tag{1-1}$$

式中，R_{20} 是电阻在 20℃时的电阻值；a、b 是温度系数。

要求取温度系数 a 和 b，必须在两种温度 t_1 和 t_2 下，分别测得对应的 R_{t1} 和 R_{t2} 再代入公式解联立方程组得到。组合测量精度高，属于精密测量方法，操作复杂，花费时间长，多用于科学实验或特殊测量。

2. 按测量方式分类

(1) 偏差法。偏差法测量是指在测量过程中，用仪表指针的位移(即偏差)决定被测量的测量方法。这种方法的仪表内没有标准量具，仪表刻度需事先用标准器具标定。例如，用弹簧秤称重量，用电压表测量电压。偏差法测量过程简单而迅速，但是测量结果的精度较低。

(2) 零位法。零位法是指在测量过程中，用已知的标准量去平衡或抵消被测量的作用，并用指零仪表的零位指示测量系统的平衡状态，在测量系统达到平衡时，用已知的基准量决定被测量的测量方法。这种方法的测量系统内设有标准量具，测量误差取决于标准量具的误差，如天平、电位差计等。零位法有较高的测量精度，测量过程比较复杂，多适合于信号变化缓慢的场合。

(3) 微差法。微差法是零位法和偏差法的组合。它将被测的未知量与已知的标准量进行比较，取得差值后，再用偏差法测此差值。应用这种方法测量时，不需要调整标准量，而

只需测量两者的差值。微差法反应速度快，测量精度较高，是综合了偏差法测量与零位法测量的优点而提出的一种测量方法，适用于在线控制参数测量。

3. 其他测量方法

(1) 接触式测量和非接触式测量。接触式测量是指传感器与被测对象直接接触，感受其变化，从而获得信号大小的测量方法，如称重、水银温度计测体温等。这种测量方式稳定可靠，但存在接触形式和测量力带来的影响。非接触式测量是指传感器或测量器具的测量头与被测对象不发生机械接触的测量。它是利用物理、化学及声、光学的原理，使被测对象与检测器件之间不发生物理上的直接接触而对被测量进行检测的方法，如红外温度计测温、光电转速表测转速等。这种测量对被测对象影响较小，适合于运动对象、腐蚀性介质及危险场合的参数检测。

(2) 静态测量和动态测量。静态测量用于测量不随时间变化或变化很缓慢的物理量。例如，超市中物品的称重，用温度计测气温等。动态测量用于测量那些随时间不断变化的物理量。例如，用地震仪测量振动波形。

1.2 误差的概念

1.2.1 测量误差的定义及表示法

1. 误差的基本知识

(1) 测量误差。测量误差是检测结果与被测量的客观真值之间的差值。

(2) 真值。真值是指在观测一个物理量时，该量本身所具有的实际大小。量的真值是一个理想的概念，是客观存在的，又是未知的。如平面三角形内角之和恒为180°，这种真值称为理论真值。

(3) 约定真值。约定真值是指足够接近一个真值的量。从使用要求考虑，它与真值的差可以忽略不计。如米是光在真空中(1/299792458)s 的时间内所经历路径的长度，这个米基准就当做计量长度的规定真值。经常用理论值作为约定真值，简称“真值”。

(4) 相对真值。相对真值是指计量器具按精度不同分为若干等级，精度高一级或几级的仪表的指示值为精度低的仪表的真值，此真值为相对真值。相对真值在误差测量中的应用最为广泛。

(5) 标称值。标称值是计量或测量器具上标明其特性或指导其使用的量值，如标称在电阻器上的电阻值，单位有Ω、kΩ、MΩ。

(6) 示值。示值是由测量仪器给出或提供的量值，也称测量值。

(7) 精确度(精度)。精确度表示测量结果与真值之间的接近程度。

2. 测量误差的来源

(1) 测量装置误差。测量装置误差包括仪器仪表误差、标准器具误差和附件误差。

仪器仪表误差是指仪器仪表如传感器、记录器、电压表等，由于工艺制造、加工和长期磨损而产生的设备机构误差。标准器具误差指标准器具如标准量块、标准电池、标准电阻等本身的量值误差。附件误差是指仪器仪表或为测量创造必要条件的设备，在使用时没有调整到理想的状态而产生的误差。另外，参与测量的各种附件，如电源、导线等都会引起误差。

(2) 测量方法误差。测量方法误差是指仪表安装使用方法不正确，或测量的依据，如原理、理论公式不正确引起的误差。

(3) 环境误差。环境误差是指由于各种环境因素与规定的标准状态不一致而引起的测量装置和被测量本身的变化所造成的误差，如温度、湿度、气压、振动、照明、电磁场等所引起的误差。

(4) 人员误差。人员误差是指测量人员因工作疲劳、固有习惯，以及精神上的一时疏忽所引起的误差。它的大小取决于测量人员的操作技能和其他主观因素。

3. 测量误差的表示法

(1) 绝对误差。绝对误差是指测量值与真值之间的差值，它反映了测量值偏离真值的多少，即

$$\Delta x = x - L_0 \tag{1-2}$$

式中，Δx 为测量误差；x 为实际测量结果；L_0 为被测量真值。由于真值是不可知的，实际应用时，常用实际真值(用标准表测量的值)x_0 代替 L_0，故有

$$\Delta x = x - x_0 \tag{1-3}$$

绝对误差的表示方法有不足之处，因为它不能确切地反映出测量的准确程度。

由表 1-1 可看出，尽管$\Delta U_1<\Delta U_2$，但不能由此得出测量电压 U_1 比测量电压 U_2 准确度高的结论。因为ΔU_1=0.1V，相对于 1V 来讲是 10%，而ΔU_2=1V，相对于 100V 来讲是 1%，所得结论是 U_2 的测量比 U_1 的测量更准确。因此，绝对误差不能准确反映测量质量的高低，需引入相对误差的概念。

表 1-1　电压的测量

被 测 量	真　值	指 示 值	绝对误差ΔU	测量准确度
U_1	1V	1.1V	0.1V(小)	低
U_2	100V	101V	1V(大)	高

(2) 示值(标称)相对误差。示值相对误差是绝对误差与实际真值之比，因测量值与真值接近，所以也可近似用绝对误差与测量值之比作为示值相对误差，一般用百分比来表示，即

$$\gamma = \frac{\Delta x}{x_0} \times 100\% \approx \frac{\Delta x}{x} \times 100\% \tag{1-4}$$

示值相对误差通常用于衡量不同被测量的准确度，示值相对误差越小，测量准确度越高。

(3) 引用(满度)相对误差。为了计算和划分准确度等级的方便，通常采用引用相对误差，它是从示值相对误差演变而来的，定义为绝对误差与测量仪表量程(满度)之比，用百分数表

示，即

$$\gamma_o = \frac{\Delta x}{x_m} \times 100\% \tag{1-5}$$

提示：引用相对误差常在多挡和连续刻度的仪器仪表中应用。这类仪器仪表可测范围不是一个点，而是一个量程。

(4) 最大引用误差。测量仪表的各指示(刻度)值的绝对误差有正有负，有大有小。所以，确定测量仪表的精度等级应用最大引用误差，即最大绝对误差值$|\Delta x_m|$与量程比值的百分数，有

$$\gamma_{om} = \frac{|\Delta x_m|}{x_m} \times 100\% \tag{1-6}$$

最大引用误差常被用来确定仪表的精度等级 K，即

$$K = \left|\frac{\Delta x_m}{x_m}\right| \times 100\% \tag{1-7}$$

国家标准 GB776—76《测量指示仪表通用技术条件》规定，电测量仪表的精度等级指数分为 7 级，包括：0.1、0.2、0.5、1.0、1.5、2.5、5.0 级。例如，5.0 级表示满度相对误差的最大值不超过仪表量程上限的 5%。

提示：从仪表面板上可看到仪表精度等级的标志，精度等级数值越小，仪表精度越高，价格也越贵。

【例 1-1】 某压力表精度为 1.5 级，量程为 0～2.0MPa，测量结果显示为 1.2MPa，试求：

(1) 最大引用误差γ_{om}。

(2) 可能出现的最大绝对误差Δx_m。

(3) 最大示值相对误差γ。

解：(1) 从精度等级可直接得到最大引用误差，即γ_{om}=1.5%。

(2) $\Delta x_m = x_m \times \gamma_{om}$ =±2×1.5%=0.03MPa

(3) $\gamma_m = \frac{\Delta x_m}{x} \times 100\% = \frac{0.03}{1.2} \times 100\% = 2.5\%$

由上例可知，最大示值相对误差γ_m 总是大于(满度时等于)最大引用误差γ_{om}。

【例 1-2】 现有 0.5 级的 0～300℃和 1.0 级的 0～100℃两个温度计，若要测量 80℃的温度，试问采用哪一个温度计好？

解：用 0.5 级的表测量时，可能出现的最大示值相对误差为

$$\gamma_{m1} = \frac{\Delta x_{m1}}{x} \times 100\% = \frac{x_{m1}\gamma_{om1}}{x} = \frac{300 \times 0.5\%}{80} \times 100\% = 1.875\%$$

若用 1.0 级的表测量时，可能出现的最大示值相对误差为

$$\gamma_{m2} = \frac{\Delta x_{m2}}{x} \times 100\% = \frac{x_{m2}\gamma_{om2}}{x} = \frac{100 \times 1.0\%}{80} \times 100\% = 1.25\%$$

计算结果表明，用 1.0 级的表测量时比用 0.5 级的表测量时的最大示值相对误差要小，

所以更合适。因此在选用仪表时，不能单纯追求高精度，而是应兼顾精度等级和量程。

提示： 对于同一仪表，所选量程不同，可能产生的最大绝对误差也不同。当仪表准确度等级选定后，测量值越接近满度值时，测量相对误差越小，测量越准确。因此，一般情况下应使测量值尽可能接近仪表的满刻度值，并尽量避免让测量仪表在小于 1/3 量程的范围内工作。

1.2.2　测量误差的分类

1. 按测量误差出现的规律分类

测量误差按其产生的原因、出现的规律及其对测量结果的影响，可分为系统误差、随机误差和粗大误差三类。

(1) 系统误差。系统误差是指在同一条件下，多次重复测量同一量值时，误差的绝对值和符号保持不变的误差，或在条件改变时，遵循一定规律变化的误差。

系统误差是由测量仪器、量具本身制造、安装、调整或者是使用方法不当造成的。一般可通过实验或分析的方法，查明变化规律及产生的原因，因此它是可预测的，也是可消除的。例如，标准量值的不准确及仪表刻度的不准确而引起的误差。

系统误差表明测量结果的准确度，即仪表指示值有规律地偏离真值的程度。系统误差越小，测量结果的准确度越高。

(2) 随机误差。随机误差是指在同一条件下，多次重复测量同一量时，误差的绝对值和符号均无规律变化的误差。

随机误差的分布规律可以在大量重复测量数据的基础上总结出来，符合统计学上的规律性。系统误差和随机误差同时存在，难以严格区分。

(3) 粗大误差。粗大误差是指测量结果明显偏离其实际值，歪曲了测量结果的误差。

这类误差是由于测量者疏忽大意、仪器仪表故障或环境条件的突然变化而引起的。含有粗大误差的测量值称为坏值，应剔除。

2. 按被测量与时间关系划分

(1) 静态误差。被测量稳定，不随时间变化时所产生的测量误差称为静态误差。

(2) 动态误差。被测量随时间变化时所产生的测量误差称为动态误差。

1.3　测量误差的处理方法

1.3.1　系统误差的分析与处理

系统误差不具有抵偿性，难以发现，但系统误差往往固定不变或按一定规律变化，可判断并消除。因此，找出产生系统误差的根源是减小或消除系统误差的关键。

为了在测量中消除或削弱系统误差对测量的影响，首先要对测量系统的各环节作全面分析。由于在各种测量中形成系统误差的因素错综复杂，在分析查找误差根源时，没有一成不变的方法，下面介绍常用的系统误差的判断方法与处理方法。

1. 系统误差的判断

系统误差的判断方法主要有理论分析法、实验对比法、残差观察法以及准则检测法。

1) 理论分析法

理论分析法针对测量方法、测量理论所引入的误差，通过定性、定量分析来确定误差，如用内阻不高的电压表测量高内阻的电源电压所造成的系统误差。

2) 实验对比法

实验对比法是通过改变产生系统误差的条件，进行不同条件的测量，以发现系统误差。例如，一台测量仪表本身存在固定的系统误差，即使进行多次测量也不能发现，此时，可更换测量仪表，用精度更高一级的测量仪表测量，或更换测量人员、测量环境等。

提示： 实验对比法适用于发现固定的系统误差。

3) 残差观察法

残余误差简称残差，是测量结果减去被测量的最佳估计值(约定真值)。残差观察法是根据残余误差的变化规律，判断系统误差的有无、类型以及大小等。系统误差虽然具有规律性，但对于具体的测量，这一规律表现各不相同。图 1-3 所示为残余误差的几种常见规律。图中，i 表示测量次数；v_i 表示残余误差。图 1-3(a)中，残余误差基本上正负相同，为不变系统误差；图 1-3(b)中，残余误差线性递增，存在累进性系统误差，为线性变化的系统误差；图 1-3(c)中，残余误差的大小、符号呈周期性变化，存在周期性系统误差；图 1-3(d)中，残余误差周期性递增，同时存在累进性系统误差和周期性系统误差，为复杂规律变化的系统误差。

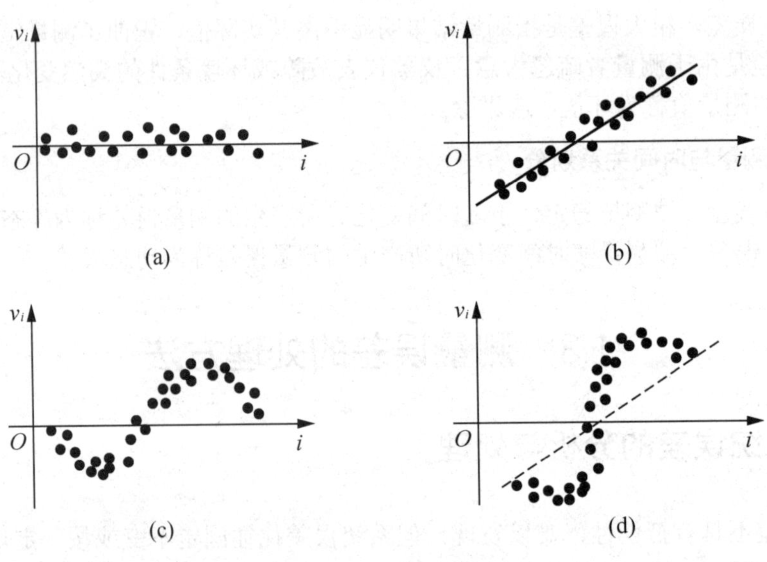

图 1-3 残余误差曲线

提示：当系统误差比随机误差小时，就不能通过观察来发现系统误差，此时就要通过一些判断准则来发现系统误差。

4) 准则检测法

准则检测法实质上是检验误差的分布是否偏离正态分布。每一种准则都有一定的适用范围。例如，马利科夫判据是将残余误差前后各半分为两组，若$\sum v_{i前}$与$\sum v_{i后}$之差明显不为零，则可能含有线性系统误差。阿贝检验法是检查残余误差是否偏离正态分布，若偏离，则可能存在变化的系统误差。

2. 系统误差的处理

1) 消除系统误差产生的根源

找出误差根源，明确产生误差的因素，采取相应措施修正或消除，可从以下几方面考虑。

(1) 所用传感器、测量仪表或组成元件是否准确可靠。传感器和测量仪表的安装、调试、放置是否合理。例如，仪表零位有没有调好，安装时仪表指针是否偏心等。

(2) 测量方法是否完善，如用电压表测量电压时，电压表的内阻对测量结果有影响。

(3) 仪表工作环境条件是否符合要求，如是否有雷电、温度、湿度、pH 值等的影响。

(4) 测量者是否严格按照操作规程处理，是否存在视疲劳等因素。

2) 利用修正方法减小系统误差

这种方法是预先通过检定、校准或计算得出测量器具的系统误差的估计值，做出误差表或误差曲线，然后取与误差数值大小相同而符号相反的值作为修正值，将实际测量结果加上相应的修正值，即可得到已修正的测量结果。对不变系统误差，用修正值对测量结果进行修正；对变值系统误差，可找出误差的变化规律，用修正公式或修正曲线对测量结果进行修正；对未知系统误差，可按随机误差进行处理。利用修正的方法是减小系统误差的常用方法，在智能仪表中应用广泛。

提示：由于修正值本身含有一定的误差，因此用修正值法不可能将全部系统误差都修正掉，会残留少量系统误差，对这种残留的系统误差应按随机误差进行处理。

3) 测量过程中采用的方法

(1) 替代法。在测量装置上对被测量进行测量后，不改变测量条件，立即用一个标准量替换被测量，放到测量装置上再次测量，从而求出被测量与标准量的差值，即

差值=被测量-标准量

(2) 抵消法。对被测量进行两次适当的测量，改变测量中的某些条件，使两次测量结果的系统误差大小相等、方向相反，取两次测量结果的平均值作为最终测量结果。

例如用千分尺测量长度，可以分别从顺时针方向和逆时针方向旋转来对标线，两次测量结果的平均值即可减小空行程引起的系统误差。

(3) 交换法。将某些条件交换，保持其他条件不变，使引起系统误差的因素对测量结果产生相反的影响，从而减小系统误差。

例如用等臂天平称重，先将被测量放在左边，标准砝码放在右边，调平衡后将两者交换位置，再调平衡，取平均值就能消除不等臂带来的系统误差。

(4) 对称法。被测量随时间变化线性增加，若选定整个测量时间范围内的某时刻为中点，则对称于此点的各对系统误差算术平均值都相等。利用这一特点可将测量在时间上对称安排，取各对称点两次读数的算术平均值作为测量值，即可减小线性系统误差。对称测量法适用于消除线性变化的系统误差。

(5) 补偿法。在测量过程中找出系统误差的规律，在系统中采取补偿措施，自动消除系统误差。例如，用热电偶测温时，冷端温度的变化会引起系统误差，在系统中采用补偿电桥，就可以自动消除误差。用热电阻测温时，可以对环境温度进行实时反馈修正。

1.3.2 随机误差的分析与处理

对某种固定对象进行多次重复测量，测量结果可以反映出测量数据的随机变化。由于产生随机误差的因素是大量的、微小的、不容易掌握的，因而不可能消除它。但是，随机误差的概率分布服从一定的统计规律。因此可以用概率论和数理统计的方法，研究其总体的统计规律，即从大量的数据中找出随机误差的规律。

1. 随机误差的分布规律

图 1-4 所示为随机误差的频率直方图，如果测量次数 $n\to\infty$，则无限多的直方图的顶点中点的连线就形成一条光滑的连续曲线，该曲线称为随机误差的正态分布曲线，如图 1-5 所示。图 1-4 中，n_i/n 表示频率；δ_i 表示随机误差。图 1-5 中，n，f 表示测量出现的次数或概率；x_i 表示测得的数据。

n_i/n(%)
20
10
−5 −4 −3 −2 −1 0 1 2 3 4 5 δ_i

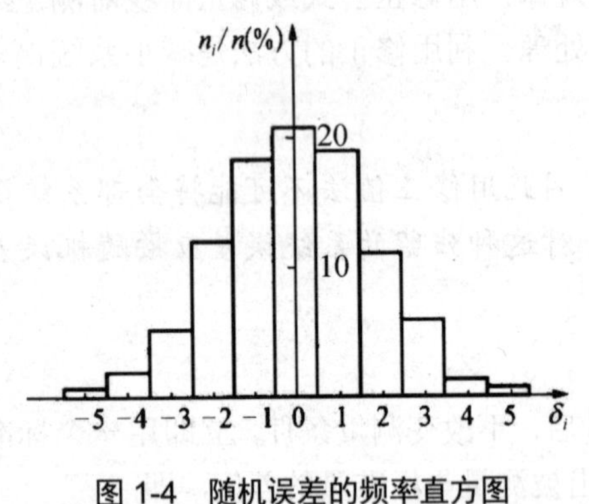

图 1-4　随机误差的频率直方图

n, f
$\bar{x}$=220m
0
215
220
225
x_i/m

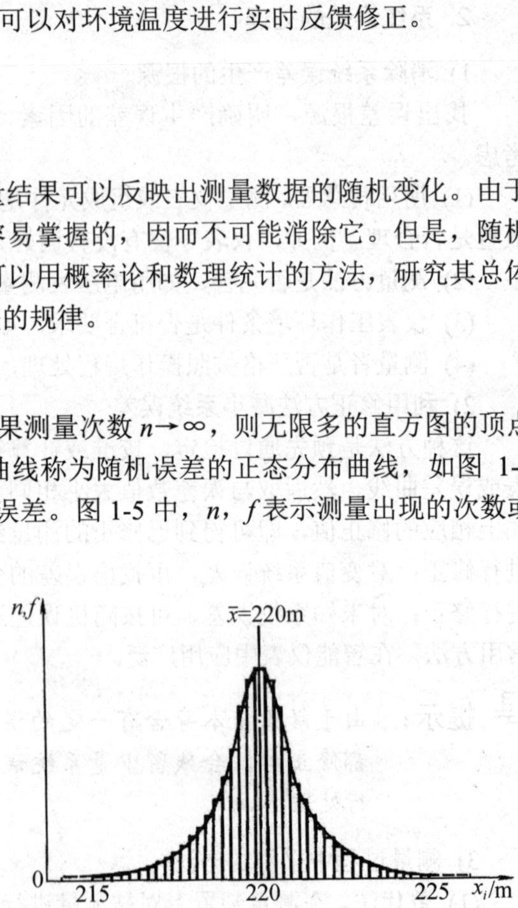

图 1-5　统计直方图

2. 随机误差的特点

随机误差大多数服从正态分布或接近正态分布，因而正态分布在误差理论中占有十分重要的地位，随机误差的正态分布曲线如图 1-6 所示。

具有随机误差δ的测量数据有以下统计特征。

(1) 对称性。绝对值相等、符号相反的误差在测量中出现的机会大致相等，即正负误差出现的概率相同。

(2) 有界性。误差有限度，不会超过一定的界限。

(3) 单峰性。绝对值小的误差比绝对值大的误差出现的概率大。

(4) 抵偿性。在相同的测量条件下，当测量次数增加时，随机误差的算术平均值趋向于零。利用这一性质建立的数据处理法则，可有效地减小随机误差的影响。

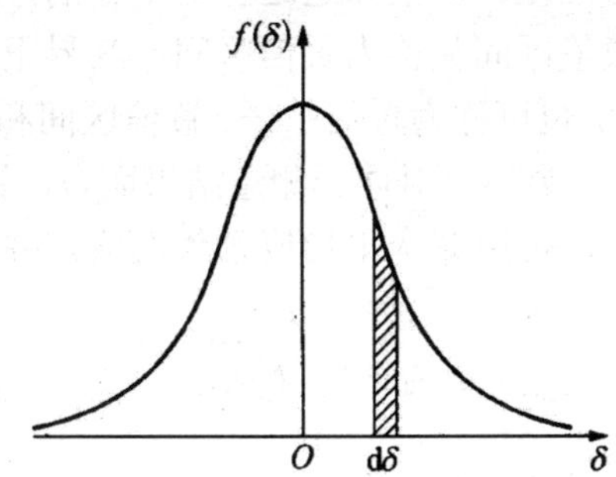

图 1-6　随机误差的正态分布曲线

3. 算术平均值和标准误差

(1) 算术平均值。进行参量的等精度测量时，由于存在随机误差，测量值皆不相同，应以全部测量值的算术平均值作为最后的测量结果，即

$$\bar{x}=\frac{x_1+x_2+x_3+\cdots+x_n}{n}=\frac{1}{n}\sum_{i=1}^{n}x_i \tag{1-8}$$

式中，$\bar{x}$ 为算术平均值；x 为测量值；n 为测量次数。

算术平均值是诸多测量值中最可信赖的，它可以作为等精度多次测量的结果。

(2) 标准误差。上述的算术平均值是反映随机误差的分布中心，而标准误差σ则反映随机误差的分布范围。标准误差越大，测量数据的分散范围也越大，所以标准误差σ可以描述测量数据和测量结果的精度。标准误差σ可由下式求取

$$\sigma=\lim_{n\to\infty}\sqrt{\frac{\sum_{i=1}^{n}(x_i-x_0)^2}{n}}=\lim_{n\to\infty}\sqrt{\frac{\sum_{i=1}^{n}\delta_i^2}{n}} \tag{1-9}$$

由于上式中的真值 x_0 是未知的，在实际中用 n 次测量值获得σ的估算值，用符号 $\bar{\sigma}$ 表示。由贝塞尔公式计算得

$$\bar{\sigma}=\sqrt{\frac{\sum_{i=1}^{n}(x_i-\bar{x})^2}{n-1}}=\sqrt{\frac{\sum_{i=1}^{n}v_i^2}{n-1}} \tag{1-10}$$

式中，v 为剩余误差。

(3) 算术平均值的标准误差。其计算公式为

$$\sigma_{(\bar{x})}=\frac{\sigma}{\sqrt{n}} \tag{1-11}$$

由式(1-11)可以看出，算术平均值的标准误差为单次测量值的标准误差的 $1/\sqrt{n}$ 倍。算术平均值的标准误差比单次测量的标准误差小，增加重复测量次数可以提高测量结果的精度。但是增加测量次数，很难保证等精度测量条件，导致带来新的系统误差。在实际测量中，

测量次数取 5～10 次即可。

4. 测量值的置信区间与置信概率

由上述可知，可用测量值的算术平均值作为期望的估计值，并可用贝塞尔公式等方法求出表征其分布离散程度的标准差。但仅知道这些是不够的，还需估计真值以多大的概率包含在某一数值区间内。该数值区间就称为置信区间，其界限称为置信限。该置信区间包含真值的概率称为置信概率 P，也可称为置信水平。置信区间和置信概率合起来说明了测量结果的可靠程度，称为置信度。显然，对同一测量结果而言，置信限越宽，置信概率越大。

具有随机误差的测量结果，可用算术平均值替代真值，并用标准误差给出可能范围。具体表示如下：

$$x_0 = \overline{x} \pm K\sigma_{(\overline{x})} \tag{1-12}$$

式中，K 为置信系数。

根据正态分布的概率积分可知，不同的 K 值，对应不同的置信概率，由理论计算可得：当 $K=\pm1$ 时，置信概率 $P=0.6827$，处理结果中随机误差出现的$-\sigma$～$+\sigma$范围内的概率为 68.27%；当 $K=\pm2$ 时，出现的-2σ～$+2\sigma$范围内的概率为 95.45%；当 $K=\pm3$ 时，出现的-3σ～$+3\sigma$范围内的概率为 99.73%。

可以看出，对一组既无系统误差又无粗大误差的等精度测量，当置信区间取$\pm3\sigma$时，误差值落在该区间外的可能性仅有 0.27%，说明误差绝对值大于 3σ几乎不可能。因此，人们常把$\pm3\sigma$值称为极限误差。不同置信区间的概率分布示意图如图 1-7 所示。

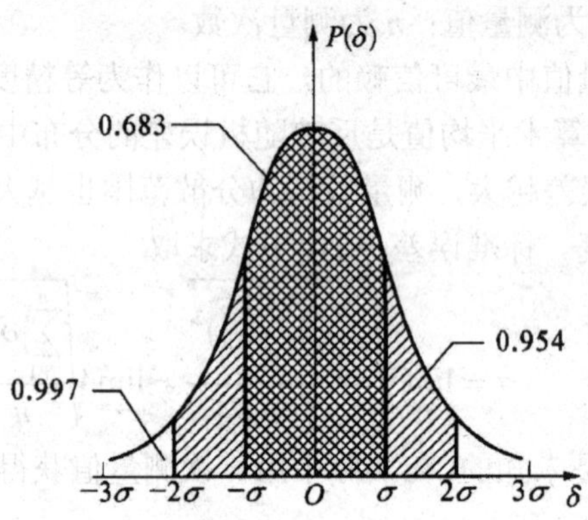

图 1-7　不同置信区间的概率分布示意图

1.3.3　粗大误差的分析与处理

数据处理前，在测量数据中发现有异常数据时，首先应将具有粗大误差的可疑数据找出来加以剔除。一般从以下两方面来考虑。

1. 定性判断

对测量设备、测量条件、测量步骤进行分析，看是否存在问题而引起出现异常数据。这种判断无严格规则，属于定性判断。

2. 定量判断

用概率统计和误差理论知识建立的粗大误差判断准则为依据，进行定量判断，以确定该异常值是否应剔除。

工程上常用莱以特准则(3σ准则)来判断是否存在粗大误差。实际应用中，用 3σ(极限误差)作为鉴别限，即取 3σ为正常数据 $v_i = |x_i - \bar{x}|$ 值的最大可能值，当 $|v_i| > 3\sigma$ 时，则认为该数据是异常值，应予剔除。3σ准则是最常用也是最简单的判别粗大误差的准则，但只适用于测量次数较多的情况。一般测量次数不少于 10 次，如果不满 10 次应重新测量。

1.4　检测系统的基本特性

检测系统的特性，一般分为静态特性和动态特性两大类。

当输入量不随时间变化或变化极慢时，输出量与输入量之间的关系是一个不含时间变量的代数方程，在此基础上确定的检测装置性能参数通常称为静态特性。如图 1-8 所示，由于存在着误差因素、外界影响等，输入-输出不会完全符合所要求的线性关系。

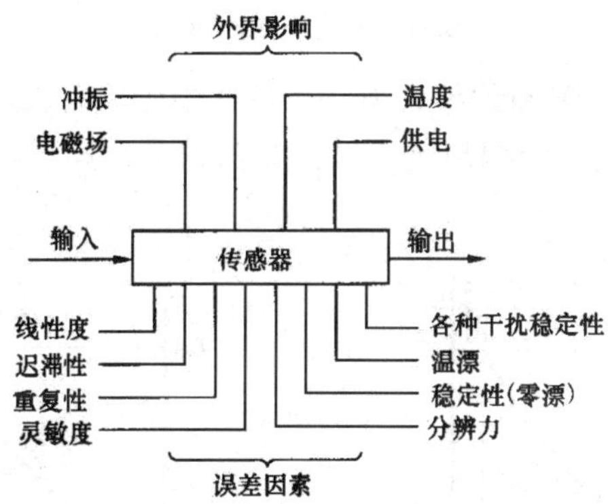

图 1-8　传感器的输入-输出作用图

当被测量随时间变化很快时，就必须考虑输入量和输出量之间的动态关系。这时，表示它们之间关系的是一个含有时间变量的微分方程。由此引出的检测系统针对快速变化的被测量的响应特性称为动态特性。

本节介绍的检测系统的静、动态特性参数同样适用于组成检测系统的各个环节，如传感器等。通常，传感器输出随时间变化的规律应与输入随时间变化的规律相近，否则输出量就不能反映输入量。

1.4.1　静态特性

静态特性是被测量各个值处于稳定状态时输入与输出之间呈现的关系。

1. 线性度

线性度又称非线性度或非线性误差，是指检测系统的输入-输出关系对于理想线性关系的偏离程度，如图 1-9 所示。

用一条直线(切线或割线)近似地代表实际曲线的一段，使检测系统输入−输出特性线性化，这样的直线称为拟合直线。实际特性曲线与拟合直线之间的偏差称为检测系统的非线性误差(或线性度)，通常用相对误差 γ_L 来表示，即

$$\gamma_L = \pm\frac{\Delta L_{max}}{Y_{FS}}\times 100\% \tag{1-13}$$

式中，ΔL_{max} 为实际输入−输出曲线与直线之间的最大非线性绝对误差；Y_{FS} 为满量程输出。

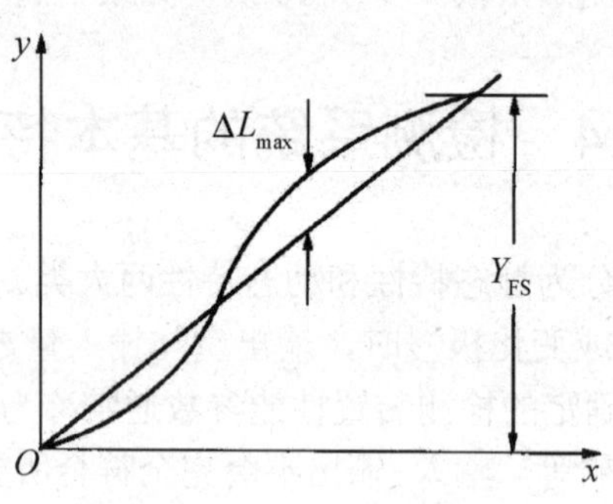

图 1-9　线性度示意图

图 1-10 所示为常用的几种直线拟合方法。从图中可以看出，即使是同类传感器，拟合直线不同，其线性度也不同。选取拟合直线的方法很多，用最小二乘法求取的拟合直线的拟合精度最高。

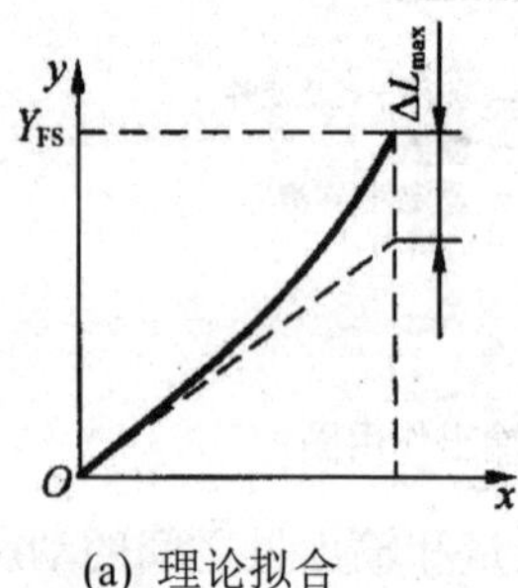

(a) 理论拟合

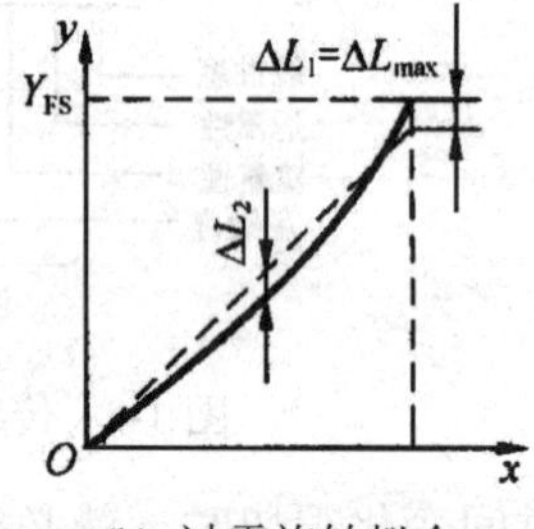

(b) 过零旋转拟合

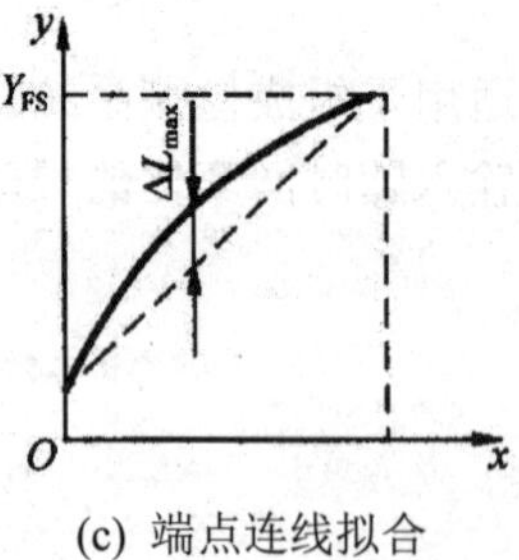

(c) 端点连线拟合

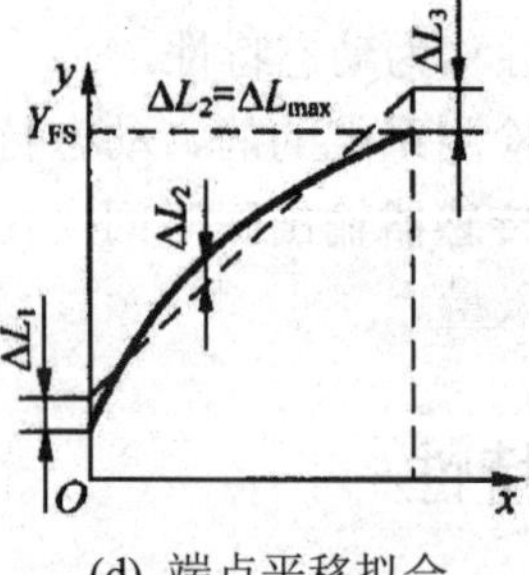

(d) 端点平移拟合

图 1-10　几种直线拟合方法

2. 迟滞性

迟滞性又称回差或滞后，表示传感器与检测系统在正(输入量增大)反(输入量减小)行程中，输入-输出特性曲线的不重合程度，如图 1-11 所示。对于同一大小的输入信号，传感器的正反行程输出信号大小不相等。迟滞大小通常由实验确定。迟滞性可用公式(1-14)表示：

$$\gamma_{\mathrm{H}} = \pm \frac{\Delta H_{\max}}{Y_{\mathrm{FS}}} \times 100\% \tag{1-14}$$

式中，$\Delta H_{\max}$ 为输入-输出特性曲线正反行程之间的最大差值。

提示： 迟滞产生的主要原因是传感器敏感元件材料的物理性质和机械零部件的缺陷，例如弹性敏感元件的弹性滞后，运动部件的摩擦，传动机构的间隙，紧固件松动等。

3. 重复性

重复性是指输入量按同一方向连续多次测试时，所得特性曲线的不一致程度，如图 1-12 所示。重复性可用公式(1-15)表示：

$$\gamma_{\mathrm{R}} = \pm \frac{\Delta R_{\max}}{Y_{\mathrm{FS}}} \times 100\% \tag{1-15}$$

式中，$\Delta R_{\max}$ 为输出最大不重复误差。

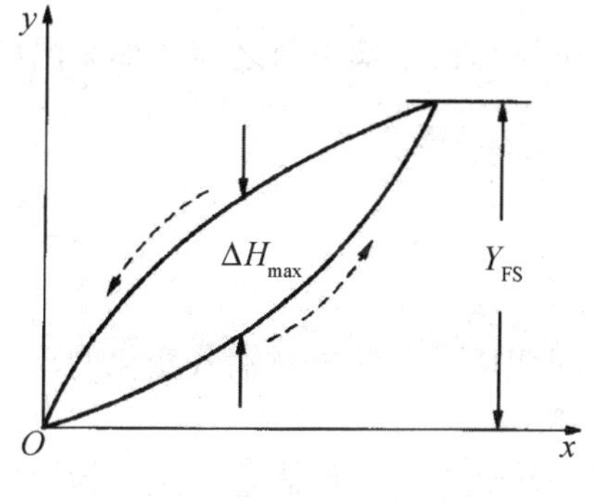

图 1-11　迟滞性示意图

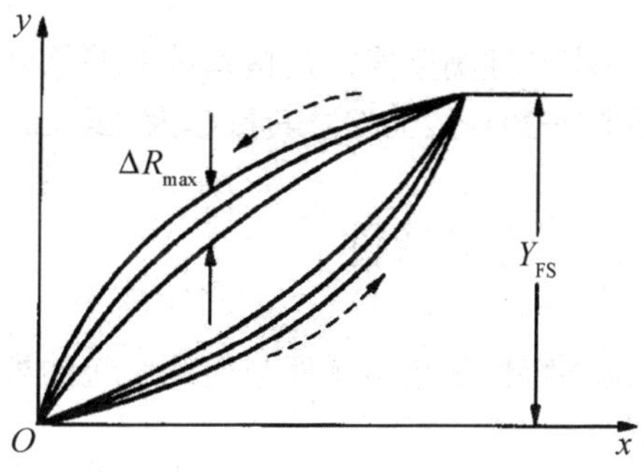

图 1-12　重复性示意图

4. 灵敏度

灵敏度是指传感器与检测系统对被测量变化的反应能力。当输入量 x 有一个变化量Δx时，引起输出量 y 有相应的变化量Δy，则输入变化量与输出变化量之比称为灵敏度。灵敏度可用公式(1-16)表示：

$$S = \frac{\Delta y}{\Delta x} = \frac{\mathrm{d}y}{\mathrm{d}x} \tag{1-16}$$

提示： (1) 当输入-输出完全呈线性关系时，S 为常数。
(2) 当输入-输出呈曲线关系时，S 随输入量的大小而变化。
(3) 灵敏度越高，测量精度越高，但测量范围越窄，稳定性越差。

5. 稳定性

稳定性是指在规定工作条件下和规定时间内，传感器与检测系统性能保持不变的能力。

6. 分辨力与阈值

分辨力是指传感器与检测系统能够检测到的最小输入变化量，是有量纲的数。当被测量的变化小于分辨力时，传感器对输入量的变化无任何反应。使传感器产生输出变化的最小输入值称为传感器的阈值。灵敏度越高，分辨力越好。

提示：对数字式仪表，仪表的最后一位数字就是它的分辨力；一般模拟式仪表的分辨力为最小刻度分格数值的一半。

7. 精度

精度表征检测系统的测量结果与被测量真值的符合程度，反映了系统误差和随机误差对检测系统的综合影响。

8. 温漂、零漂

温漂是指传感器与检测系统周围温度变化引起的参数的变化；零漂是指周围环境因素变化引起的零点或灵敏度的变化。

9. 量程

量程又称满度值，是指系统能够承受的最大输出值与最小输出值之差。如某温度计测量范围为-20～+200℃，其量程为220℃。

1.4.2 动态特性

动态特性是指传感器与检测系统的被测量随时间变化时，输出对输入变化的动态跟随能力。

随着自动化生产和科学技术的发展，对于随时间快速变化的动态量，进行检测的要求越来越多。这时检测系统除了满足静态特性要求之外，还应当对变化中的被测量保持足够的响应，即具有良好的动态特性。只有这样，才能迅速、准确地测出被测量的大小或再现被测量的波形。

在实际工作中，检测系统的动态特性通常是用实验方法求得的。通常系统对标准输入信号的响应和它对任意输入信号的响应之间存在一定的关系。一般根据系统对一些标准输入信号的响应来评定它的动态特性。在时域内，研究动态特性时，常用阶跃信号来分析系统的瞬态响应，包括超调量、上升时间、响应时间等。在频域内，研究动态特性时，则采用正弦输入信号来分析系统的频率响应，包括幅频特性和相频特性。

对检测系统动态特性的理论研究，通常是先建立系统的数学模型，通过拉普拉斯变换找出传递函数表达式，再根据输入条件得到相应的频率特性，并以此来描述系统的动态特性。其研究方法与控制理论中介绍的研究方法相似，因此，可以方便地应用自动控制原理中的分析方法和结论，这里不再赘述。

1.5 传感器的选用原则

1.5.1 传感器应用中的基本要求

在实际应用中，对传感器的基本要求是：反应灵敏、准确；工作可靠、稳定；能量转换效率高；抗干扰能力强。实际使用时，还要考虑到它的体积、重量、成本、耗电、拆装是否方便等因素。

由于传感器在原理与结构上千差万别，即使是测量同一物理量，也有多种原理的传感器可供选用。传感器的选择应根据测量对象与测量环境，从测试条件与目的、传感器的性能指标、传感器的使用条件、数据采集和辅助设备配套情况，以及价格、备件和售后服务等多种因素综合考虑。

1.5.2 传感器的选用

传感器的选用原则和要求主要包括以下几点。

1. 灵敏度和检测极限

希望灵敏度越高越好，但当灵敏度过高后，对干扰信号会太敏感。因此，在满足要求的情况下，尽量选用灵敏度低的传感器，以增强抗干扰能力。一般来说，人们希望检测极限大、范围宽，但这往往又与灵敏度相矛盾，故二者应综合考虑。

2. 精度和准确度

衡量测量结果的好坏常用精度来表示。精度包括精密度和准确度。

精密度也称重复性。传感器的随机误差小，精密度高，但不一定准确。准确度是指测量结果与实际数值的偏离程度。同样，准确不一定精密。故在选用传感器时，要着重考虑精密度——重复性。因为准确度可用某种方法进行补偿，而重复性是传感器本身固有的，外电路对此无能为力。

3. 动态范围和线性

动态范围是由传感器本身决定的，线性和非线性相对应。若配用一般的测量电路，线性很重要。若用微机进行数据处理，则动态范围需要重点考虑，即使非线性很严重，也可用计算机等对其进行线性化处理。

4. 响应速度和滞后性

对所有的传感器，希望动态响应快，时间滞后小。

5. 使用环境及抗干扰

一般希望传感器能抗腐蚀、湿度、粉尘、电磁场、辐射、高/低温、震动等恶劣环境的影响。

6. 老化

传感器出现老化现象，性能会发生变化，影响传感器的可靠性，故要定期对其进行检验。

本章小结

本章介绍了测量方法、传感器的组成及作用、传感器及检测技术的基本特性、传感器的选用原则、误差的基本概念以及测量误差的处理方法。

测量是检测技术的主要组成部分，是为确定被测对象的量值而进行的实验过程。传感技术里所指的测量主要是电子测量。它将被测量通过传感器转换为电信号后，利用电子技术和电子仪器测量有关的量值，并按一定规律对应于被测非电量的量值。

误差研究的目的，是确切地了解测量误差的大小范围，把测量误差控制在能够满足需要的程度，并能以误差理论为依据对测量结果作出科学、合理的评定。

检测系统的特性是指输出与输入之间的关系，有静态、动态之分。静态特性指被测量的各个值处于稳定状态时的输入输出关系。动态特性是指输入量随时间变化的响应特性。静态特性的基本参数有线性度、迟滞性、重复性、灵敏度、稳定性、分辨力等。

检测技术是以研究自动检测系统中的信息提取、信息转换以及信息处理的理论和技术为主要内容的一门应用技术学科。

传感器是信息采集系统的首要部件，是实现自动检测和自动控制的主要环节，检测与传感技术、通信技术、计算机技术并称为支撑整个现代信息产业的三大支柱。

传感器是能感受规定的被测量并按照一定规律将其转换成可用输出信号的器件或装置，由直接响应于被测量的敏感元件和产生可用信号输出的转换元件以及相应的转换电路组成。

传感器的选择应根据测量对象与测量环境，从测试条件与目的、传感器的性能指标、传感器的使用条件、数据采集和辅助设备配套情况，以及价格、备件和售后服务等多种因素综合考虑。

传感器与检测技术是一门不断发展的实用科学技术，它的灵活性、可选择性极强。新的传感器层出不穷，新的检测技术日新月异，应用领域也越来越广泛，应用电路的不断拓展、不断创新、不断改进使其对所用传感器的要求越来越高。

思考与练习

1. 什么是传感器？
2. 传感器由哪几部分组成？各部分的作用是什么？
3. 测量的定义是什么？如何表示测量结果？
4. 对于测量方法，从不同角度来看，有哪些分类方法？

5. 描述测量的步骤和结果。联系实际举例说明。

6. 直接测量有几种方法？它们各自的定义是什么？

7. 描述误差的分类及处理的方法。举出误差的实例并说明如何消除。

8. 传感器有哪些基本特性？它们有何实际意义？

9. 一线性位移测量仪，当被测位移由 5mm 变为 8mm 时，输出电压由 3V 变为 4.5V，求仪器的灵敏度。

10. 有一温度计，它的测温范围为 0～200℃，精度为 0.5 级，求：

(1) 该表可能出现的最大绝对误差。

(2) 当示值分别为 20℃、100℃时的示值相对误差。

11. 有三台测温仪表，量程均为 0～600℃，精度等级分别为 1.0 级、1.5 级和 2.5 级，要测量 500℃的温度，要求相对误差不超过 2.5%，选用哪台仪表合适？

12. 欲测 240V 左右的电压，要求测量示值相对误差的绝对值不大于 0.6%。问：若选用量程为 250V 的电压表，其精度应选择哪一级？若选用量程为 300V 和 500V 的电压表，其精度应分别选哪一级？

13. 已知待测力约为 70N，现有两只测力仪表，一只为 0.5 级，测量范围为 0～500N；另一只为 1.0 级，测量范围为 0～100N。选用哪一级测力仪表好？为什么？

14. 检测系统的静态特性主要有哪些？

第 2 章

电阻式传感器

本章要点

- 弹性敏感元件的特性
- 电阻应变效应及半导体的压阻效应
- 电阻应变式、压阻式传感器的工作原理
- 电阻应变式传感器的信号测量处理电路
- 电阻应变式、压阻式传感器的应用

本章难点

- 弹性敏感元件及应变片的应变分析计算
- 测试数据分析
- 电阻式传感器测量电路的分析、温度误差补偿技术电阻式传感器是一种参量型传感器。它将被测量的变化转化为电阻值的变化，继而通过转换电路变成电信号输出，显示被测量的变化。它的类型很多，在几何量和机械量领域应用广泛，它们可用于检测试件所承受的力、压力、压差、加速度、力矩、振动、应变等物理量。本章主要介绍电阻应变式和压阻式传感器。

任务 电子台秤的重量检测

1. 任务分析

荷载是工业生产和日常生活中的一个重要参数。很多场合下为了保证生产的正常进行，必须对荷载进行检测和控制。日常生活中常用电子秤称量物体质量，它以较高的测量精确度得到使用者的信赖，如图 2-1 所示。称重传感器有较大一部分是采用应变式荷重传感器，它首先将称重物体的重量转换为电信号，这就要用到电阻应变式测力传感器，然后经过测量转换电路处理后，送入显示器显示重量值。

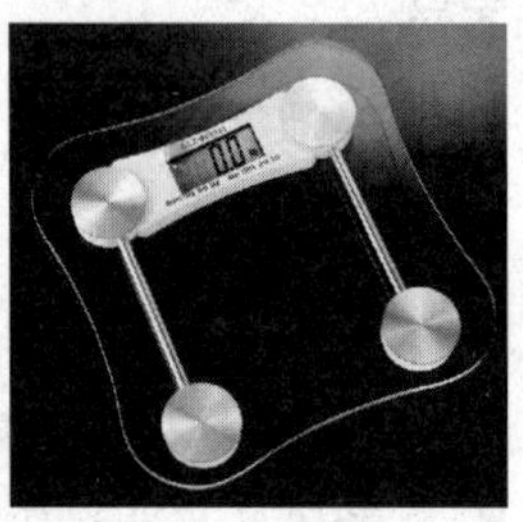

图 2-1 日常生活中常用的电子秤

2. 任务实现

根据电子台秤的称重范围及使用要求，选用悬臂梁式电阻应变传感器作为测力传感器。电子台秤的结构如图 2-2 所示。在图 2-2(b)中，电子台秤用应变式传感器测量荷载，弹性元件采用双孔悬臂梁，四块应变片分别粘贴在梁上下表面，接为惠斯通电桥，可以测量质量仅为几克重的荷载，具有较高的灵敏度和分辨力。

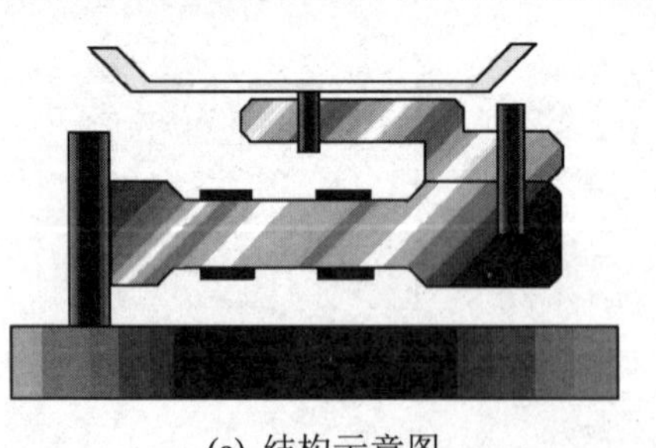

(a) 结构示意图

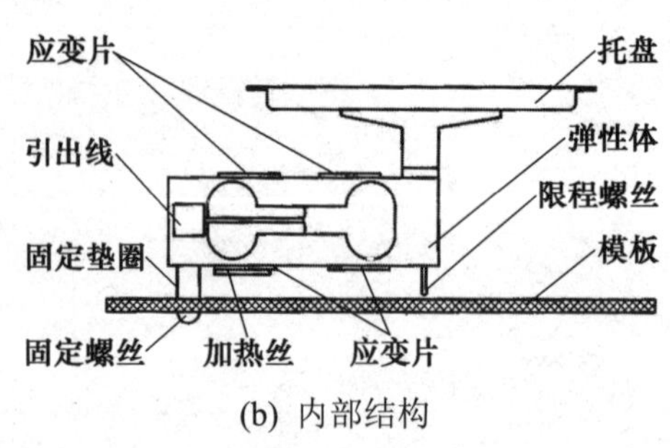

(b) 内部结构

图 2-2 电子台秤的结构

3. 任务小结

电阻应变式传感器在称重和测力领域应用最为广泛。这种测力传感器由应变计、弹性元件、测量电路等组成。荷载测量系统中，作为敏感元件的弹性体将荷重转换为应变，被测荷载较小时，一般选用铝质多孔悬臂梁作为弹性敏感元件进行应变的产生和传递；被测荷载较大时，采用钢质实心弹性柱作为敏感元件。转换元件可采用箔式应变片或压阻式器件。

应变式传感器自从问世以来就以体积小、精度高、频响好、微压测量性能好以及结构简单等优点受到广泛的重视。随着半导体技术的发展、大规模集成电路的出现，以及工艺技术的提高，应变式传感器也在快速发展。

2.1　应变式传感器

应变式传感器包括以金属和半导体为材料制成的应变片传感器。电阻应变式传感器测量系统主要由弹性敏感元件、电阻应变片及测量转换电路组成。将电阻应变片按一定的工艺要求粘贴于敏感元件的表面，将敏感元件的应变转换为自身电阻的变化，从而测得弹性体及测试工件的应变及外部作用力的变化情况。

2.1.1　弹性敏感元件

1. 弹性敏感元件的概念及特性

1) 基本概念

(1) 变形。物体在外力作用下改变原有尺寸或形状的现象称为变形。

(2) 弹性变形。如果变形后的物体在外力去除后又恢复原来形状，则该变形称为弹性变形。

(3) 弹性敏感元件。具有弹性变形特性的物体称为弹性敏感元件。

2) 主要特性

(1) 刚度。刚度是指弹性敏感元件在外力作用下抵抗变形的能力，用 k 表示，即

$$k = \lim_{\Delta x \to 0} \frac{\Delta F}{\Delta x} = \frac{\mathrm{d}F}{\mathrm{d}x} \tag{2-1}$$

式中，F 为作用在弹性元件上的外力；x 为弹性元件的变形量。

(2) 灵敏度。灵敏度是指弹性敏感元件在单位力作用下产生的变形，用 S 表示，它是刚度的倒数，即

$$S = \frac{1}{k} = \frac{\mathrm{d}x}{\mathrm{d}F} \tag{2-2}$$

刚度和灵敏度表示了弹性敏感元件的软硬程度。元件越硬，刚度越大，单位力作用下变形越小，灵敏度越小。

当刚度和灵敏度为常数时，作用力 F 与变形量 x 呈线性关系，此种元件称为线性弹性敏感元件。

(3) 弹性滞后。实际的弹性敏感元件在加载与卸载的正、反行程中变形曲线的不重合程度，称为弹性滞后，如图 2-3 所示。它是应变式传感器的测量误差之一。

图 2-3 中，加载曲线为正行程中形变与外力的关系，卸载曲线为反行程中形变与外力的关系。产生弹性滞后的主要原因是弹性敏感元件在工作过程中分子间存在内摩擦，并造成零点附近的不灵敏区。

(4) 弹性后效。弹性敏感元件所加载荷改变后，弹性元件的变形是要经过一定的时间间隔后逐渐完成的，这种现象称为弹性后效。弹性后效将引起动态测量中的测量误差。

如图 2-4 所示，当作用在弹性敏感元件上的力由零快速地达到 F_0 时，弹性敏感元件的变形首先由零迅速增加至 x_1，然后在载荷未改变的情况下继续缓慢变形直到 x_0 为止。由于弹性后效现象的存在，弹性敏感元件的变形始终不能迅速地跟上力的改变。

弹性滞后和弹性后效主要是由于弹性元件分子间存在摩擦造成的。

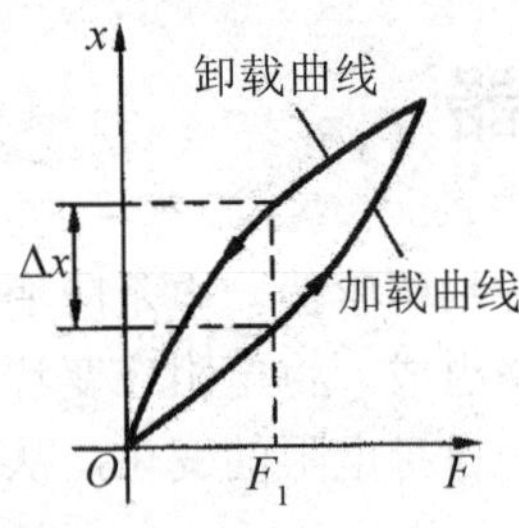

图 2-3　弹性滞后现象

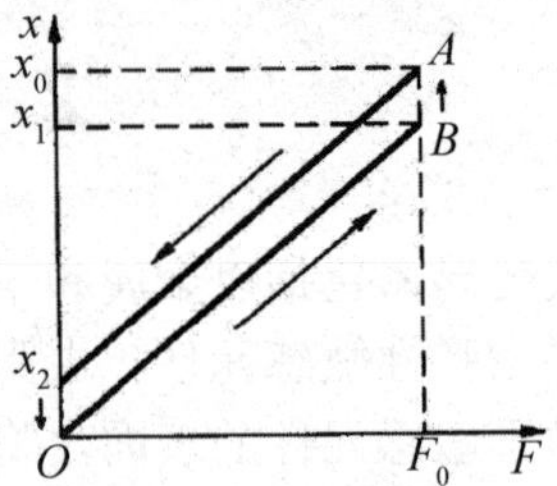

图 2-4　弹性后效现象

2. 弹性敏感元件的基本要求及类型

弹性敏感元件在传感器技术中占有极其重要的地位。弹性敏感元件直接接受外部力的作用，它首先把力、力矩或压力转换成相应的应变或位移，然后配合各种形式的传感元件，将被测的力、力矩或压力变换成电量。

1) 基本要求

(1) 具有良好的机械特性(强度高、抗冲击、韧性好、疲劳强度高等)和机械加工及热处理性能。

(2) 具有良好的弹性特性(弹性极限高、弹性滞后和弹性后效小等)，弹性元件应力分布变化大。

(3) 弹性模量的温度系数小且稳定，材料的线膨胀系数小且稳定。

(4) 结构简单，线性度好，安装方便，互换性好。

(5) 抗氧化性和抗腐蚀性等化学性能良好。

2) 基本类型

根据弹性敏感元件输入量的不同，可以分成以下两种基本类型。

(1) 变换力(力矩)弹性敏感元件。所谓变换力弹性敏感元件是指输入量为力，输出量为应变或位移的弹性敏感元件。常用的有实心轴、空心轴、等截面圆环、变形圆环、等截面悬臂梁、等强度悬臂梁等，如图 2-5 所示。

(2) 变换压力弹性敏感元件。变换压力弹性敏感元件的形式很多，如图 2-6 所示，常用的有弹簧管、波纹管、等截面薄板、膜盒(力、压力均可以变换)、薄壁圆筒、薄壁半球等。由于这些元件的变形计算复杂，故本节只对它们作定性的分析。

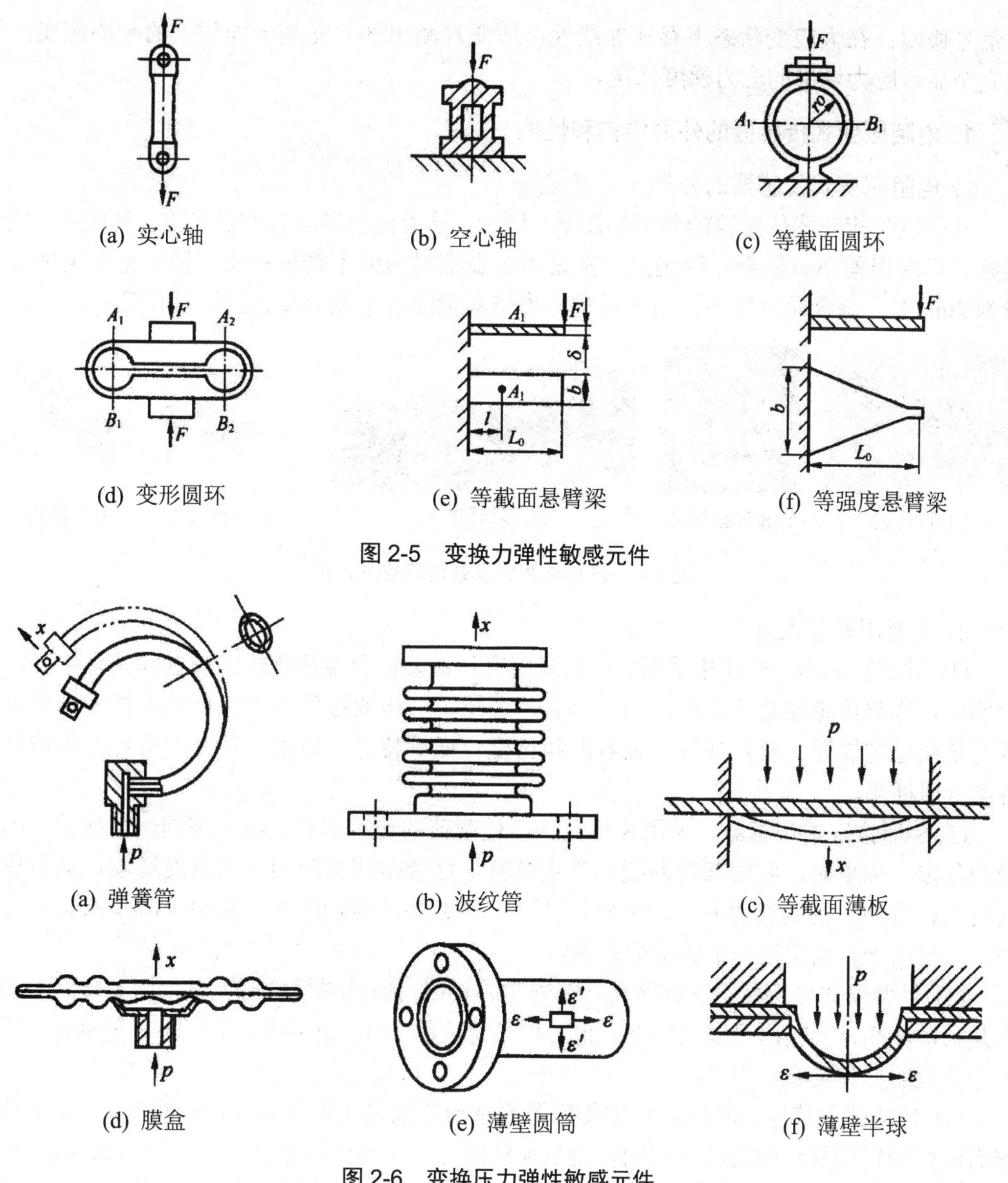

(a) 实心轴　(b) 空心轴　(c) 等截面圆环

(d) 变形圆环　(e) 等截面悬臂梁　(f) 等强度悬臂梁

图 2-5　变换力弹性敏感元件

(a) 弹簧管　(b) 波纹管　(c) 等截面薄板

(d) 膜盒　(e) 薄壁圆筒　(f) 薄壁半球

图 2-6　变换压力弹性敏感元件

2.1.2　电阻应变式传感器

电阻应变式传感器是用于测量物体受力变形所产生应变的一种传感器，最常用的传感元件为电阻应变片。

电阻应变式传感器的优点有：精度高、性能稳定、测量范围广(可测得十分之几到数万牛顿的力、几十帕到 10^{11}Pa 的压力、几个微应变到数千微应变)，可制成各种机械量传感器；结构简单、响应快，体积小、重量轻，对工件工作状态及应力分析影响小；可在超低温、高速、高压、强振动、强磁场、核辐射等恶劣环境下工作。但其也有一些缺点，包括：输出信号微弱；在大应变状态下存在非线性；应变片测出的只是某一面积上的平均应变，不能完全显示应力场中的应力梯度情况。

1. 电阻应变式传感器的外形结构和性能

1) 电阻应变式传感器的外形

几种电阻应变式传感器的外形如图 2-7 所示。该类传感器具有性能稳定、精度高、线性度好、迟滞误差小、量程广等优点，常采用合金钢材质或不锈钢材质，输出电压灵敏度一般为 2mV/V，综合误差较小，用于重量、力值测量的各个领域和各种计量设备中。

(a) 柱式

(b) S 形拉压式

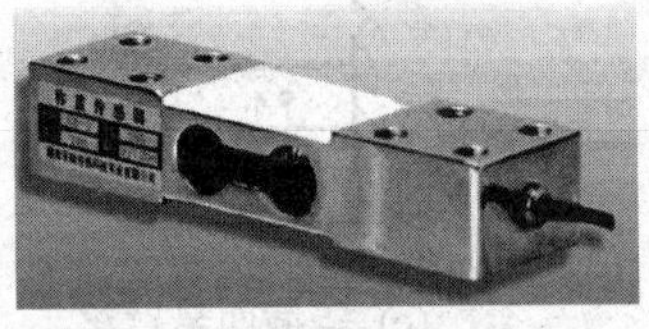
(c) 悬臂梁式

(d) 轮辐式

(e) 桥式

图 2-7 各种电阻应变式传感器的外形

2) 主要用途及性能

(1) 柱式传感器。柱式传感器中，箔式应变片被贴在合金钢制作的圆柱弹性体中段较细的部位。这类传感器结构简单，加工容易，可拉、可压或拉压两用，可承受很大的负载，具有长期稳定性好、密封性好、灵敏度和精度较低等特点，适用于各种配料秤、吊钩秤及各类专用秤等。

(2) S 形拉压式传感器。采用 S 形结构，使载荷的作用点和支撑点在同一轴线上，因此受力稳定。称重时，利用其弯曲变形产生信号。这类传感器应用于高湿度环境，具有优越的抗扭、抗侧、抗偏载能力，输出对称性好、精度高，结构紧凑，常用于测量双向拉、压力，广泛用于自动化控制中的动静态测量。

(3) 悬臂梁式传感器。悬臂梁是一端固定、一端自由的弹性敏感元件。这类传感器的特点是灵敏度高，其输出可以是应变，也可以是挠度(位移)，精度高、体积小、重量轻，适用于小量程的称重场合。

(4) 轮辐式传感器。轮辐式称重传感器的承载连接采用钢球或 SR 球面结构。这类传感器有较好的自动复位能力和良好的抗侧抗偏载能力，常用于汽车衡、试验机等设备。

(5) 桥式传感器。桥式传感器采用箔式应变片贴在合金钢弹性体上的结构。这类传感器具有精度高、长期稳定性好、密封性能好、抗侧向力和抗偏载能力强等特点，适用于储料灌计量、电子汽车衡、轨道衡、料斗秤及各种衡器。

2. 电阻应变片的结构与种类

电阻应变片是一种重要的测量元件，它是电阻应变式传感器的转换元件。

1) 应变片的类型

如图 2-8 所示，电阻应变片分为金属电阻应变片和半导体电阻应变片两大类。金属电阻应变片又可分为金属丝式和金属箔式两种。

金属丝式应变片使用最早，它是将金属丝弯曲后用黏合剂贴在衬底上而成，基底分为纸基、胶基等。金属丝式应变片价格便宜，可用于大批量、一次性试验。其测量误差较大，电阻丝与基底易脱胶，有被金属箔式应变片所取代的趋势。

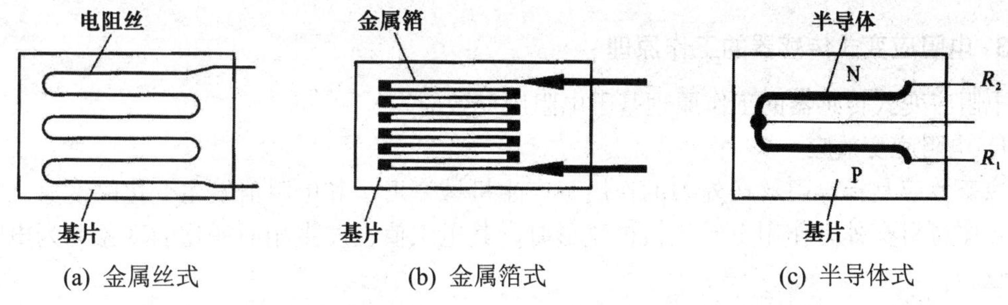

(a) 金属丝式 (b) 金属箔式 (c) 半导体式

图 2-8 各种电阻应变片

金属箔式应变片是由金属箔经光刻、腐蚀等工艺制成的。它与基片的接触面积大得多，散热性较好，生产时尺寸准确均匀，而且长时间测量时的蠕变小，便于制成任意形状，一致性较好，目前得到广泛的应用。

半导体应变片的敏感栅是用半导体材料制成的。当它受力时，电阻率随应力的变化而变化。它的灵敏度系数一般高于金属应变片，横向效应和机械滞后极小。但其温度稳定性和线性度比金属应变片差很多。它由硅膜片、外壳和引线等组成，核心是硅膜片。

一般应变片的阻值通常在一百欧到几千欧之间，金属应变片阻值较小，半导体应变片阻值较大。应变片通常要求有较高的绝缘电阻，一般在 50M～100MΩ以上。

2) 应变片的结构

图 2-9 所示为金属丝式电阻应变片的结构。其特点是将感受应变的电阻丝用一定的工艺方法制作成栅状。应变片由敏感栅(电阻丝式敏感层)、基底、覆盖片、引线四部分黏结而成。

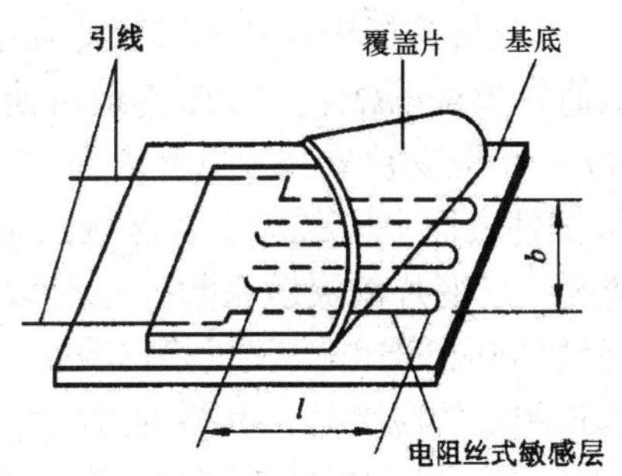

图 2-9 金属丝式电阻应变片结构

(1) 敏感栅是转换元件，由金属丝或金属箔制成，它被粘贴在基底上，通过基底把应变传递给它。

(2) 基底起绝缘及保持敏感栅、引线的几何形状和相对位置的作用，厚度一般为 0.02～0.05mm。

(3) 覆盖片(保护层)起保护敏感栅的作用。

(4) 引线焊接于敏感栅两端，作连接测量导线之用。

黏结剂将敏感栅、基底、覆盖片黏结在一起。常用的黏结剂的类型有硝化纤维素型、氰基丙烯酸型、聚酯树脂型、环氧树脂型和酚醛树脂型等。

提示：引线应选用电阻率低、电阻温度系数小、抗氧化性能好、易于焊接的材料。

3. 电阻应变式传感器的工作原理

电阻应变式传感器的工作原理基于电阻应变效应。

1) 电阻应变效应

应变效应是指电阻丝在外力的作用下产生机械变形，其电阻值发生变化的现象。导体或半导体材料在外力作用下产生机械变形时，其电阻值也发生相应变化的现象称为电阻应变效应。

给定尺寸的一根导体的初始电阻值为

$$R = \rho \frac{l}{A} \tag{2-3}$$

当电阻丝在长度方向变形时，其长度 l、截面积 A 和电阻率 ρ 均会变化，所以三者的变化均可能引起电阻 R 的变化。

在外力作用下，被测对象产生微小机械变形，应变片随着发生相同的变化，同时应变片电阻值也发生相应变化。当测得应变片电阻值变化量ΔR时，便可得到被测对象的应变值。根据应力与应变的关系，得到应力值σ为

$$\sigma = E \cdot \varepsilon \tag{2-4}$$

式中，σ为试件的应力；ε为试件的应变；E 为试件材料的弹性模量。

由式(2-4)得，应力值σ正比于应变ε，而试件应变ε正比于电阻值的变化，所以应力σ正比于电阻值的变化，这即是应变片测量应变的原理。

2) 金属电阻应变片的特性参数

(1) 应变片电阻值。应变片电阻值是指未安装的应变片且不受外力的情况下，在室温条件测定的电阻值，也称原始阻值，单位以Ω计。120Ω为最常使用的电阻值。

(2) 灵敏系数 K。灵敏系数 K 指应变片安装于试件表面，在其轴线方向的单向应力作用下，应变片的阻值相对变化与试件表面上安装应变片区域的轴向应变之比。对于不同的金属材料，K 略微不同。一般情况下应变片的灵敏系数 K 值可取 2.0。

(3) 横向效应。应变片既受轴向应变影响，又受横向应变影响而引起电阻变化的现象称为横向效应。敏感栅越窄、基长越长的应变片，其横向效应引起的误差越小。

(4) 机械滞后、蠕变及零漂。对已粘贴好的应变片，在温度恒定时，其加载特性与卸载特性不重合的现象称为机械滞后。蠕变是指已粘贴好的应变片，在温度一定并承受一定机械应变时，其电阻值随时间变化而产生变化的特性。零漂是指已粘贴好的应变片，在温度恒定且又无机械应变时，其电阻值随时间变化的特性。

(5) 应变极限。在一定温度下，应变片的指示应变对测试值的真实应变的相对误差不超过规定范围(一般为 10%)时的最大真实应变值称为应变极限。真实应变是指由于工作温度变化或承受机械载荷，在被测试件内产生应力时所引起的表面应变。

(6) 最大工作电流。应变片的最大工作电流是指允许通过应变片而不影响其工作特性的最大电流值。

几种应变片的技术指标如表 2-1 所示。

表 2-1　几种应变片的技术指标

型　号	电阻值/Ω	灵敏系数	温度系数/(1/℃)	极限工作温度/℃	最大工作电流/mA
PA-17	120±0.2	1.85～2.1	20×10^{-6}	−10/40	20
PJ-120	120	1.9～2.1	20×10^{-6}	−10/40	20
PJ-5	120±0.5	1.95～2.2	—	−30/200	20

2.1.3　测量电路

从前面的讨论可知，电阻应变片的作用是将构件表面的应变转变为电阻的变化。金属应变片的电阻变化范围很小，一般只到零点几欧，如果直接用欧姆表测量其电阻值的变化会非常困难，误差也极大，因此需将应变片连入电路中构成电桥。

1. 电桥电路

如图 2-10 所示，由 R_1、R_2、R_3、R_4 组成 4 个桥臂。测量前，取 $R_1R_3=R_2R_4$，输出电压 $U_o=0$，电桥平衡。当桥臂电阻发生变化，且$\Delta R_i \ll R_i$，在电桥输出端的负载电阻为无穷大时，电桥输出电压为

$$U_o = \frac{R_1R_2}{(R_1+R_2)^2}\left(\frac{\Delta R_1}{R_1}-\frac{\Delta R_2}{R_2}+\frac{\Delta R_3}{R_3}-\frac{\Delta R_4}{R_4}\right)U_i \tag{2-5}$$

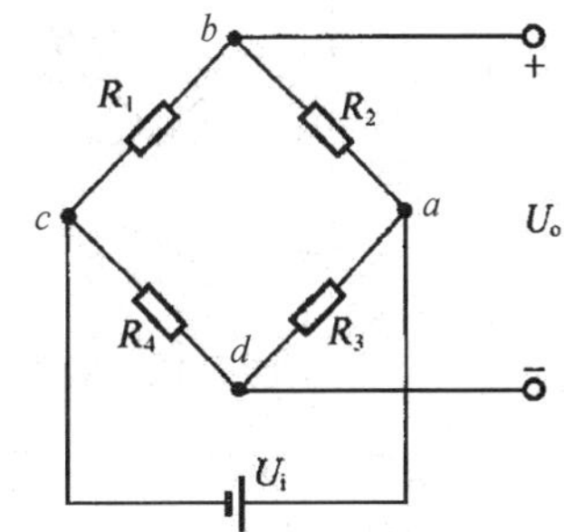

图 2-10　桥式电路

当 $R_1=R_2=R_3=R_4=R$ 时，即为全等臂形式，式(2-5)可变为

$$U_o = \frac{U_i}{4}\left(\frac{\Delta R_1}{R_1}-\frac{\Delta R_2}{R_2}+\frac{\Delta R_3}{R_3}-\frac{\Delta R_4}{R_4}\right) \tag{2-6}$$

2. 电桥工作方式

常见的桥路构成包括单臂半桥、双臂半桥和四臂全桥三种形式。

1) 单臂半桥

单臂半桥如图 2-11 所示，桥路中只有一个桥臂参与构件的机械变形。R_1 为电阻应变片，R_2、R_3、R_4 为固定电阻(即$\Delta R_2=\Delta R_3=\Delta R_4=0$)。起始时，应变片 R_1 未承受应变，电桥平衡，$R_1R_4=R_2R_3$，此时 $U_o=0$。当应变片 R_1 承受应变时，若 R_1 增大为 $R_1+\Delta R_1$，此时电桥的输出电压为

$$U_o = \frac{U_i}{4}\frac{\Delta R}{R} \tag{2-7}$$

2) 双臂半桥

双臂半桥如图 2-12 所示，电路中将两个应变片接入电桥相邻桥臂上。半桥测量时，桥

路中相邻的两个桥臂参与构件的机械变形。电阻 R_1、R_2 为应变片，R_3、R_4 为固定电阻。当应变片承受应变时，R_1 增大为 $R_1+\Delta R$，同时 R_2 减小为 $R_2-\Delta R$，电桥的输出电压为

$$U_o=\frac{U_i}{2}\frac{\Delta R}{R} \tag{2-8}$$

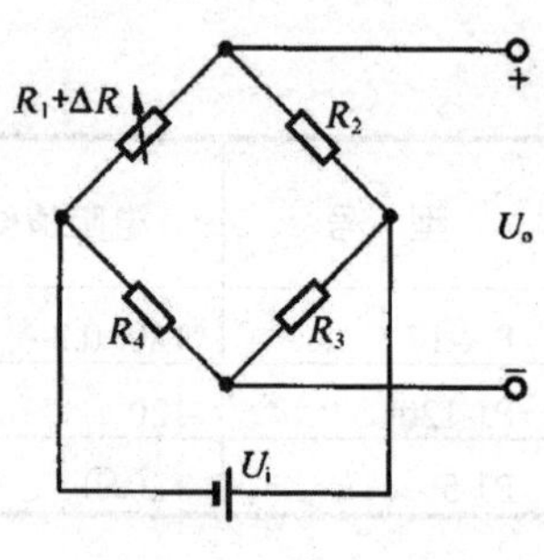

图 2-11　单臂半桥

3) 四臂全桥

四臂全桥如图 2-13 所示，电阻 R_1、R_2、R_3、R_4 均为应变片。桥路中四个桥臂全部参与构件机械变形。当应变片承受应变时，R_1 和 R_3 增大 ΔR，R_2 和 R_4 减小 ΔR，构成全桥差动电路。此时输出电压为单臂电桥输出电压的四倍，即

$$U_o=\frac{\Delta R}{R}U_i \tag{2-9}$$

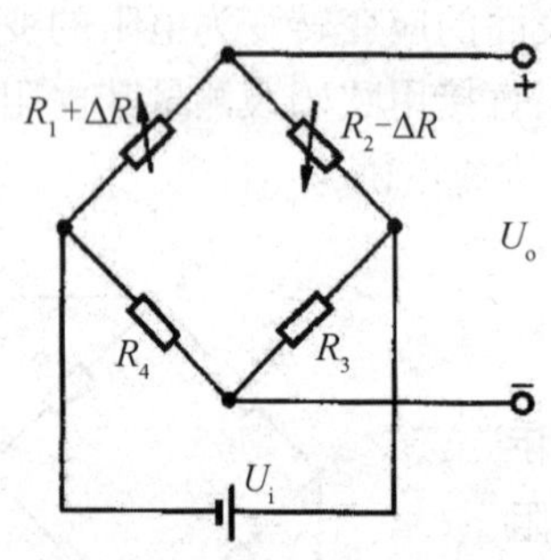

图 2-12　双臂半桥

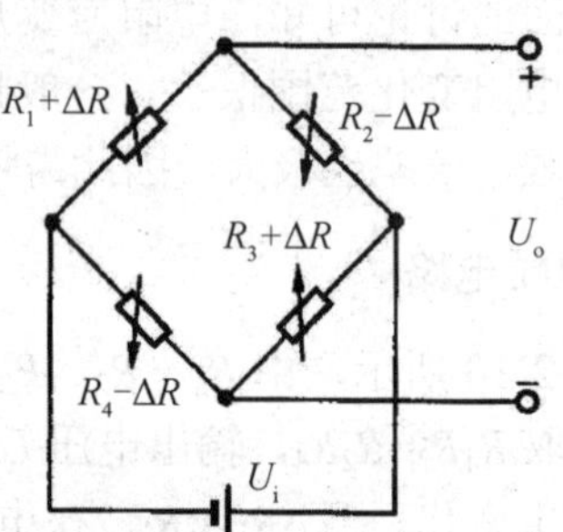

图 2-13　四臂全桥

多数实际情况下，应变电桥输出的模拟信号都很微弱，必须通过一个模拟放大器对其进行一定倍数的放大，才能满足 A/D 转换器对输入信号电平的要求。

提示： 上述三种工作方式中，四臂全桥工作方式的灵敏度最高，双臂半桥次之，单臂半桥灵敏度最低。采用四臂全桥(或双臂半桥)还能实现温度变化的自动补偿，因此，一般采用四臂全桥电路。

3. 电桥的线性补偿

1) 零点补偿

实际使用中希望电桥是平衡的，即 $R_1/R_2=R_4/R_3$。但一般情况下，四个电阻的比例关系并不严格成立，这样就使电桥不能满足初始平衡条件(即 $U_o\neq0$)。这就需要进行调零处理，如图 2-14 所示。选择一对电阻乘积较小的桥臂，在任一桥臂中串联一个可调电阻 R_P 进行调节补偿。使电桥趋于平衡，U_o 被预调到零位，这一过程称为调零。图 2-14 中的 R_5 是用于减小调节范围的限流电阻。

2) 温度补偿

环境温度的变化会引起电桥电阻的变化，导致电桥的零点漂移，这种因温度变化产生的误差称为温度误差。单臂测量时，理论上只用一块应变片，实际应用中用两片规格、粘贴工艺和温度环境与工作片相同的应变片。如图 2-15 所示，R_1 为工作应变片，贴在被测试

件的表面；R_2 为补偿应变片，贴在与被测试件材料相同、处于同一温度环境的补偿应变片上。在工作过程中补偿应变片 R_2 不承受应变，仅随温度发生变形和电阻变化。由于 R_1 与 R_2 所处环境温度相同，温度变化对应变片电阻的影响始终相同，即 $\Delta R_1=\Delta R_2$，在桥路中相互抵消，不影响电桥的输出，这样就起到了温度补偿的作用。

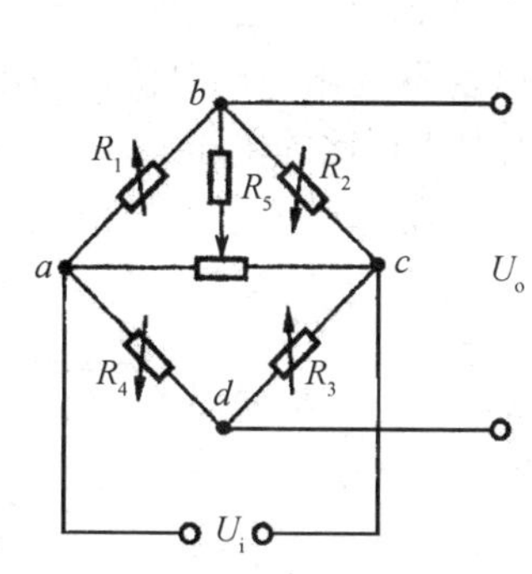

图 2-14　桥路零点补偿

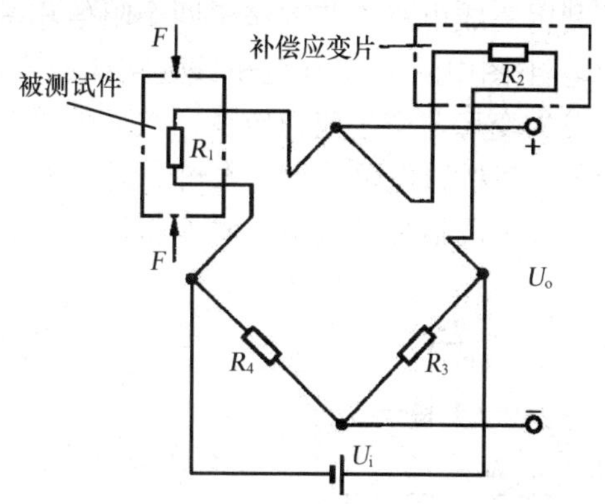

图 2-15　桥路温度补偿

提示： 对于双臂半桥和四臂全桥两种测量电路，两个或四个应变片既属测量片又互为补偿片。电桥相邻两臂受温度影响，同时产生大小相等、符号相同的电阻增量而互相抵消，桥路自身就能消除温度误差。

2.2　压阻式传感器

压阻式传感器是利用半导体的压阻效应和集成电路技术制成的新型传感器。压阻效应是在半导体材料上施加作用力时，其电阻率发生显著变化的现象。由于它没有可动部分，所以有时也称为固态传感器。它是利用半导体集成工艺中的扩散技术，将四个半导体应变电阻制作在同一硅片上，所以工艺一致性好，具有易于微型化、灵敏度高、测量范围宽、频率响应特性好、精度高和便于批量生产等特点。由于它克服了半导体应变片存在的问题并能将电阻条、补偿线路、信号转换电路集成在一块硅片上，甚至将计算处理电路与传感器集成在一起，制成智能型传感器，因此得到了广泛应用。

提示： 在使用过程中，要注意硅压阻式压力传感器对温度很敏感，会产生零点温度漂移和灵敏度温度漂移。在具体的应用电路中要采用温度补偿。对于零点温度漂移，一般用串、并联电阻法来补偿。对于灵敏度温度漂移，可以采用在电源回路中串联二极管的方法来补偿。

2.2.1　压阻式压力传感器的工作原理与结构

压阻式压力传感器由外壳、硅膜片和引线等组成，结构如图 2-16(a)所示。其核心是一块方形的硅模片，硅膜片两边有两个压力腔，一个是和被测压力相连接的高压腔，另一个是和大气相通的低压腔。它的进气孔用柔性不锈钢隔离膜片隔离，并用硅油传导压力。硅杯不与液体相通，耐腐蚀。将芯片封接在传感器的壳体内，再连接出电极引线就制成了典型的压阻式传感器。硅膜片芯体结构如图 2-16(b)所示，通常选用 N 型硅晶片作硅膜片，在它上面利用集成电路工艺制作了四个阻值相等的电阻，电阻之间利用面积较大、阻值较小的扩散电阻(图中阴影区)作为引线连接构成全桥电路，如图 2-16(c)所示。当受到压力作用时，硅膜片发生变形，产生应力应变，从而使扩散电阻的电阻值发生变化，一对桥臂的电阻较大，而另一对桥臂电阻较小，电桥失去平衡，输出一个与压力成正比的电压。

利用硅压阻器件可制成各种小型压力传感器和加速度传感器，避免了黏结，显然比较可靠。

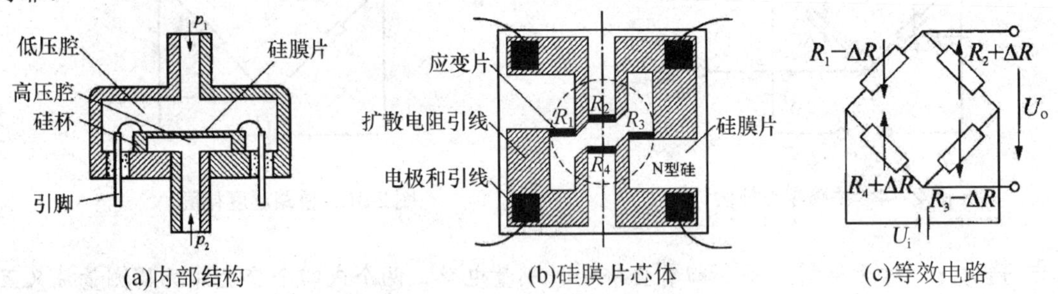

图 2-16　压阻式压力传感器结构图

2.2.2　压阻式压力传感器的特点

压阻式压力传感器的特点主要包括以下几方面。

1. 灵敏度高

压阻式压力传感器的灵敏系数比金属应变式压力传感器的灵敏系数要大 50～100 倍。因此，满量程输出可达几十毫伏至两百多毫伏，有时不需要放大就可直接进行测量。

2. 易于微小型化

由于它采用集成电路工艺加工，因而结构尺寸小，重量轻，易于微小型化。目前微型传感器的外径可达 0.25mm。

3. 压力分辨力高

它的压力分辨力高，测量范围广，能检测出 10Pa 的微压(用于血压测量)，也可检测出 60MPa 的高压。

4. 频率响应好

固有振动频率 f_0 可达 1.5MHz，是很好的动态传感器。它不仅能检测静态压力，还可以检测几十千赫的脉动压力。

5. 易于集成化

将压阻式传感器、稳压电源或稳流电源、补偿电路及调整电路、A/D 或 D/A 电路做在一个芯片上，不仅提高了抗干扰能力，且进一步提高了可靠性。

6. 精度高，工作可靠，寿命长

一般精度可达到 0.1%，高精度的产品可达到 0.02%。由于传感器的力敏元件及检测元件制在同一块硅片上，没有中间转换环节，没有活动的零件，是固态传感器，工作可靠，耐振、耐冲击、耐腐蚀，抗干扰能力强，使用寿命长。

由于采用半导体材料硅制作，传感器对温度比较敏感，如不采用温度补偿，其温度误差较大。目前的电子技术已将补偿电路做在传感器中，并采用激光技术进行电阻修整，使它具有较高的温度稳定性(温度系数小于±1mV)。

2.3　电阻式传感器的应用

1. 测力与荷重传感器

测力与荷重传感器有较大一部分是采用应变式荷重传感器，这种测力传感器由应变计、弹性元件、测量电路等组成。根据弹性元件结构形式(柱式、筒式、环式、梁式、轮辐式等)和受载性质(拉、压、弯曲、剪切等)的不同，它们可分为许多种类。常见的应变式测力与荷重传感器有柱式、环式、悬臂梁式等，图 2-17 所示为其结构示意图。

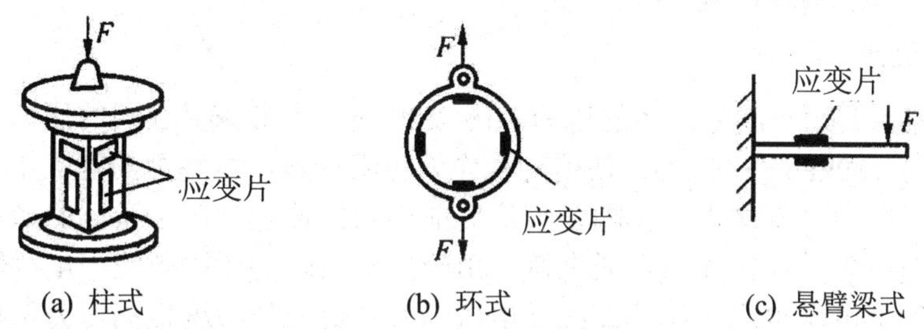

图 2-17　应变式测力与荷重传感器

图 2-18 所示为柱式荷重传感器结构示意图。应变片粘贴在弹性体外壁应力分布均匀的中间部分，对称地粘贴多片，电桥连线时考虑尽量减小载荷偏心和弯矩影响，横向贴片作温度补偿用。贴片在圆柱面上的展开位置及其在桥路中的连接如图 2-18(c)所示，R_1 和 R_3 串接，R_2 和 R_4 串接，并置于桥路对臂上，以减小弯矩影响。

柱式测力传感器结构简单、紧凑、可承受很大载荷。用柱式力传感器可制成称重式料位计。环式测力传感器结构也较简单，一般用于测量 500N 以上的载荷。与柱式相比，其应力分布变化较大，有正有负。悬臂梁式测力传感器可制成称重电子秤、加速度传感器等。

2. 压阻式加速度传感器

压阻式加速度传感器采用硅悬臂梁结构，如图 2-19 所示。在硅悬臂梁的自由端装有敏感质量块，在梁的根部，扩散四个性能一致的电阻应变片。

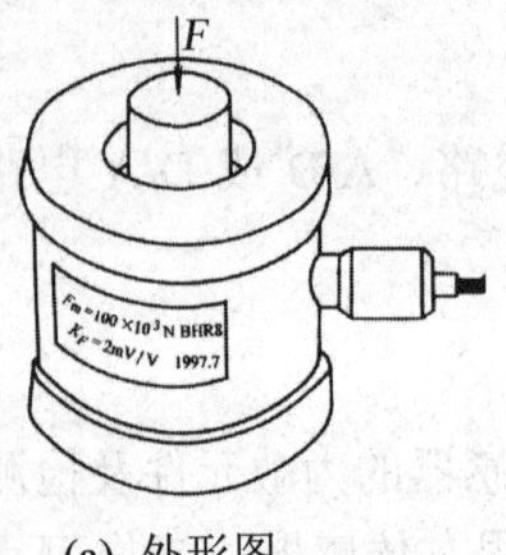

(a) 外形图

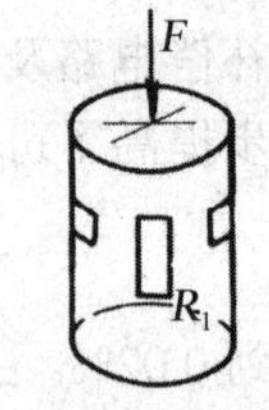

(b) 承重等截面圆柱

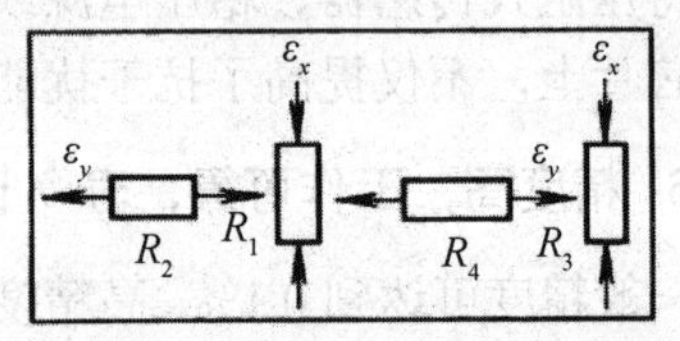

(c) 应变片在等截面圆柱上的位置

图 2-18　柱式荷重传感器

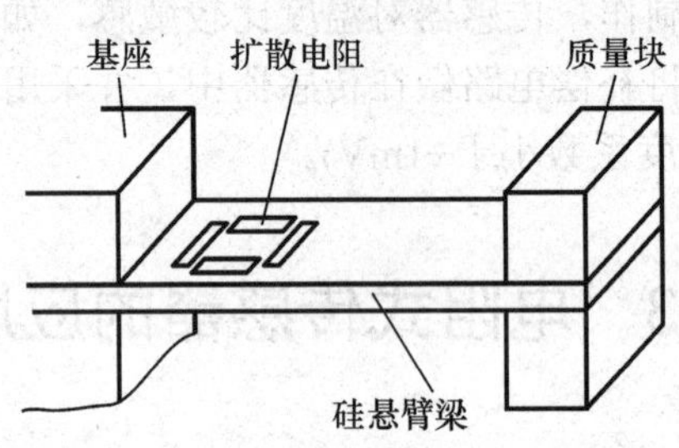

图 2-19　压阻式加速度传感器

当悬臂梁自由端的质量块受到外界加速度 a 作用时，质量块受到一个与加速度方向相反的惯性力作用，向相反的方向相对于基座运动，使悬臂梁变形，该变形被粘贴在悬臂梁上的四个电阻条感受到，并随之产生应变，导致电阻条的阻值发生变化。电阻值的变化引起电阻条组成的桥路出现不平衡，从而输出电压，即可得出加速度 a 值的大小。

3. 压力传感器

压力传感器主要用于测量流体的压力。图 2-20 所示为北京某公司的压力变送器。该变送器测量范围为-100kPa～60MPa，使用陶瓷作为压阻材料，抗腐蚀的陶瓷压力传感器不必经过液体传压，压力可直接作用在陶瓷膜片的前表面，使膜片产生微小的形变。陶瓷膜片的背面印刷厚膜电阻并连接成惠斯通电桥。由于压敏电阻的压阻效应，电桥输出一个与压力成正比、与激励电压也成正比的高线性电压信号，信号灵敏度根据压力量程的不同可选择 2.0/3.0/3.3mV/V 标定。传感器自带 0～70℃的温度补偿，可以和温度为-30～85℃的绝大多数介质直接接触。通过测试，传感器具有很高的温度稳定性和时间稳定性，结构简单，体积小巧，易安装，可以测量表压、绝对压力和负压，并带现场显示，可直接由数码管或液晶显示器显示测量结果。其输出为标准信号，4～20mA 电流或 1～5V 电压，精度等级可达 0.5、0.2 级。

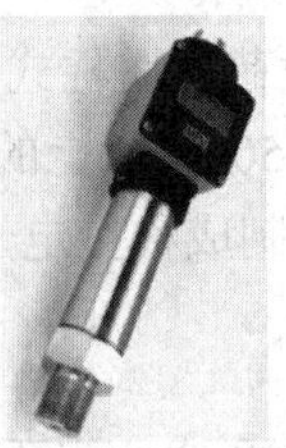

图 2-20　压力变送器

本 章 小 结

电阻式传感器的基本原理是将被测量的变化转换成传感元件电阻值的变化，再经过转换电路变成电信号输出。电阻式传感器常用于测量物体的受力和机械变形，其基本原理是导体或半导体材料在应力作用下几何尺寸及内部结构发生微小变化，这些材料的电阻值也将随着变化。电阻式传感器的主要特点是结构简单、性能稳定、使用方便。

电阻应变式传感器是一种利用电阻材料的应变效应，将工程结构的内部变形转换为电阻变化的传感器，此类传感器主要是在弹性元件上通过特定工艺粘贴电阻应变片来组成。通过一定的机械装置将被测量转化为弹性元件的变形，然后由电阻应变片将变形转换为电阻的变化，再通过测量电路进一步将电阻的变化转换为电压或电流信号输出。

压阻式传感器的压力敏感元件是压阻元件，它是基于压阻效应工作的。所谓压阻效应就是指半导体材料受外力或应力作用时，其电阻率发生变化的现象。

压阻式传感器的主要优点是体积小，结构比较简单，动态响应好，灵敏度高，能测出十几帕的微压，应用较广，是一种比较理想的压力传感器。

思考与练习

1. 弹性敏感元件在电阻式传感器的测量中起什么作用？

2. 试列举金属丝电阻应变片与半导体电阻应变片的相同点和不同点。

3. 电阻应变片阻值为 120Ω，灵敏系数 $K=2$，沿纵向粘贴于直径为 0.05m 的圆形钢柱表面，钢材的 $E=2\times10^{11}\text{N/m}^2$，$\mu=0.3$。求钢柱受 10t 拉力作用时应变片的相对变化量。又若应变片沿钢柱圆周方向粘贴，求受同样拉力作用时，应变片电阻的相对变化量为多少？

4. 有一测量吊车起吊物质量的拉力传感器如图 2-21(a)所示。电阻应变片 R_1、R_2、R_3、R_4 贴在等截面轴上。已知等截面轴的截面积为 0.00196m^2，弹性模量 E 为 $2.0\times10^{11}\text{N/m}^2$，泊松比为 0.3，$R_1$、$R_2$、$R_3$、$R_4$ 标称值均为 120Ω，灵敏度为 2.0，它们组成全桥，如图 2-21(b)所示，桥路电压为 2V，测得输出电压为 2.6mV，求：

(1) 等截面轴的纵向应变及横向应变是多少？

(2) 重物 m 有多少吨？

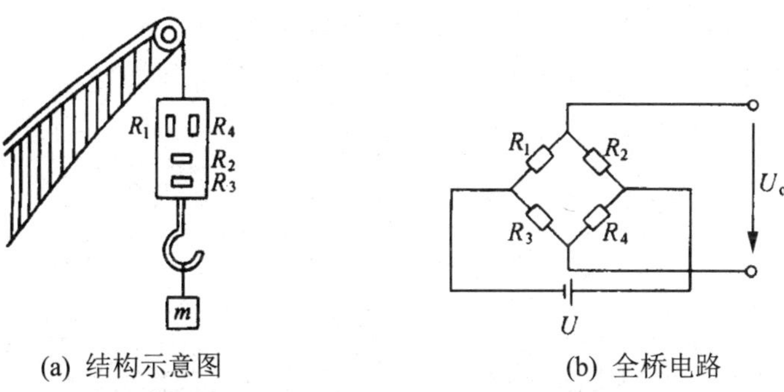

(a) 结构示意图　　(b) 全桥电路

图 2-21　测量吊车起吊物质量的拉力传感器

5. 为什么常用等强度悬臂梁作为应变式传感器的力敏元件？现用一等强度梁：有效长 L=150mm，固支处宽 b=18mm，厚 h=5mm，弹性模量 $E=2\times10^5$ N/mm^2，贴上 4 片等阻值、K=2 的电阻应变计，并接入四等臂差动电桥构成称重传感器。试问：

(1) 悬臂梁上如何布片？又如何接桥？为什么？

(2) 当输入电压为 3V 输出电压为 2mV 时，其称重量是多少？

6. 半导体电阻受力后电阻值的变化，对比金属电阻有何较大的差别？

7. 半导体材料灵敏系数的定义是什么？

8. 什么叫扩散硅压阻器件？硅膜片的作用是什么？

第 3 章

电感式传感器

本章要点

- 电感式传感器的结构、工作原理
- 电感式传感器的测量电路
- 差动变压器的组成、原理、特点
- 差动整流电路及相敏检波电路的工作原理
- 电涡流式传感器的特点、工作原理及应用方法

本章难点

- 电感式传感器的工作原理
- 电感式传感器测量电路的设计
- 提高测量灵敏度的方法
- 电感式传感器的选用

任务一　轴承滚柱直径检测

1. 任务分析

在装配轴承滚柱时，为保证轴承的质量，要先对滚柱的直径进行分选，各滚柱直径的误差在几个微米，因此要进行微小位移检测，一般选用电感测微仪，如图 3-1 所示。图 3-1(a)所示为轴承滚子外形，图 3-1(b)所示为电感测微仪。电感测微仪是一种能够测量微小尺寸变化的精密测量仪器，配上相应的测量装置(例如测量台架等)，能够完成各种精密测量。

(a) 轴承滚子外形

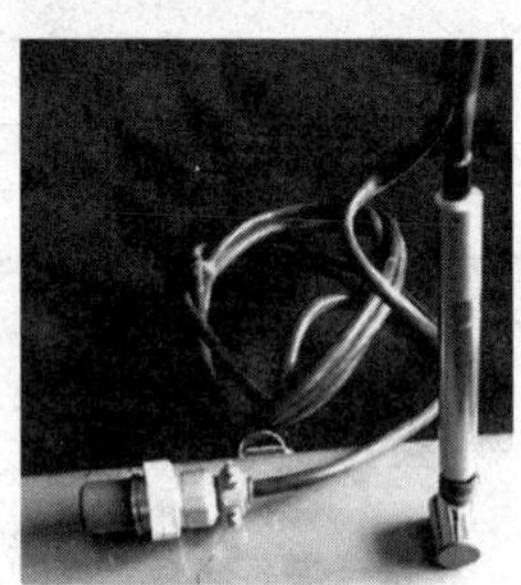

(b) 电感测微仪

图 3-1　轴承滚子外形和电感测微仪

2. 任务实现

可换测头接触被测物，被测物的微小位移变化使测杆受力，带动上端的衔铁在线圈中移动，使两线圈内的电感量发生相对的变化。此电感变化接入电桥，经过放大，相敏检波就得到反映被测物位移量变化的输出信号。

当衔铁处于两线圈的中间位置时，两线圈的电感量相等，电桥平衡，无输出信号。当测头带动衔铁由中间位置向左或向右偏移时，交流阻抗相应地变化，电桥失去平衡，输出一个幅值与位移成正比、频率与振荡器频率相同、相位与位移方向相对应的调制信号。此信号经放大，由相敏检波器鉴出极性，得到一个与衔铁位移相对应的直流电压信号，经数据处理进行显示、传输、超差报警、统计分析等。

轴向式电感测微仪结构图如图 3-2 所示。

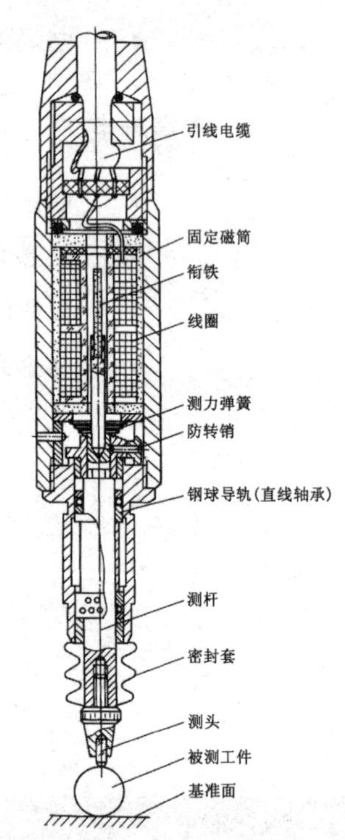

图 3-2　轴向式电感测微仪结构图

3. 任务小结

电感测微仪可以和任何一种测量台架组合，完成零件各种参数的精密测量，并自动将测量结果传送到管理计算机，实现质量数据的自动采集，保证数据的真实性；一台计算机可以和多台仪器连接组网，构成信息化的质量检测、分析、控制和管理系统。其测量对象可以是内套、外套、滚动体和成品轴承，测量项目如检查工件厚度、内径、外径、椭圆度、锥度、高度、平行度、壁厚差、垂直度，径向跳动等多种参数，被广泛应用于精密机械制造业、晶体管和集成电路制造业以及国防、科研、计量部门的精密长度测量。

提示： 凡是能转换成位移变化的参数，如力、压力、压差、加速度、振动、工件尺寸等均可用自感式电感传感器测量。

电感式传感器是利用电磁感应原理，将被测非电量转换成线圈电感(或互感系数)的变化的一种机电转换装置。工作时，衔铁通过测杆(或转轴)与被测物体相接触，被测物体的位移将引起线圈电感量的变化，当传感器线圈接入测量转换电路后，电感的变化将被转换成电流、电压或频率的变化，从而完成非电量到电量的转换。根据转换原理，电感式传感器可以分为自感式和互感式两大类。人们习惯上讲的电感式传感器通常是指自感式传感器。而互感式传感器是利用了变压器原理，又往往做成差动式，故常称为差动变压器式传感器。

3.1　自感式传感器

电感式传感器结构如图 3-3 所示，由线圈、铁芯、衔铁组成。线圈是套在铁芯上的，在铁芯与衔铁之间有一个空气隙，空气隙厚度为δ。传感器的运动部分与衔铁相连，运动部分产生位移时，空气隙厚度δ变化，从而使电感值发生变化。

自感式电感传感器有三种类型，即气隙型、截面型和螺线管型，如图 3-3(a)～图 3-3(c)所示。

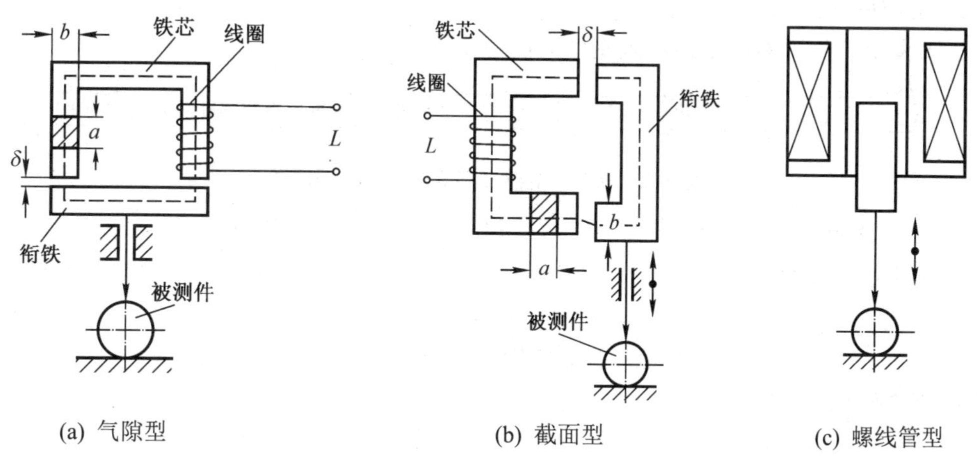

图 3-3　电感式传感器常见结构

3.1.1　自感式电感传感器的结构及工作原理

图 3-4 所示为电感式位移传感器外形。

1. 气隙型电感传感器

气隙型电感传感器的结构示意图如图 3-5 所示。

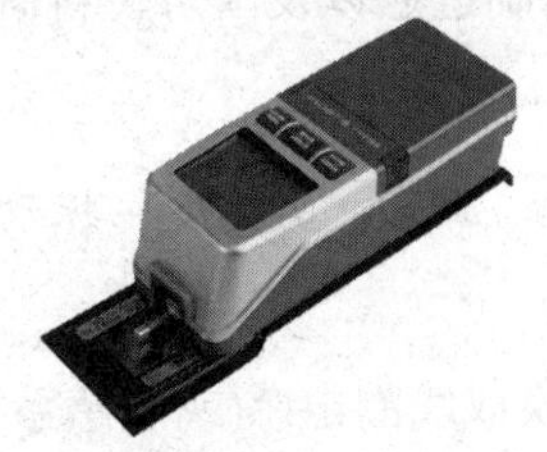

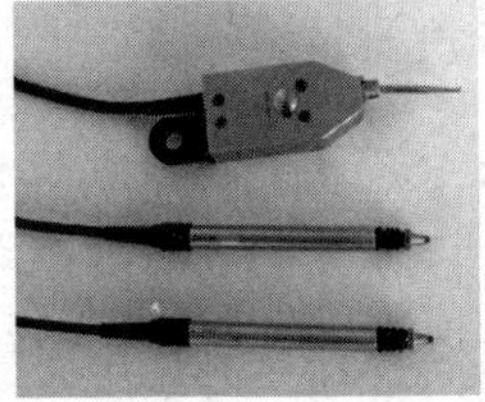

图 3-4 电感式位移传感器外形

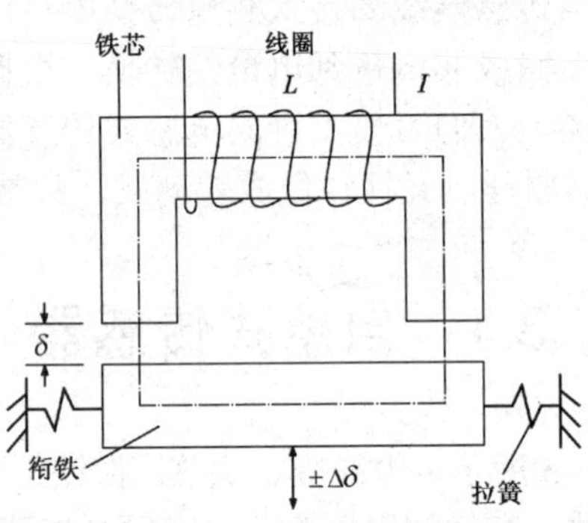

图 3-5 气隙型电感传感器

1) 组成

气隙型电感传感器由线圈、铁芯和衔铁等组成。

2) 工作原理框图

气隙型电感传感器的工作原理框图如图 3-6 所示。

图 3-6 气隙型电感传感器的工作原理框图

3) 工作原理

由电感定义可知

$$L = \frac{线圈总磁链}{线圈电流} = \frac{\Psi}{I} = \frac{N\Phi}{I} \tag{3-1}$$

式中，Φ 为磁通量。

磁路欧姆定律为

$$\Phi = \frac{IN}{R_m} \tag{3-2}$$

$$R_m = \sum_{i=1}^{n} \frac{l_i}{\mu_i A_i} + 2\frac{\delta}{\mu_0 A} \tag{3-3}$$

式中，l_i、A_i、μ_i 分别为铁芯中磁路上第 i 段的长度、截面积及铁磁导率；δ、A、μ_0 分别为空气隙厚度、等效截面积、空气磁导率。

当铁芯工作在非饱和状态时，空气隙磁阻远大于铁芯和衔铁的磁阻，因此回路磁阻约等于空气隙磁阻，有

$$R_m \approx \frac{2\delta}{\mu_0 A} \tag{3-4}$$

电感量可由下式估算：

$$L = \frac{N^2}{R_m} \approx \frac{N^2 \mu_0 A}{2\delta} \tag{3-5}$$

由式(3-5)可知，在线圈匝数 N 确定以后，若保持气隙截面积 A 为常数，则 $\delta\uparrow \rightarrow L\downarrow$，非电量位移 δ 的变化导致了电量 L 的变化，故称这种传感器为气隙型电感传感器。

由式(3-5)可知，气隙型电感传感器线性度差、示值范围窄、自由行程小，但在小位移下灵敏度高。δ 越小，灵敏度越高，常用于小位移的测量。

2. 截面型电感传感器

由式(3-5)可知，在线圈匝数 N 确定后，若保持气隙厚度 δ 为常数，截面积 A 随着被测量的改变而变化，导致电感量 L 发生变化，则这种传感器称为截面型电感传感器。其结构示意图如图 3-7 所示。

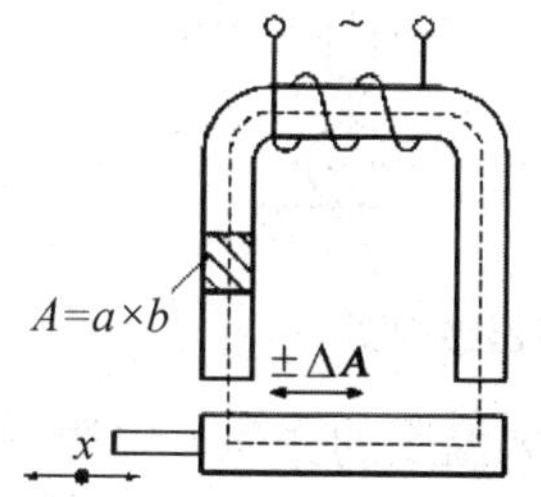

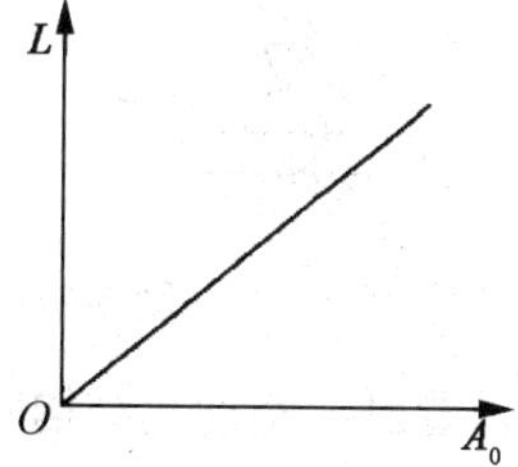

图 3-7　截面型电感传感器

对于截面型电感传感器，理论上电感量 L 与气隙截面积 A 成正比，输入输出呈线性关系。其具有良好的线性度，示值范围宽，自由行程大，灵敏度较低，多用于角位移测量。

3. 螺线管型电感传感器

螺线管型电感传感器如图 3-8 所示，它是在螺线管中插入圆柱形衔铁而构成的。它的衔铁随被测对象移动，线圈磁力线路径上的磁阻发生变化，线圈电感量也因此而变化，线圈电感量的大小与衔铁位置有关。插入衔铁的长度，一般以铁芯与线圈长度比为 0.5、半径比趋于 1 为宜。

这种传感器结构简单，制作容易，但灵敏度稍低。从线性度考虑，线圈匝数和衔铁长度有一最佳数值，一般通过实验选定。螺线管型电感传感器适用于测量稍大一点的位移。

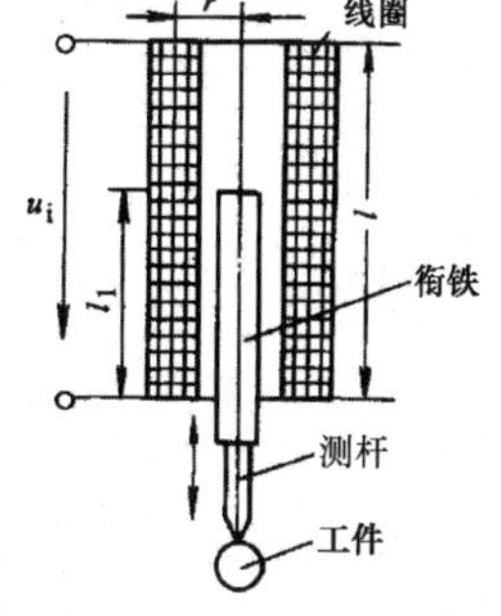

图 3-8　螺线管型电感传感器

提示： 气隙型电感传感器灵敏度较高，但非线性误差较大，制作装配比较困难。截面型电感传感器灵敏度较前者小，但线性度好，量程较大，使用比较广泛。

螺线管型电感传感器灵敏度较低，但量程较大，结构简单，易于制作，使用最广泛。

4. 差动式电感传感器

为了提高传感器的灵敏度，减小测量误差，螺线管型电感传感器常采用差动式结构。

差动式电感传感器的结构如图 3-9 所示。两个完全相同的线圈，共用一根活动衔铁就构成了差动式电感传感器。

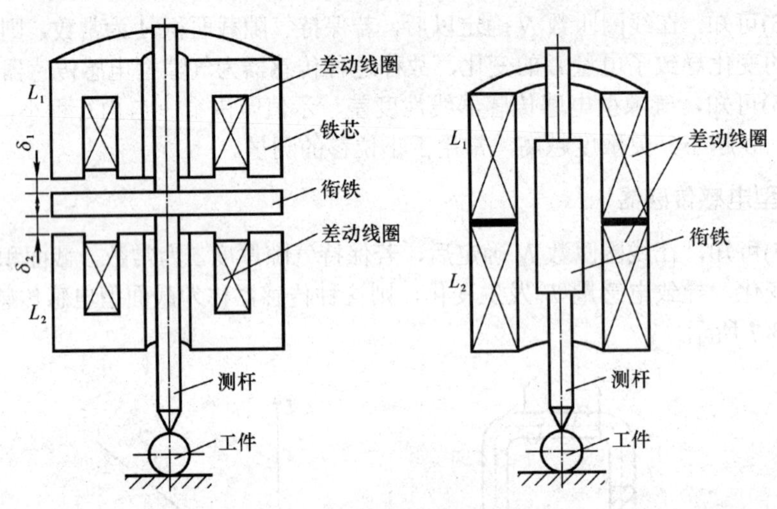

图 3-9　差动式电感传感器结构图

从结构图可以看出，差动式结构对外界影响，如温度的变化、电源频率的变化等基本上可以互相抵消，衔铁承受的电磁吸力也较小，从而减小了测量误差。从如图 3-10 所示的输出特性曲线上可以看出，差动式电感传感器的线性较好，且输出曲线较陡，灵敏度约为非差动式电感传感器的两倍。

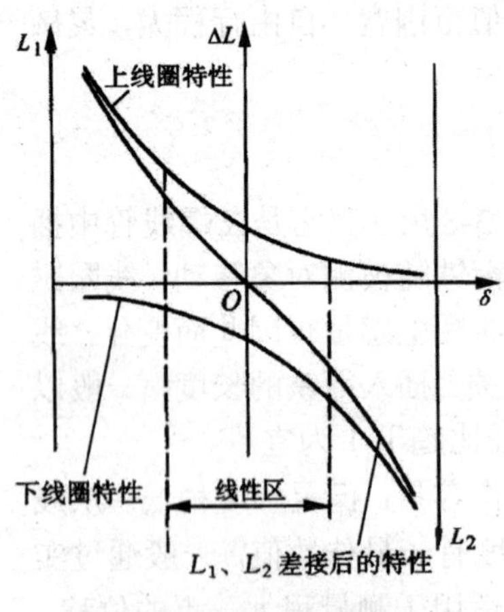

图 3-10　输出特性曲线

3.1.2　自感式传感器的测量转换电路

自感式传感器测量电路的作用是将电感量的变化转换成电压或电流信号，便于放大器进行放大，以用仪表显示和记录。

1. 交流电桥式

交流电桥式测量电路如图 3-11 所示，传感器的两个线圈作为电桥的两个相邻桥臂，另外两个相邻桥臂用纯电阻代替。设 $Z_1=Z_0+\Delta Z$，$Z_2=Z_0-\Delta Z$，有

$$\dot{U}_o=\frac{R}{R+R}U_i-\frac{Z_2}{Z_1+Z_2}U_i=\frac{\Delta Z}{Z_0}\cdot\frac{\dot{U}_i}{2} \tag{3-6}$$

若忽略线圈电阻，则

$$\dot{U}_o=\frac{\Delta L}{2L_0}\dot{U}_i \tag{3-7}$$

结论：通过该交流电桥，可把电感量的变化转换为输出电压的变化，输出电压与传感器电感的相对变化量成正比。

2. 变压器式电桥

变压器式电桥测量电路如图 3-12 所示，相邻两臂 Z_1、Z_2 是传感器两个线圈的阻抗。另两臂为交流变压器的二次绕组。当空载时，输出电压为

$$\dot{U}_o=\left(\frac{Z_2}{Z_1+Z_2}-\frac{1}{2}\right)\dot{U} \tag{3-8}$$

初始时，衔铁位于中间位置，$Z_1=Z_2=Z_0$，此时，$\dot{U}_o=0$，电桥平衡。

当衔铁向上移动时，设线圈 1 阻抗增加ΔZ，则线圈 2 阻抗减小ΔZ，此时，有

$$\dot{U}_o=\left(\frac{Z_0-\Delta Z}{Z_0+Z_0}-\frac{1}{2}\right)\dot{U}=-\frac{\Delta Z}{Z_0}\cdot\frac{\dot{U}}{2} \tag{3-9}$$

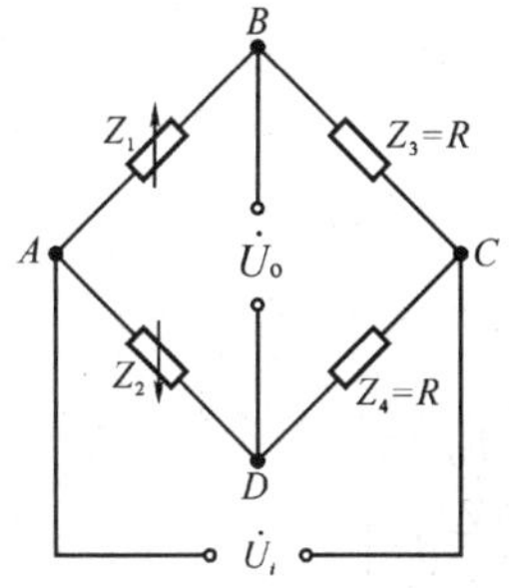

图 3-11　交流电桥式测量电路

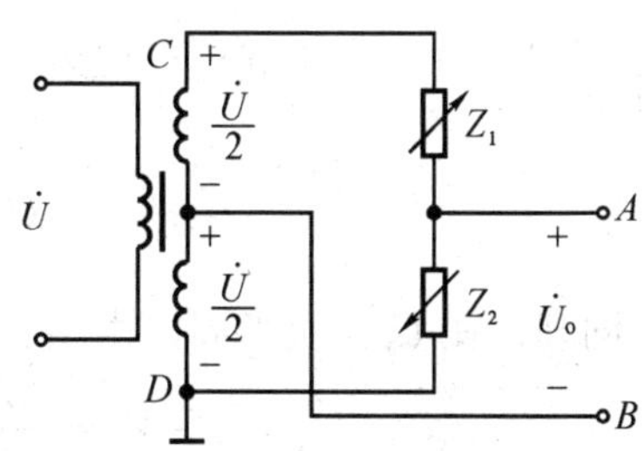

图 3-12　变压器式电桥测量电路

若忽略线圈电阻，则

$$\dot{U}_o=-\frac{\Delta L}{2L_0}\dot{U} \tag{3-10}$$

同理，当衔铁向下移动时，有

$$\dot{U}_{\rm o}=\frac{\Delta L}{2L_0}\dot{U} \tag{3-11}$$

由此可见，衔铁上、下移动时，输出电压大小相等，极性相反，即输出电压既能反映被测体位移量的大小，又能反映位移量的方向，且输出电压与电感变化量呈线性关系。

3. 带相敏整流的交流电桥

上述变压器式电桥中，由于采用交流电源，则不论衔铁向线圈哪个方向移动，电桥输出电压总是交流的，即无法判别位移方向。当铁芯在中间位置时，输出电压并不为零，此电压称为零点残余电压。为了判别衔铁的移动方向和消除零点残余电压的影响，常采用带相敏整流的交流电桥。该交流电桥加入了 VD_1～VD_4 四个二极管构成相敏整流器，如图 3-13 所示。

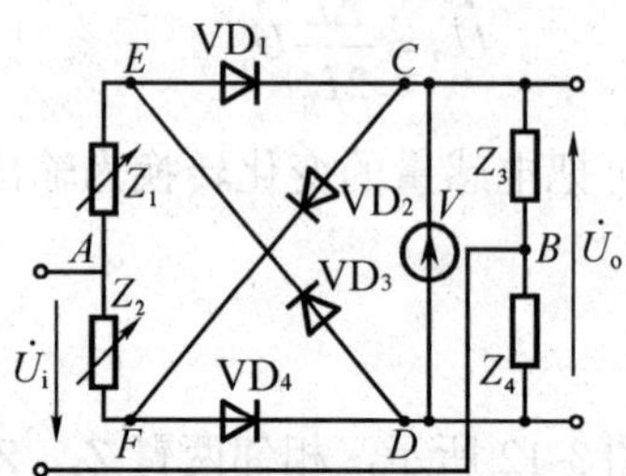

图 3-13　带相敏整流的交流电桥

图中，电桥的两臂 Z_1、Z_2 分别为差动式传感器中的电感线圈，另外两臂为平衡阻抗 Z_3、Z_4。

(1) 衔铁处于中间初始位置时，$Z_1=Z_2=Z_3=Z_4=Z_0$，电桥处于平衡状态，输出 $U_{\rm o}=0$。

(2) 衔铁向上移动时，若 $Z_1=Z_0+\Delta Z$，$Z_2=Z_0-\Delta Z$，则有以下两种情况。

① 在 $U_{\rm i}$ 的正半周，由图 3-14(a)可知，输出电压为

$$U_{\rm o}=V_{\rm D}-V_{\rm C}=\frac{\Delta Z}{2Z_0}\frac{1}{1-\left(\dfrac{\Delta Z}{2Z_0}\right)^2}U_{\rm i} \tag{3-12}$$

当 $\left(\dfrac{\Delta Z}{Z_0}\right)^2\ll 1$ 时，上式可近似表示为

$$U_{\rm o}\approx\frac{\Delta Z}{2Z_0}\left|U_{\rm i}\right| \tag{3-13}$$

② 同理，在 $U_{\rm i}$ 的负半周，由图 3-14(b)可知，输出电压为

$$U_{\rm o}=V_{\rm D}-V_{\rm C}=\frac{\Delta Z}{2Z_0}\frac{1}{1-\left(\dfrac{\Delta Z}{2Z_0}\right)^2}\left|U_{\rm i}\right|\approx\frac{\Delta Z}{2Z_0}\left|U_{\rm i}\right| \tag{3-14}$$

结论：当衔铁向上移动时，无论在交流电源的正半周还是负半周，电桥输出电压 $U_{\rm o}$ 总是为正值。

(3) 衔铁向下移动时。

同理可推导，当衔铁向下移动时，无论在交流电源的正半周还是负半周，电桥输出电压 U_o 总是为负值，即

$$U_o = -\frac{\Delta Z}{2Z_0}|U_i| \tag{3-15}$$

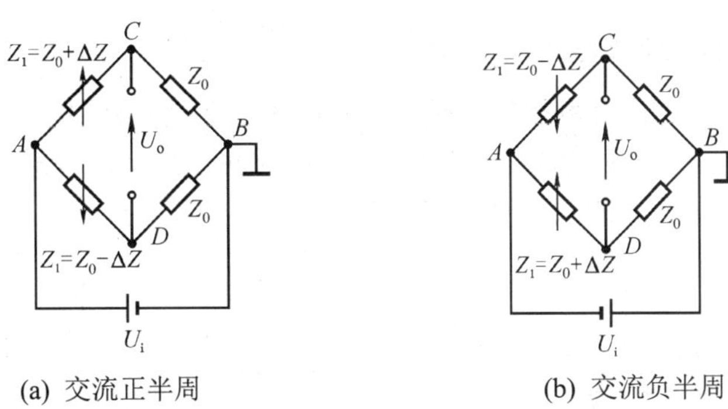

(a) 交流正半周　　(b) 交流负半周

图 3-14　衔铁向上移动时的等效电路

通过以上分析可知，带相敏整流的交流电桥的输出电压既能反映位移的大小，又能反映位移的方向，所以应用较为广泛。其输出特性曲线如图 3-15 所示。

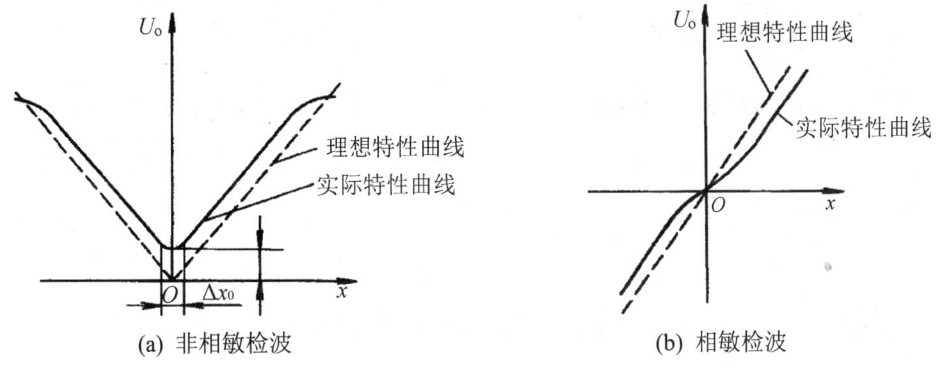

(a) 非相敏检波　　(b) 相敏检波

图 3-15　输出特性曲线

3.2　差动变压器

差动变压器式传感器是把被测位移量转换为初级线圈与次级线圈间互感量 M 变化的装置。因这种传感器是根据变压器的基本原理制成的，并且两个二次线圈采用差动接法，故称为差动变压器。目前应用最广泛的结构形式是螺线管型差动变压器。小量程差动变压器常用三段式结构，大量程差动变压器一般采用两段式结构。衡量差动变压器的指标主要是线性度、灵敏度、零位输出电压等。

3.2.1 差动变压器的组成及工作原理

1. 差动变压器的组成

如图 3-16 所示，差动变压器由衔铁、初级线圈和次级线圈等组成。

2. 差动变压器的工作原理

差动变压器的工作原理是利用电磁感应中的互感现象，将被测量(位移)转换成感应电势的变化。其等效电路如图 3-17 所示。初级线圈与次级线圈间的耦合能随衔铁的移动而变化，即线圈间互感随被测位移量的改变而变化。

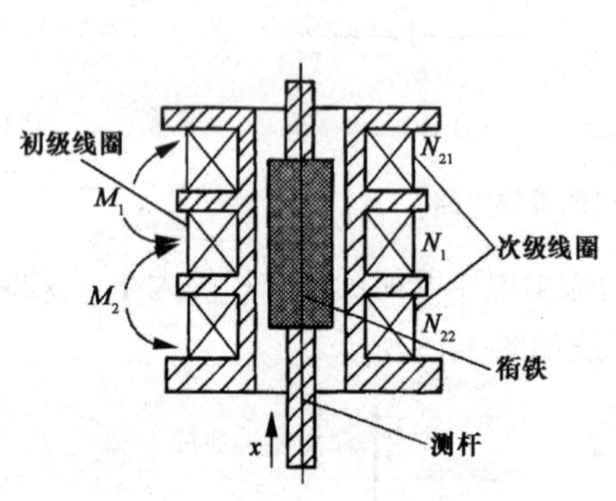

图 3-16 差动变压器结构示意图

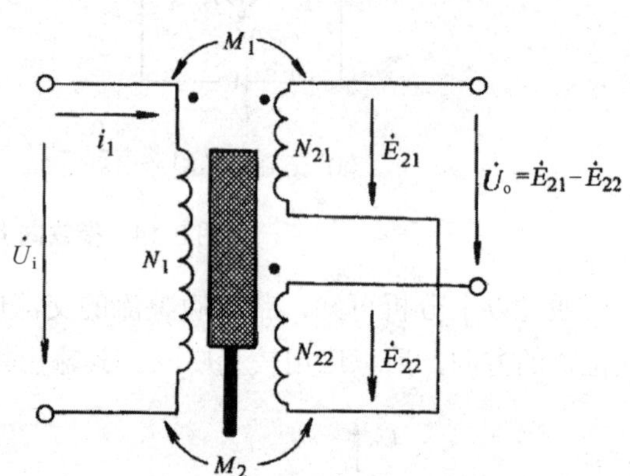

图 3-17 差动变压器等效电路

当衔铁处于中间位置时，两个次级线圈对称，使其磁回路的磁阻相等，磁通相同，互感 M_1=M_2，感应电势 $\dot{E}_{21} = \dot{E}_{22}$，则总输出电压 $\dot{U}_o = \dot{E}_{21} - \dot{E}_{22} = 0$。

当衔铁向上移动时，线圈 N_{21} 的磁感应强度加大，互感 M_1 变大，$\dot{E}_{21}$ 增大，而同时线圈 N_{22} 的磁感应强度减小，互感 M_2 变小，$\dot{E}_{22}$ 减小，所以 $\dot{U}_o = \dot{E}_{21} - \dot{E}_{22} > 0$。位移越大，$\dot{U}_o$ 越大。

同理，当衔铁向下移动时，$\dot{U}_o = \dot{E}_{21} - \dot{E}_{22} < 0$。位移越大，$\dot{U}_o$ 越小。

3.2.2 零点残余电压

实际上，当衔铁处于中间位置时，差动变压器的输出电压并不等于零，通常把差动变压器在零位移时的输出电压称为零点残余电压。它的存在使传感器的输出特性曲线不过零点，造成实际特性与理论特性不完全一致。差动变压器输出特性曲线如图 3-18 所示。

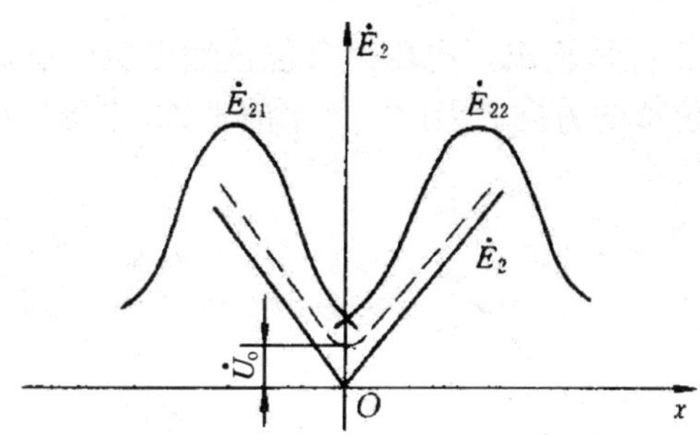

图 3-18　差动变压器输出特性曲线

零点残余电压的存在会造成零位误差，使得传感器在零点附近的输出特性不灵敏，给测量带来误差。为了减小零点残余电压，可采用以下方法。

(1) 合理设计线圈骨架，尽量使几何尺寸、线圈电气参数和磁路对称。

(2) 正确选配衔铁的直径、长度、材质，壳体进行屏蔽抗干扰。

(3) 将传感器工作区域设置在磁化曲线的线性区内。

(4) 利用补偿线路减小零点残余电压。

3.2.3　差动变压器的测量电路

差动变压器的输出电压是交流电压，若用交流电压表测量，只能反映衔铁位移的大小，不能反映衔铁移动的方向。为了辨别衔铁的移动方向，并消除零点残余电压，在实际测量中常采用差动相敏检波电路和差动全波整流电路。

1. 差动相敏检波电路

图 3-19 所示为差动相敏检波电路。相敏检波电路要求参考电压与差动变压器次级输出电压频率相同，相位相同或相反，因此常接入移相电路。为了提高检波效率，参考电压的幅值取信号电压的 3～5 倍。

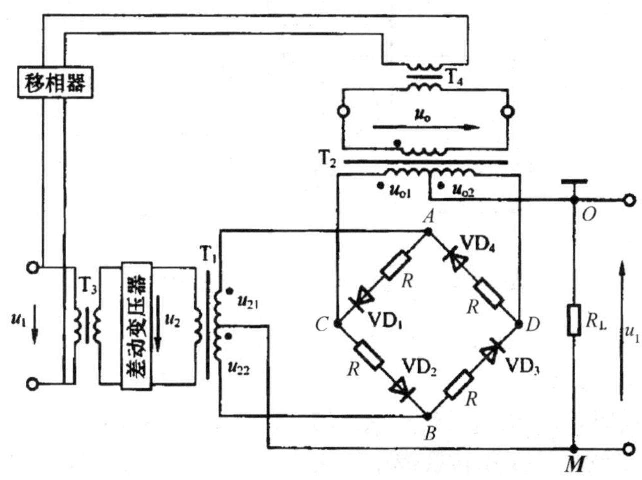

图 3-19　差动相敏检波电路

经过相敏检波电路，正位移输出正电压，负位移输出负电压，电压值的大小表明位移的大小，电压的正负表明位移的方向。因此，原来的“V”字形输出特性曲线变成过零点的一条直线，如图 3-20 所示。

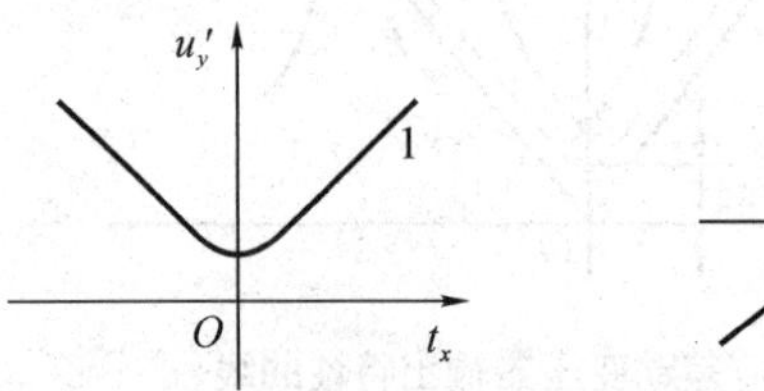

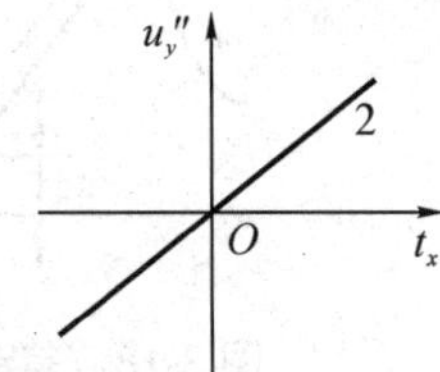

图 3-20　输出特性曲线

动态测量信号经过相敏检波后，输出波形中仍含有高频分量，因而必须通过低通滤波器滤除高频分量，取出被测信息。这样相敏检波和低通滤波电路互相配合，才能取出被测信号，即起到相敏解调作用。

2. 差动全波整流电路

电压输出型差动全波整流电路如图 3-21 所示。这种电路是把差动变压器的两个二次绕组输出电压分别整流，然后再将整流后的电压或电流的差值作为输出，这样二次电压的相位和零点残余电压都不必考虑。

差动全波整流电路同样具有相敏检波作用，图中的两组(或两个)整流二极管分别将二次绕组中的交流电压转换为直流电，然后相加。这种电路结构简单，应用广泛，一般不需要调整相位，不需要考虑零位电压的影响，对感应和分布电容影响不敏感，便于远距离输送。

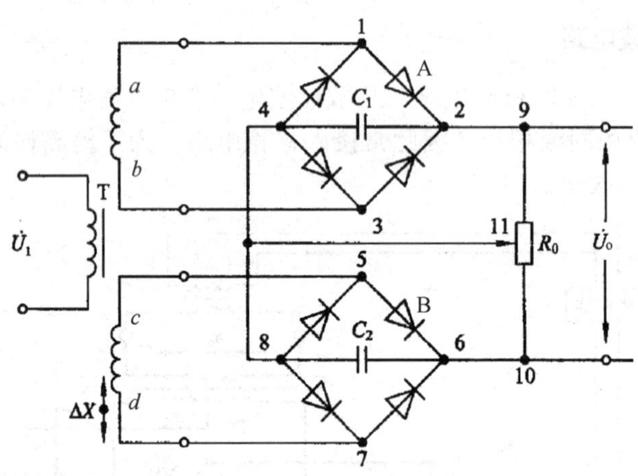

图 3-21　电压输出型差动全波整流电路

当衔铁在中间位置时，$U_{ab}=U_{cd}$，$U_A=U_B$，$U_o=0$。

当衔铁向上移动时，$U_{ab}>U_{cd}$，$U_A>U_B$，U_o 为正且正向增加。

当衔铁向下移动时，$U_{ab}<U_{cd}$，$U_A<U_B$，U_o 为负且负向增加。

所以，该电路将位移的变化转换成了输出电压的变化，并且输出电压既能反映位移的大小，又能反映位移的方向。

3.2.4　电感式传感器的应用

自感式电感传感器和差动变压器式传感器主要用于位移测量，凡是能转换成位移变化的物理量均可经过它转换成电量输出，如力、压力、压差、加速度、厚度、振动、工件尺寸等均可测量。

1. 力和压力测量

图 3-22 所示为差动变压器式测力传感器原理图，当力作用于传感器时，具有缸体状空心截面的弹性元件发生变形，因而铁芯相对线圈移动，产生输出电压，其大小反映了受力的大小。这种传感器的优点是受轴向力分布均匀，而且当传感器的径向长度比较小时，受横向偏心分力的影响较小。

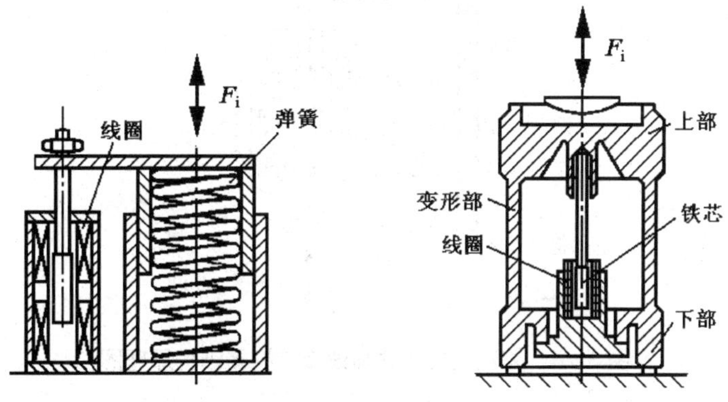

图 3-22　差动变压器式测力传感器原理图

将差动变压器和弹性敏感元件(膜片、膜盒和弹簧管等)相结合，可以组成各种形式的压力传感器。图 3-23 所示为压力传感器的结构原理图，主要由膜盒、随膜盒的膨胀和收缩而移动的衔铁、差动变压器组成。它适用于各种生产流程中液体、水蒸气及气体压力的测量。图中能将压力转换为位移的弹性敏感元件称为膜盒。

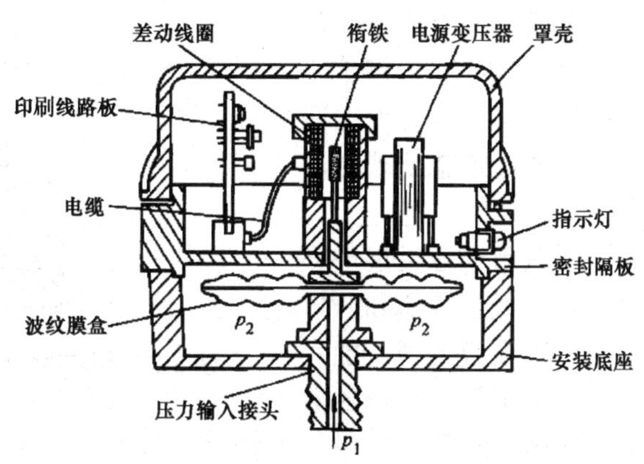

图 3-23　压力传感器结构原理图

在无压力时，膜盒处于初始状态，衔铁在中间，输出电压为零。当有压力时，膜盒随压力的大小产生位移，带动衔铁移动，差动变压器产生一个正比于压力的输出电压。经相敏检波、滤波后，其输出电压可反映被测压力的数值。

2. 振动和加速度测量

电感式振动传感器设置有磁铁和导磁体，对物体进行振动测量时，能将机械振动参数转化为电参量信号。电感式振动传感器能应用于振动速度、加速度等参数的测量。

差动变压器式加速度传感器的结构原理图如图 3-24 所示，由悬臂弹簧和差动变压器等组成。测量时，将衔铁的一端与被测体相连，当被测体振动时，衔铁同时振动，差动变压器的输出也按相同规律变化。通过测量输出电压的大小变化间接反映被测体的振动和加速度的变化。

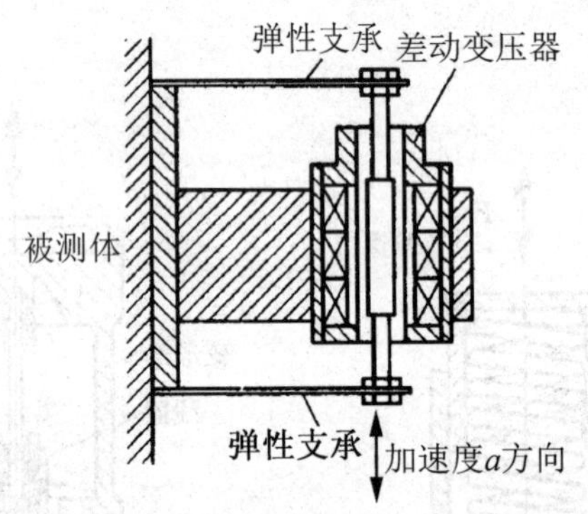

图 3-24　差动变压器式加速度传感器结构原理图

提示： 用于测定振动体的频率和振幅时，其激磁频率必须是振动频率的 10 倍以上，这样可以得到精确的测量结果。可测量的振幅范围为 0.1 ~ 5mm，振动频率一般为 0～150Hz。

3. 液位测量

图 3-25 所示为电感式液位控制器的原理示意图。传感器由铁芯、浮球及线圈组成。浮球浮在液面上，当液位变化时，液体浮力产生变化，浮球带动铁芯产生位移，从而改变差动变压器的输出电压，这样输出电压值就反映了液位的变化值。

电感式液位传感器主要适用于各类锅炉锅筒液位检测，同时适用于其他低压容器和开口容器的液位检测，与二次仪表配合使用，能实现水位显示，高、低液位极限报警，水位的自动调节等功能，以确保生产安全运行。

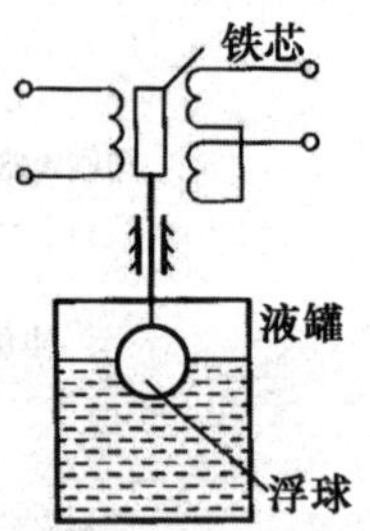

图 3-25　电感式液位控制器原理示意图

4. 厚度测量

图 3-26 所示为常用的电感式纸张/薄膜测厚仪，图 3-27 所示为其原理示意图，线圈绕在 E 形铁芯上，构成一个电感测量头，衔铁是一块钢质的平板。工作过程中板状衔铁固定不动，被测纸张/薄膜置于铁芯与衔铁之间，磁力线从铁芯通过纸张/薄膜到达衔铁。当被测纸张/薄膜沿着板状衔铁移动时，压在纸张/薄膜上的铁芯将随着被测纸张/薄膜的厚度变化而上下浮动，也就改变了铁芯与衔铁之间的间隙，从而改变了磁路的磁阻。交流毫伏表的读数与磁路的磁阻成比例，也即与纸张/薄膜的厚度成比例。毫伏表通常按微米刻度，这样就可以直接显示被测纸张/薄膜的厚度了。

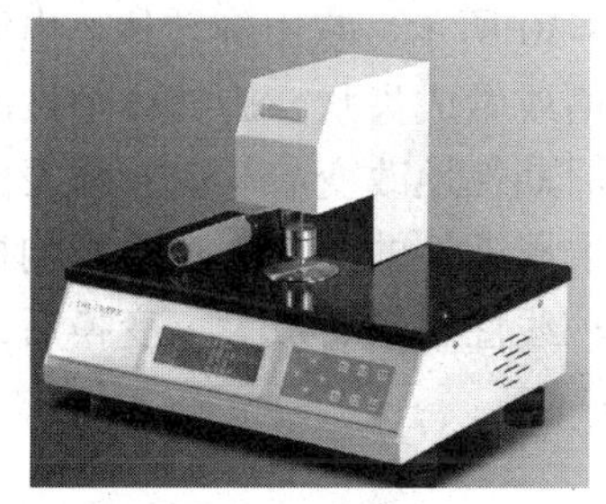

图 3-26　电感式纸张/薄膜测厚仪

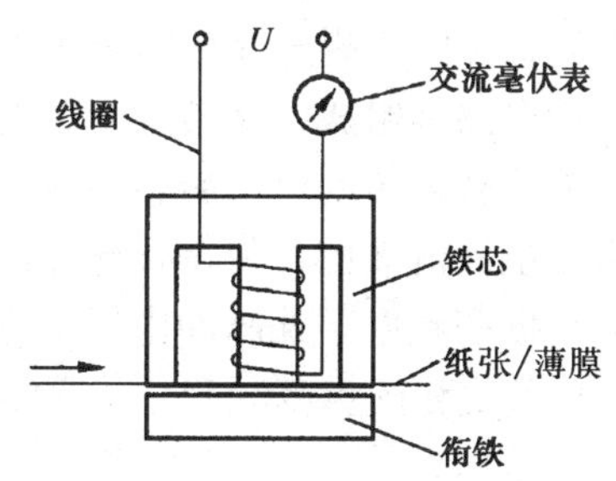

图 3-27　电感式纸张/薄膜测厚仪原理示意图

提示： 如果将这种传感器安装在一个机械扫描装置上，使电感测量头沿纸张的横向进行扫描，则可用于自动记录仪表记录纸张/薄膜横向的厚度，并可利用此检测信号在生产线上自动调节纸张/薄膜厚度。

任务二　转 速 检 测

1. 任务分析

转速是衡量机器正常运转的一个重要指标。对所有旋转机械而言，都需要监测旋转机械轴的转速。而电涡流式传感器测量转速的优越性是其他任何传感器没法比的，它既能响应零转速，也能响应高转速，抗干扰性能也非常强。常用电涡流式转速传感器的外形如图 3-28 所示。

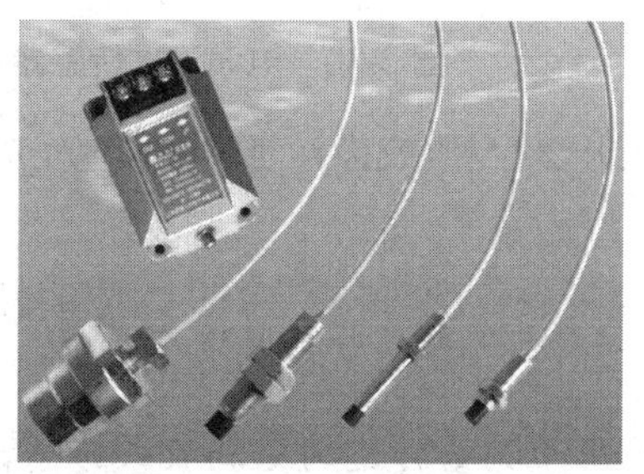

图 3-28　电涡流式转速传感器的外形

当被测体是导电性能良好的金属物体时，一般选用电涡流式传感器进行转速测量，如图 3-29 所示。它适合测量零转速以上的任何一转速，对于被测体转轴的转速发生装置的要求也很低，被测体齿轮数可以很小，被测体也可以是一个很小的孔眼、一个凸键或一个小的凹键。电涡流式传感器测转速时，其输出的信号幅值较高(在低速和高速整个范围内)，抗干扰能力强。

电涡流式传感器测转速时通常选用ϕ3mm、ϕ4mm、ϕ5mm、ϕ8mm、ϕ10mm 的探头。转速测量频响为 0～10kHz，如图 3-29 所示。

2. 任务实现

电涡流式传感器测量旋转轴转速的工作原理如图 3-30 所示，它由旋转体、电涡流式传感器和测量电路等组成。旋转体上开有一条或数条键槽或做成齿状，旋转体与被测旋转轴相连，当被测转轴转动时，旋转体跟随转动，传感器周期性地改变着与旋转体表面之间的距离。由于电涡流效应，使得传感器线圈阻抗随之发生周期性的变化，直接影响振荡器的电压幅值和振荡频率。此脉冲电压信号经检波、滤波、线性补偿、放大、变换后，可以用频率计测出其变化的重复频率，从而测出转轴的转速。

图 3-29　电涡流式传感器测量转速

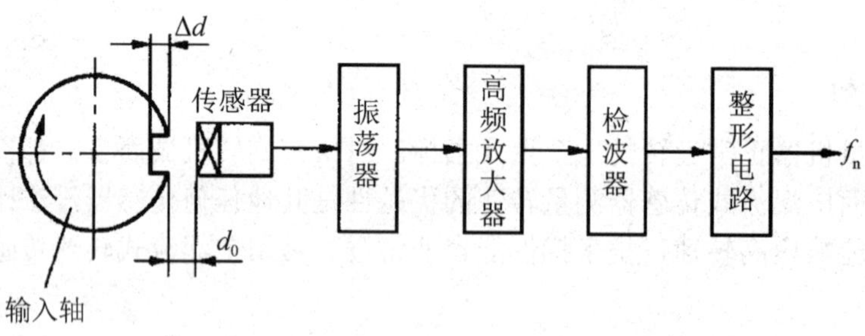

图 3-30　电涡流式传感器测量旋转轴转速的工作原理

若转轴上开 z 个槽(或齿)，脉冲频率为 f(单位为 Hz)，则转轴的转速 n(单位为 r/min)的计算公式为

$$n = 60 \times \frac{f}{z} \tag{3-16}$$

提示： 用于测量转速的电涡流式传感器有一体化和分体两种。一体化电涡流式转速传感器中取消了前置放大器，安装方便，适用于工作温度为-20～100℃的环境；带前置放大器的电涡流式传感器适合在-50～250℃的环境中工作。

3. 任务小结

旋转体的转速测量，实际是检测电涡流式传感器线圈与被测齿盘凹凸之间的间距变化。电涡流式传感器结构简单，易于进行非接触式的连续测量，灵敏度较高，适用性强，因此广泛应用于位移、振动、转速、距离、厚度等参数的测量中。

3.3　电涡流式传感器

电涡流式传感器是利用电涡流效应，将非电量转换成阻抗变化而进行测量的一种传感器。在电涡流检测系统中，传感器探头仅为实际测试系统的一部分，另一部分是被测体，因此在使用时必须注意探头与被测导体的关系。

在检测领域，电涡流式传感器可以用来探测金属物体，非接触地测量微小的位移和振动，以及测量工件尺寸、转速、表面温度等诸多与电涡流有关的参数，还可以作为接近开关和进行无损探伤。

根据法拉第电磁感应定律，金属导体置于变化的磁场中时，导体内就会产生感应电流，这种电流像水中旋涡那样在导体内转圈，所以称为电涡流或涡流，这种现象称为电涡流效应。

提示： 要形成电涡流必须具备下列条件：①存在交变磁场；②导体处于交变磁场中。

3.3.1　电涡流式传感器的结构形式

常用电涡流式传感器探头的外形如图 3-31 所示。

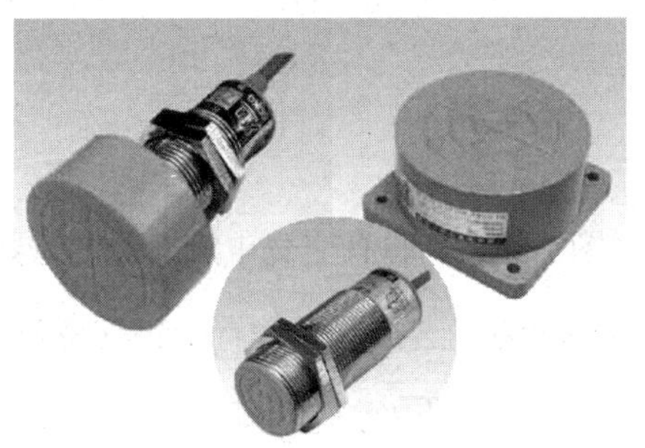
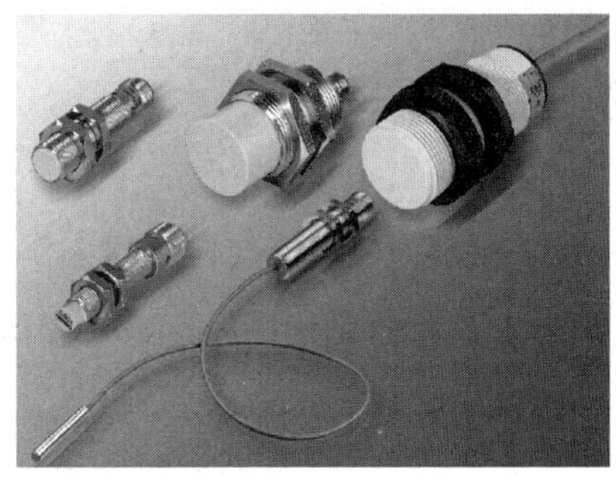

图 3-31　常用电涡流式传感器探头的外形

电涡流探头结构如图 3-32 所示，基本结构主要由产生交变磁场的通电线圈和置于线圈附近的金属导体两部分组成。金属导体也可以是被测对象本身。

成品电涡流探头的结构十分简单，其核心是一个扁平“蜂巢”线圈。线圈用多股较细的绞扭漆包线(能提高 Q 值)绕制而成，置于探头的端部，外部用聚四氟乙烯等高品质因数的塑料密封，如图 3-33 所示。

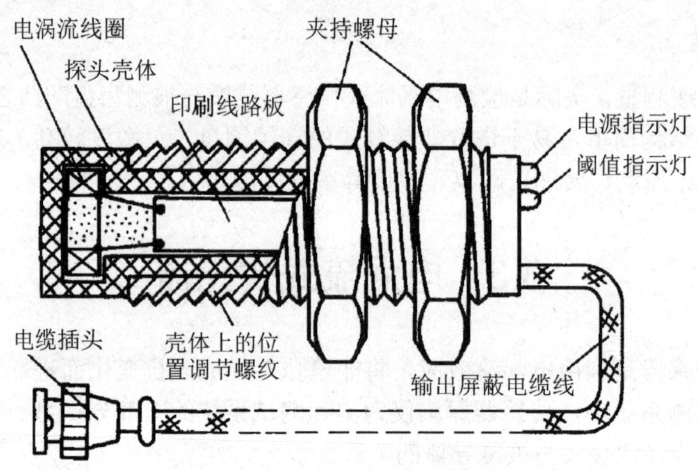

图 3-32　电涡流探头结构

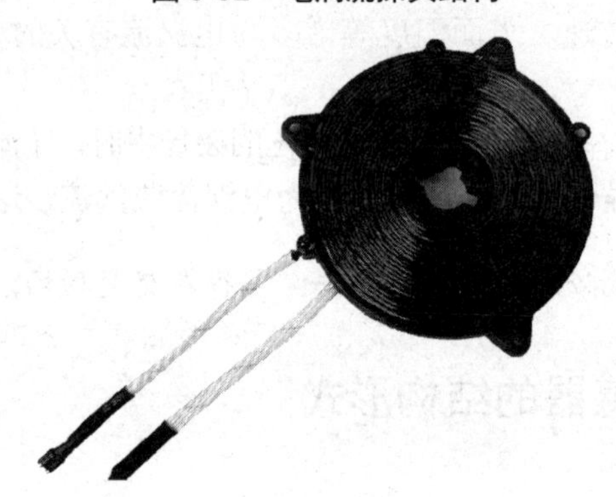

图 3-33　电涡流探头内部的励磁线圈

3.3.2　工作原理

图 3-34 所示为电涡流式传感器工作原理示意图。有一个通有交变电流 $\dot{I}_1$ 的传感器线圈，由于 $\dot{I}_1$ 的存在，线圈周围的空间产生了一个交变磁场 $\dot{H}_1$，当被测导体置于该交变磁场范围内时，基于法拉第电磁感应定律，被测导体内会产生电涡流 $\dot{I}_2$，$\dot{I}_2$ 也将产生一个新的反向磁场 $\dot{H}_2$，由于 $\dot{H}_2$ 与 $\dot{H}_1$ 方向相反，因而抵消了部分原磁场，从而导致线圈的电感量、阻抗发生变化。

线圈阻抗 Z 的变化程度取决于线圈 L_1 的外形尺寸、线圈 L_1 至金属板之间的距离 x、金属板材料的电阻率 ρ 和磁导率 μ 以及激励源的频率 ω 等参数。

当改变其中一个参量，而保持其余参数为常数时，就能按电涡流的大小测量出另外某一参数。例如被测材料的情况不变，激励电流的角频率不变，则阻抗 Z 就成为距离 x 的单值函数，便可制成电涡流式位移传感器。

若改变激励源频率 f，可控制检测深度，频率越高，电涡流的渗透深度越浅。因此，一般可用高频激励源施加在线圈上，通过反射来检测与被测金属体的间距；或用低频激励源施加在线圈上，通过透射来检测被测金属体的厚度。

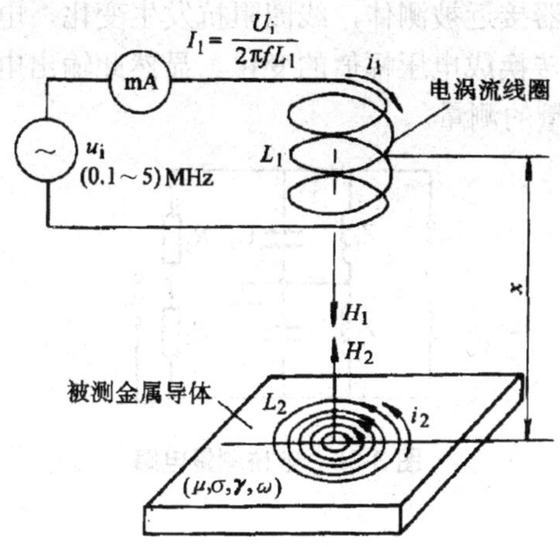

图 3-34　电涡流式传感器工作原理示意图

由图 3-35 可知，信号源靠近金属导体附近时，被测导体将产生电涡流。电涡流在金属导体的纵深方向并不是均匀分布的，而是集中在金属导体的表面，这称为集肤效应。由于存在集肤效应，电涡流只能检测导体表面的各种物理参数。改变频率 f，可控制检测深度。激励源频率一般设定在 100kHz～1MHz。有时为了使电涡流深入金属导体深处，或欲对距离较远的金属体进行检测，可采用十几千赫甚至几百千赫的激励频率。

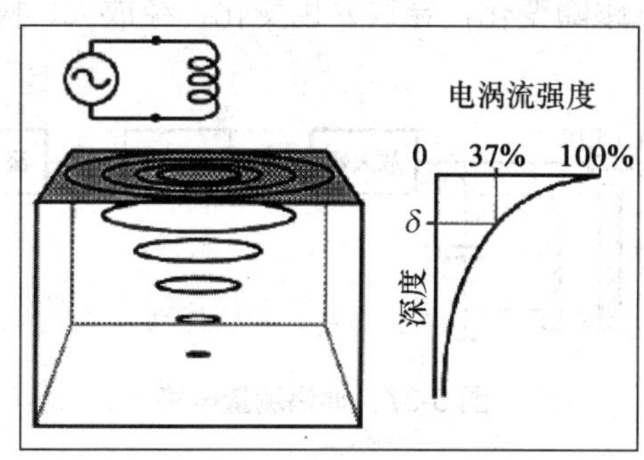

图 3-35　集肤效应示意图

3.3.3　转换电路

根据电涡流式传感器的工作原理，被测量变化可以转换成传感器线圈等效阻抗 Z 和等效电感 L 的变化。转换电路的任务是把这些参数转换为电压或电流输出。利用 Z 的转换电路一般用桥路，它属于调幅电路。利用 L 的转换电路一般用谐振电路，根据输出是电压幅值还是电压频率，谐振电路又分为调幅和调频两种。

1. 桥路

如图 3-36 所示，Z_1 和 Z_2 为线圈阻抗，它们可以是差动式传感器的两个线圈阻抗，也可以一个是传感器线圈，另一个是平衡用的固定线圈。它们与选频电容 C_1、C_2 并联组成两桥臂，电阻 R_1、R_2 组成另外两桥臂。电源 u 由振荡器供给，振荡频率根据电涡流式传感器的需求选择。工作时，传感器接近被测体，线圈阻抗发生变化，电桥失去平衡，经线性放大检波后，把线圈阻抗变化转换成电压幅值的变化。显然此输出电压的大小正比于传感器线圈的移动量，以实现位移量的测量。

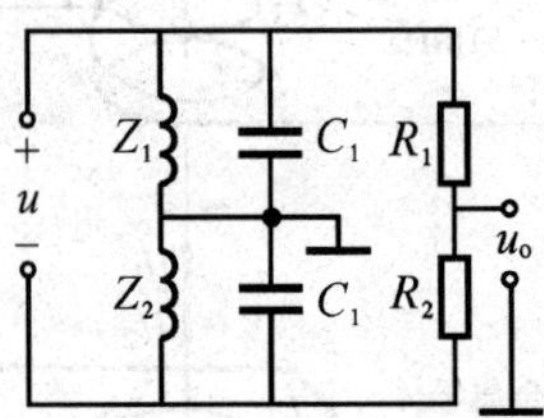

图 3-36　电桥测量电路

2. 谐振调幅电路

调幅式是以输出高频信号的幅度来反映电涡流探头与被测金属导体之间的关系。该电路的主要特征是由传感器线圈的等效电感和一个固定电容组成并联谐振回路，由频率稳定的振荡器(如石英振荡器)提供高频激励信号，如图 3-37 所示。

当没有被测金属导体时，LC 并联谐振电路处于谐振状态，此时输出阻抗最大，输出电压 u 的幅值也最大；当金属导体靠近传感器时，线圈的等效电感 L 发生变化，导致回路失谐而偏离激励频率，而 LC 并联电路在失谐状态下的阻抗下降，从而使电压 u 也下降，电感 L 随检测距离而变化，阻抗跟随变化，导致 u 也变化，经放大、检波后，指示表调整后可直接显示距离的大小。

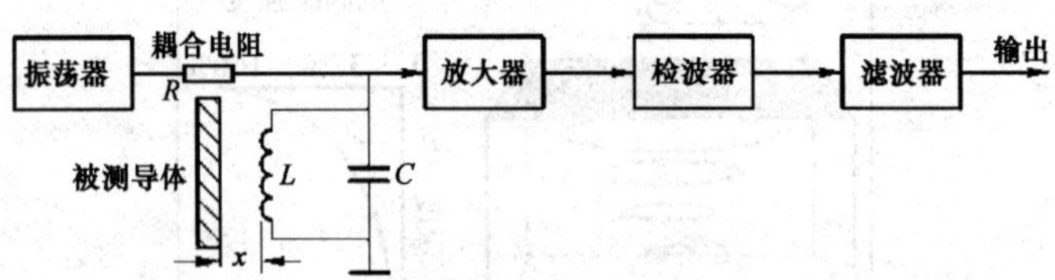

图 3-37　调幅测量电路

提示： 图 3-37 中的电阻 R 称为耦合电阻，它既可用来降低传感器对振荡器工作的影响，又作为恒温源的内阻，其大小将影响转换电路的灵敏度。R 大，灵敏度低；R 小，灵敏度高。但如果 R 太小，由于振荡器的旁路使用，反而使灵敏度降低。耦合电阻的选择应考虑振荡器的输出阻抗和传感器线圈的品质因数。

3. 谐振调频电路

所谓调频式就是将探头线圈的电感量 L 与微调电容 C 构成 LC 振荡器，以振荡器的频率 f 作为输出量。如图 3-38 所示，传感器线圈接在 LC 振荡器中作为电感使用。当传感器线圈与金属导体的距离 x 改变时，电感发生变化，从而改变了振荡器的频率 $f=\dfrac{1}{2\pi\sqrt{L(x)C}}$。该频率信号可以用频率计直接读出，或通过鉴频器进行频率电压变换后，再由电压表测得。

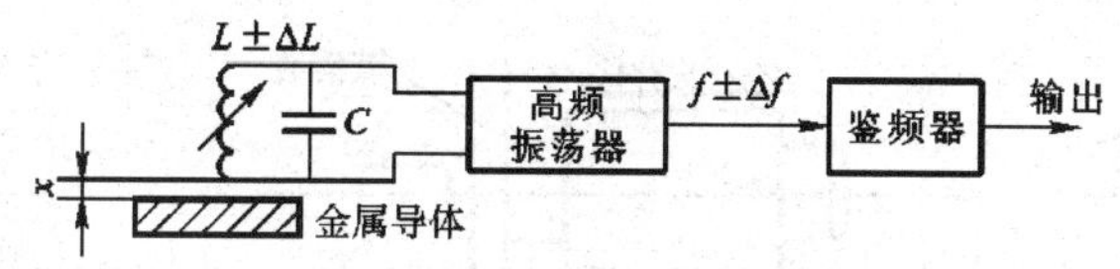

图 3-38　调频测量电路

3.3.4　电涡流式传感器的应用

电涡流式传感器的应用大致有以下四个方面。

(1) 利用位移作为变换量，可以做成测量位移、厚度、振幅、振摆、转速等的传感器，也可做成接近开关、计算器等。

(2) 利用材料电阻率ρ作为变换量，可以做成测量温度、进行材料判别等的传感器。

(3) 利用磁导率μ作变换量，可以做成测量应力、硬度等的传感器。

(4) 利用变换量x、ρ、μ等的综合影响，可以做成探伤装置等。

下面就几种主要应用作一简略介绍。

1. 位移测量

位移是物体在一定方向上的位置变化。电涡流式位移传感器如图 3-39 所示，接通电源后，在电涡流探头的有效面(感应工作面)将产生一个交变磁场。当金属物体接近此感应面时，金属表面将吸取电涡流探头中的高频振荡能量，使振荡器的输出幅度线性地衰减，根据衰减量的变化，可计算出与被检物体的距离、振动等参数。

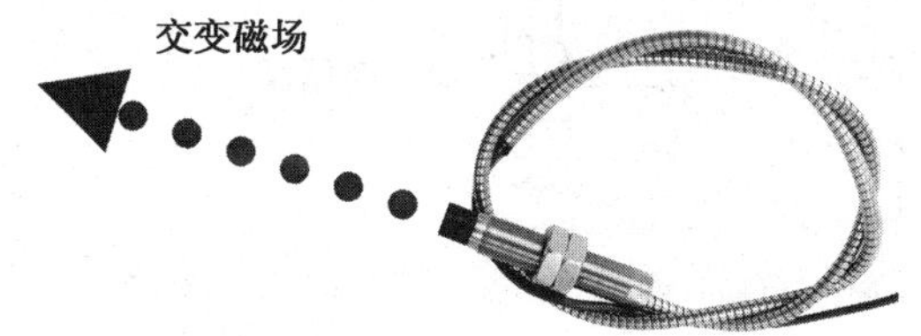

图 3-39　电涡流式位移传感器

位移测量包含偏心、间隙、位置、倾斜、弯曲、圆度、冲击、冲程、宽度等。偏心测量是在低转速情况下，电涡流式传感器对轴弯曲程度的测量，可检测到由于受热或重力所引起的轴弯曲的幅度。转子的偏心位置，也称轴的径向位置，经常被用来指示轴承的磨损，以及施加载荷的大小。来自不同应用领域的许多量都可归结为位移或间隙变化。这种传感器可用于测量钢水液位、纱线张力、流体压力等。图 3-40(a)所示为汽轮机主轴的轴向窜动检测示意图，图 3-40(b)所示为磨床换向阀、先导阀的位移检测示意图，图 3-40(c)所示为金属试件的热膨胀系数检测示意图。

提示： 使用电涡流式传感器测距，传感器探头仅为实际测试系统的一部分，另一部分是被测体。

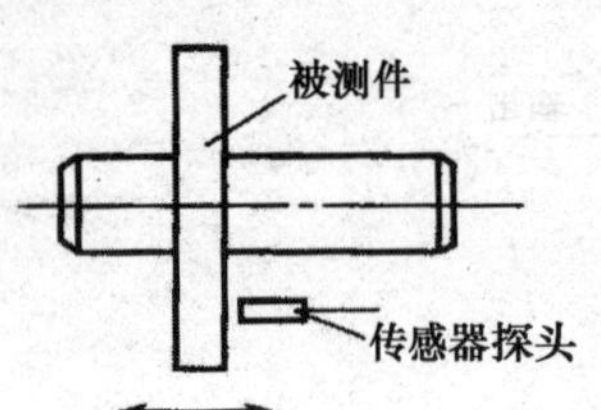

(a) 汽轮机主轴的轴向窜动检测

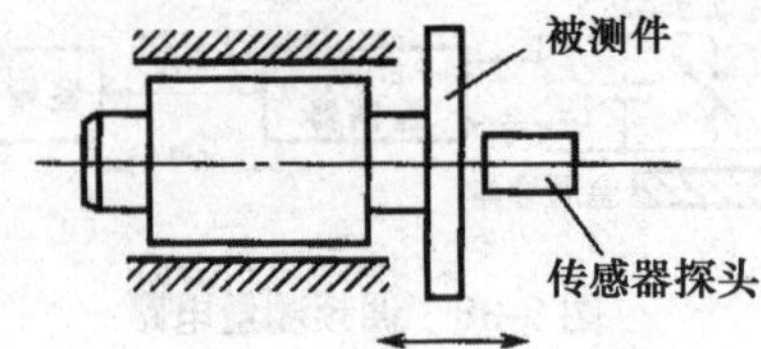

(b) 磨床换向阀、先导阀的位移检测

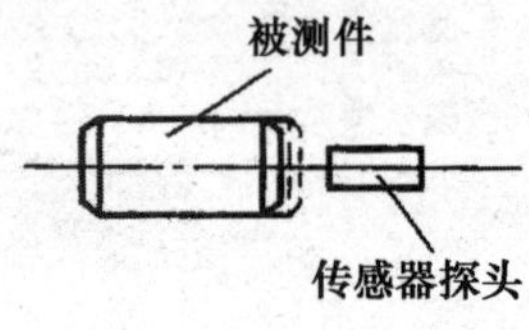

(c) 金属试件的热膨胀系数检测

图 3-40 位移测量

2. 厚度测量

当金属板的厚度变化时，将使传感器探头与金属板间的距离改变，从而引起输出电压的变化。如图 3-41 所示，系统采用两个特性相同的电涡流式传感器探头，对称放置在被测金属物体的两侧，间距为 D。当传感器工作时，由于电涡流作用，传感器探头分别测得与被测金属板的间距为 x_1 和 x_2，由图可得板厚 $d=D-(x_1+x_2)$。将间距 x_1 和 x_2 转换为电压值后相加，相加后的电压值与两传感器间距 D 对应的设定电压值再相减，就得到与板厚相对应的电压值。电涡流式传感器可以无接触地测量金属板厚度和非金属板的镀层厚度。

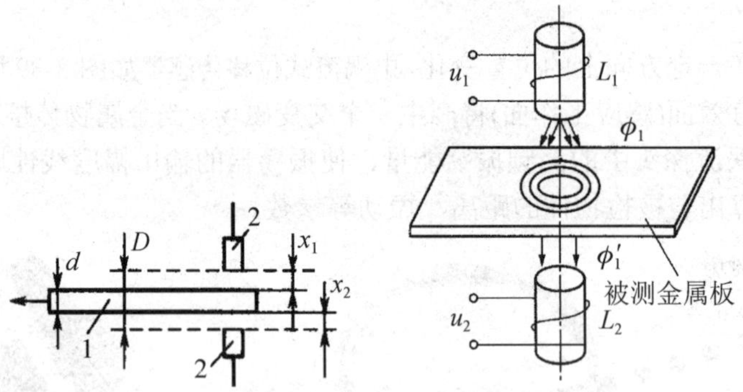

图 3-41 厚度测量原理图

3. 接近开关

接近开关又称无触点行程开关。电涡流式接近开关的外形如图 3-42 所示。它能在一定的距离(几毫米至几十毫米)内检测有无物体靠近。当物体与其接近到设定距离时，就可以发出“动作”信号。接近开关的核心部分是“感辨头”，它对正在接近的物体有很高的感辨能力。

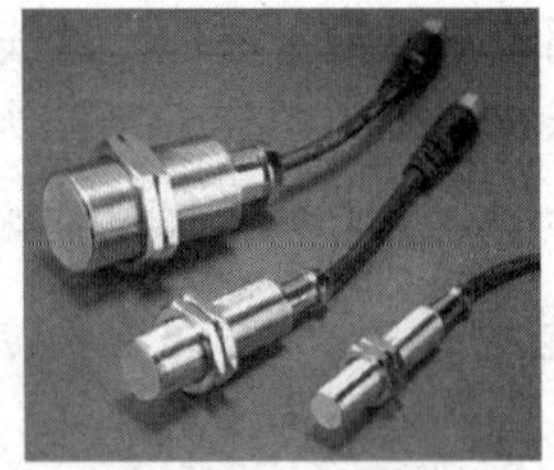

图 3-42 电涡流式接近开关的外形

电涡流式接近开关属于一种开关量输出的位置传感器。如图 3-43 所示，电涡流式接近开关是利用金属物体在接近这个能产生交变电磁场的振荡感辨头时，使物体内部产生电涡流。它由 LC 高频振荡电路、检波电路、放大电路、整形电路及输出电路组成。检测用敏感元件为检测线圈，它是振荡电路的一个组成部分，在检测线圈的工作面上存在一个交变磁场，当金属物体接近检测线圈时，金属物体就会产生电涡流而吸收振荡能量，内部电路参数发生变化，使振荡减弱以至停振，由此识别出有无金属物体接近。振荡与停振这两种状态经检测电路转换成开关信号输出，进而控制开关的通或断。这种接近开关所能检测的物体必须是导电性能良好的金属物体。

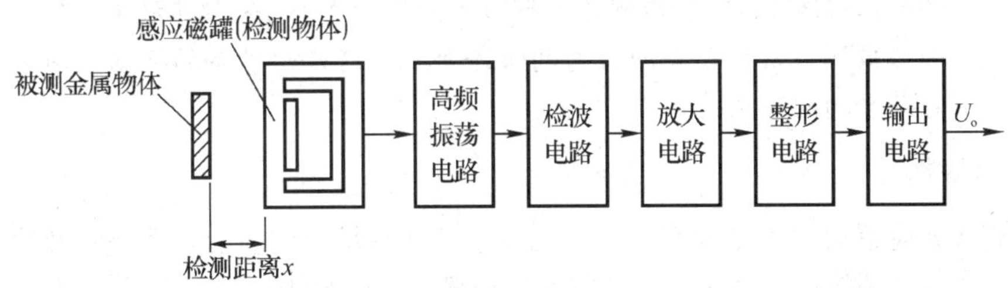

图 3-43　电涡流式接近开关工作原理图

4. 振动测量

轴的振动和偏心会影响零件的加工精度，因此要对振动和偏心进行检测，电涡流式振动和偏心测量如图 3-44 所示。

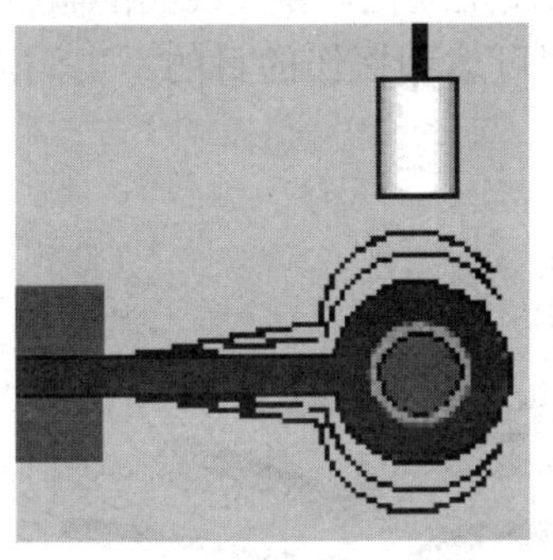
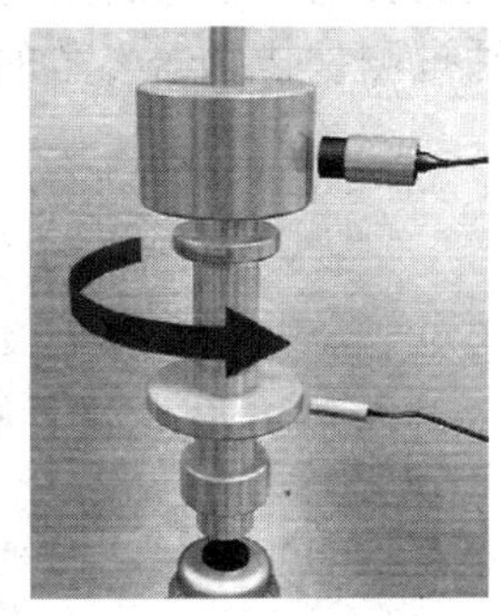

图 3-44　电涡流式振动和偏心测量

电涡流式振动传感器的输出电压与振动速度成正比，故又称速度式振动传感器。它利用电磁感应原理把振动信号变换成电信号，主要由磁路系统、惯性质量、弹簧阻尼等部分组成。传感器接通电源后，在电涡流探头的有效面(感应工作面)将产生一个交变磁场，当金属物体接近此感应面时，金属表面将吸取电涡流探头中的高频振荡能量，使振荡器的输出幅度线性地衰减，根据衰减量的变化，计算出与被检物体的距离、振动和偏心等参数。如图 3-45 所示，工作时将传感器安装在机器上，当机器振动时，在传感器工作频率范围内线圈与磁铁相对运动，切割磁力线，在线圈内产生感应电压，该电压值与振动速度值成正比，与二次仪表相配接，即可显示振动速度或振动位移量的大小。

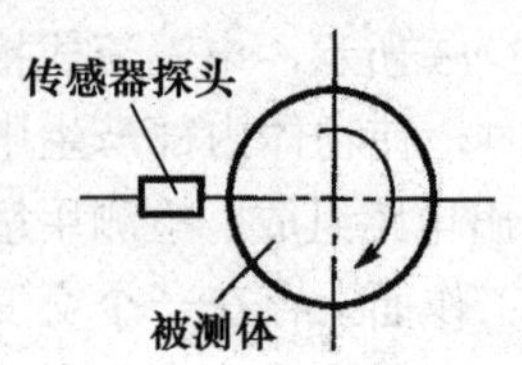

(a) 旋转体偏心测量

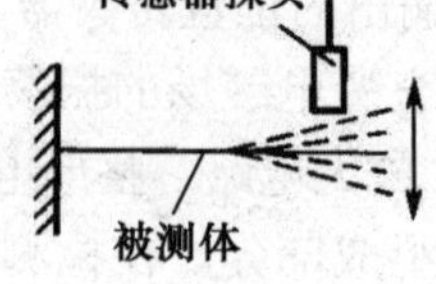

(b) 悬臂梁波动测量

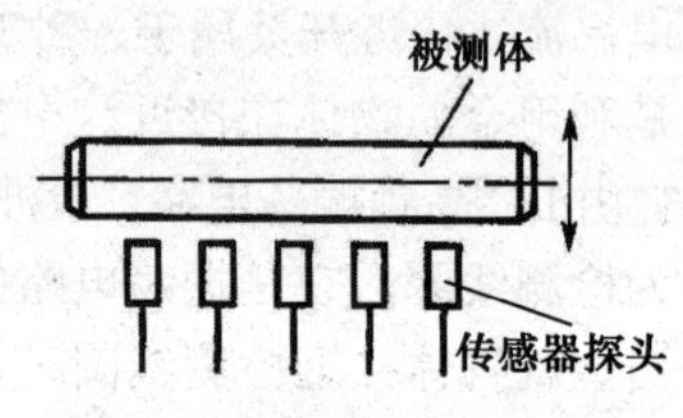

(c) 弯曲测量

图 3-45　振幅测量

提示： 轴向位移(轴向间隙)的测量经常与轴向振动弄混。轴向振动是指传感器探头表面与被测体沿轴向之间距离的快速变动。这是一种轴的振动，用峰值表示，它与平均间隙无关。

5. 涡流探伤

电涡流式传感器可以用来检测零件，比如小轴和轴承上的纵向表面缺陷及检查金属的表面裂纹、热处理裂纹以及用于焊接部位的探伤等；也可对线材进行在线检测，比如拉拔、成型、矫直等。图 3-46 所示为电涡流探伤探头及配件。

探伤时导体与线圈之间有相对运动速度，在测量线圈上就会产生脉冲信号。这个信号取决于相对运动速度和导体中物理性质的变化速度，如缺陷、裂缝，它们出现的信号总是比较短促的。探测时，传感器贴近零件表面，当遇到有缺陷、裂纹时，电涡流式传感器等效电路中的电涡流反射电阻与电涡流反射电感发生变化，导致线圈的阻抗改变，输出电压随之发生改变，通过测量传感器参数的变化即可达到探伤的目的。电涡流探伤如图 3-47 所示。

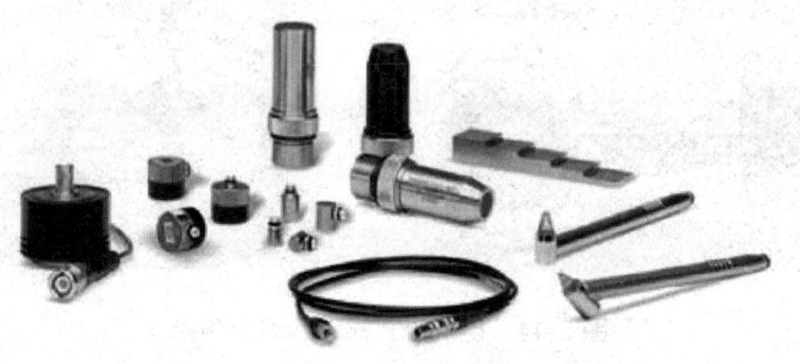

图 3-46　电涡流探伤探头及配件

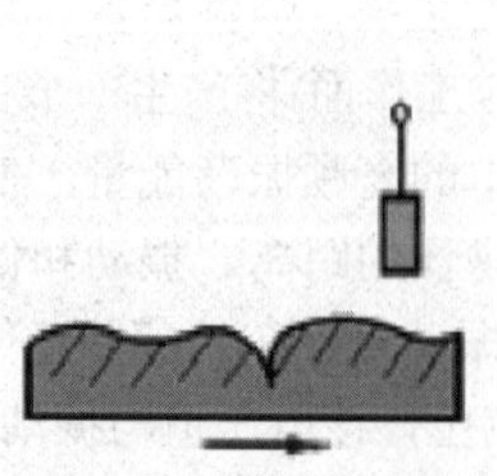

图 3-47　电涡流探伤

电涡流探伤仪是多功能、实用性强、高性价比的仪器，常用于军工、航空、铁路、工矿企业野外或现场使用，也广泛应用于各类有色金属、黑色金属管、棒、线、丝、型材的在线、离线探伤。对金属管、棒、线、丝、型材的缺陷，如表面裂纹、暗缝、夹渣和开口裂纹等缺陷均具有较高的检测灵敏度。

本章小结

电感式传感器是利用电磁感应原理，将被测非电量转换成线圈电感(或互感系数)的变化的一种机电转换装置，可以用来测量位移、振动、压力、应变、流量等参数。根据转换原理的不同，电感式传感器有自感式(电感式)、互感式(差动变压器式)两种类型。

电感式传感器结构简单、工作可靠、分辨力及测量精度高(可分辨 1μm 的位移量)、灵敏度较高、适用性强，易于进行非接触的连续测量，输出功率较大。但其缺点是：灵敏度、线性度和测量范围互相制约；频率响应较低，不宜于快速动态测量；对电源频率和稳定度要求较高。

差动变压器式传感器是把被测位移量转换为一次绕组与二次绕组间的互感量 M 变化的装置。差动变压器的输出是交流信号，为了达到消除残余电压及辨别方向的目的，一般采用差动整流电路和相敏检波电路。

电涡流式传感器是利用电涡流效应，将非电量转换成阻抗变化而进行测量的一种传感器。金属导体在交变磁场中产生感应电流的现象称为电涡流效应。它的测量转换电路主要有电桥电路、谐振调幅电路及谐振调频电路。电涡流式传感器结构简单，安装方便，可非接触连续测量，不易受油液介质影响；灵敏度高，最高分辨力达 0.05μm；频率响应范围宽(0～10kHz)，抗干扰能力强，适合动态测量，使用寿命长。

在检测领域，电涡流式传感器系统广泛应用于电力、石油、化工、冶金等行业和一些科研单位，用来非接触地测量金属微小位移和振动，测量工件尺寸、转速、表面温度等诸多与电涡流有关的参数，还可以作为接近开关和进行无损探伤、转子动力学研究和零件尺寸检验等，以及进行在线测量和保护。

思考与练习

1. 什么是电感式传感器？电感式传感器分哪几类？各有何特点？
2. 试分析差动变压器与一般电源变压器的异同。
3. 说明差动变压器零点残余电压产生的原因，并指出消除残余电压的方法。
4. 如何提高差动变压器的灵敏度？
5. 电涡流式传感器有何特点？试画出应用于测板材厚度的电涡流式传感器的原理框图。
6. 为什么交流电桥输出的调幅波不能简单地用二极管检波来解调，而必须用相敏检波器来解调？
7. 电涡流的形成范围和渗透深度与哪些因素有关？

第 4 章

电容式传感器

本章要点

- 电容式传感器的三种类型
- 电容式传感器的工作原理及特性
- 电容式传感器测量电路的特点
- 电容式传感器的应用

本章难点

- 电容式传感器测量电路的设计
- 电容式传感器的选用

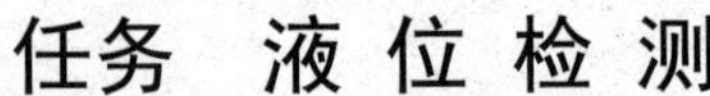

任务 液位检测

1. 任务分析

在工业生产、勘测、医药、航空航天和船舶航行中，都要进行液位检测。液位检测有时需要精确的液位数据，有时只需要液位的升降信息。其目的一是为了液体储藏量的管理，二是为了保证安全液位和实现自动化控制。

常用电容式液—物位传感器的外形如图 4-1 所示。

图 4-1 电容式液—物位传感器外形

液位检测有直读式、浮子式、差压式、电容式、导电式、超声波式、放射线式等多种检测方法，这里主要介绍电容式传感器检测方法。

电容式液位计利用液位高低变化影响电容器电容量大小的原理进行测量。电容式液位计的结构形式很多，有平极板式、同心圆柱式等。它的适用范围非常广泛，对介质本身性质的要求不像其他方法那样严格，对导电介质和非导电介质都能测量，此外，还能测量有倾斜晃动及高速运动的容器的液位，不仅可作液位控制器，还能用于连续测量。电容式液位计的这些特点决定了它在液位测量中的重要地位。

2. 任务实现

图 4-2(a)所示为用于测量导电介质的单电极电容式液位计，它只用一根电极作为电容器的内电极，一般用紫铜或不锈钢，外套聚四氟乙烯塑料管或涂搪瓷作为绝缘层，而导电液体和容器壁构成电容器的外电极。被测液面变化时相当于外电极的面积在改变，这是一种变面积型电容传感器。

图 4-2(b)所示为用于测量非导电介质的同轴双层电极电容式液位计。内电极和与之绝缘的同轴金属套组成电容的两极，外电极上开有很多流通孔使液体流入极板间。当被测液面变化时，两电极间的介电常数发生变化，从而导致电容变化。

当液位达到设定高度并超出时，溶液进入电容式传感器检测范围，传感器产生输出信号传送给计算机、记录仪、调节仪或变频调节系统，进行显示、记录、报警，或通过执行机构达到液位控制的目的。

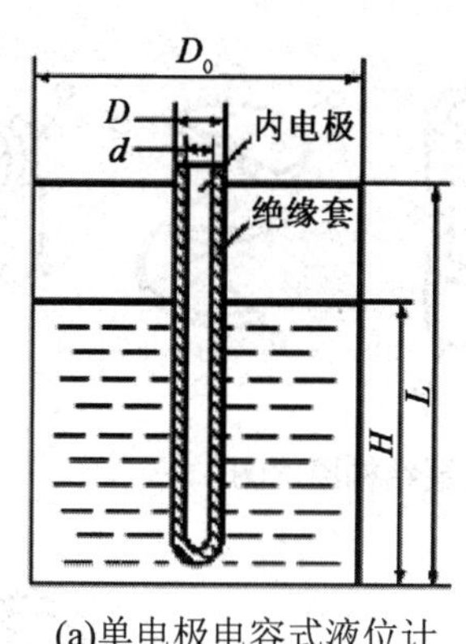

(a)单电极电容式液位计

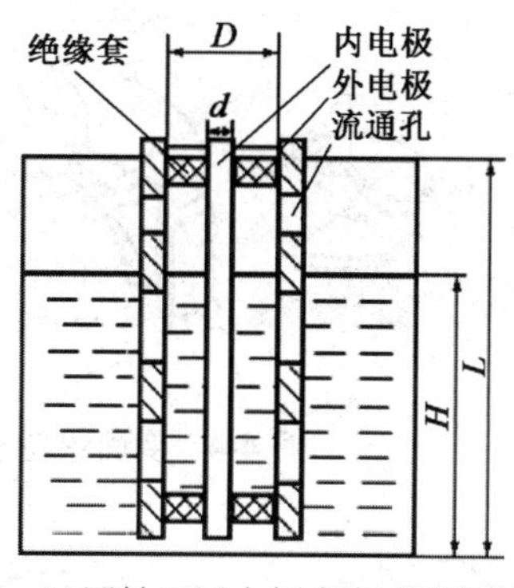

(b)同轴双层电极电容式液位计

图 4-2　电容式液位计

3. 任务小结

电容式液位计是采用测量电容的变化来测量液面的高低的。其体积小，容易实现远距离传输和调节。电容式液位传感器不仅能测量腐蚀性液体，还能测量粉尘和固体颗粒，可用于制药、化工、食品等行业，如电厂除尘、混凝土搅拌、啤酒罐装机酒位测控、制药厂反应罐、油箱液位测量等。

电容式传感器是把被测非电量的变化转换为电容量的变化，再经测量转换电路转换为电压、电流或频率输出，从而实现非电量到电量的转化的一种传感器。电容式传感器已在位移、压力、厚度、物位、湿度、振动、转速、流量及成分分析的测量等方面得到了广泛的应用。随着集成电路技术和计算机技术的发展，电容式传感器的精度和稳定性也日益提高，精度可达 0.01%。

4.1　电容式传感器的结构及工作原理

4.1.1　结构

电容式传感器的各种结构如图 4-3～图 4-5 所示。

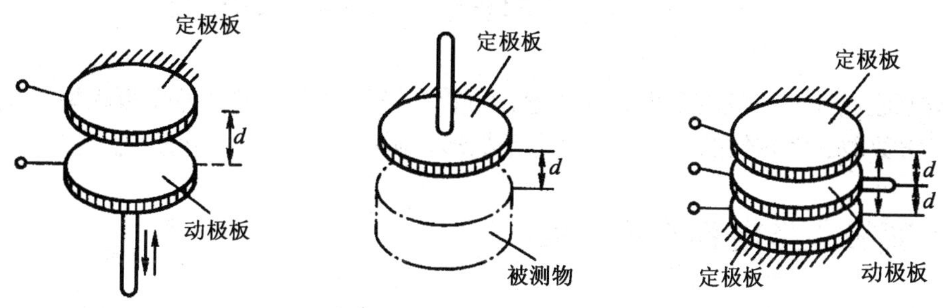

图 4-3　变极距型电容式传感器结构原理图

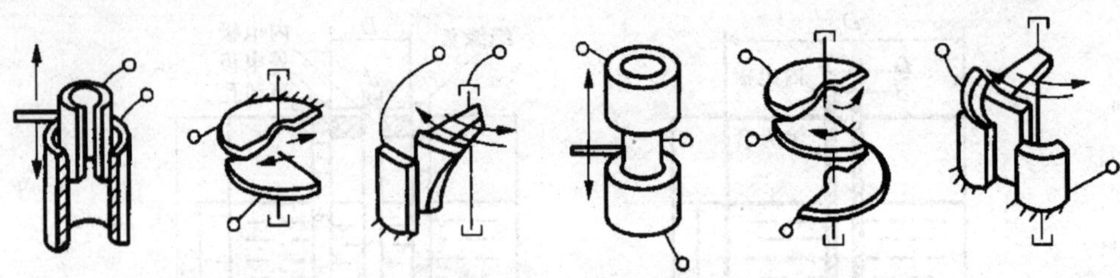

图 4-4 变面积型电容式传感器结构原理图

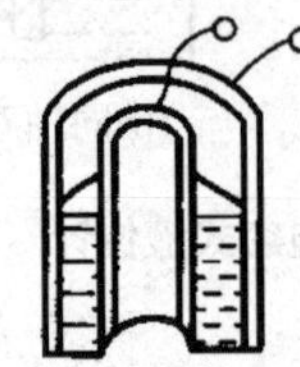
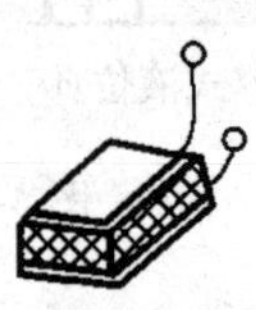
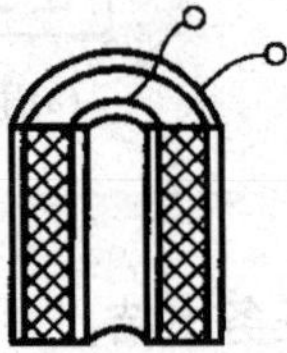

图 4-5 变介电常数型电容式传感器结构原理图

4.1.2 工作原理

由物理学可知，对于由两个平行金属极板组成的电容器，当忽略边缘效应时，其电容为

$$C=\frac{\varepsilon_0\varepsilon_r A}{d}=\frac{\varepsilon A}{d} \tag{4-1}$$

式中，A 为两极板相互遮盖的有效面积；d 为两极板间的距离，也称为极距；ε_0 为真空介电常数，$\varepsilon_0=8.85\times10^{-12}$F/m；$\varepsilon_r$ 为极板间介质的相对介电常数；ε 为两极板间介质的介电常数。

由式(4-1)可知，在 A、d、ε 三个参量中，改变其中任意一个量，均可使电容量 C 改变。也就是说，改变电容 C 的方法有三种，可以做成三种类型的电容式传感器：其一为改变介质的介电常数 ε；其二为改变形成电容的有效面积 A；其三为改变两个极板间的距离 d。从而得到电参数的输出为电容值的增量 ΔC，这就组成了电容式传感器。

4.2 电容式传感器的类型及特性

根据上述原理，在应用中电容式传感器可以有三种基本类型，即变极距型、变面积型和变介电常数型。而它们的电极形状又有平板形、圆柱形和球平面形三种。

4.2.1 变极距型电容式传感器

变极距型电容式传感器如图 4-6 所示，两块极板中的一块为定极板，另一块为动极板，当动极板受被测量作用产生位移 Δd 时，改变了两极板间的距离 d，从而使电容量 C 发生变化。这种传感器可以用来测量微小位移，测量范围为 0.01～0.1mm。

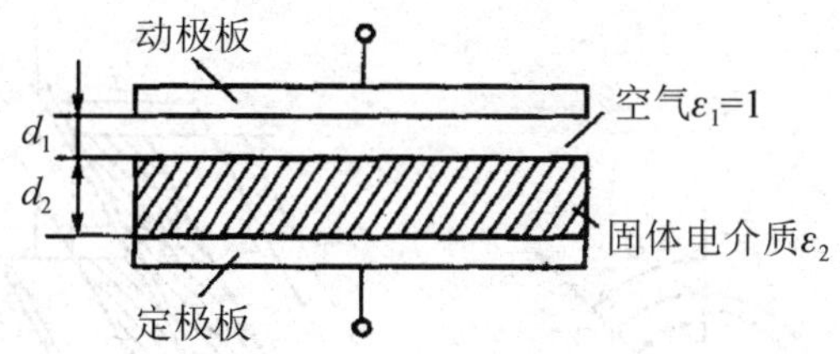

图 4-6　具有固体介质的变极距型电容式传感器

若它的初始电容 $C_0=\dfrac{\varepsilon A}{d}$，当活动极板随被测量变化上下移动时，设初始间隙 d 减小Δd 时，电容量增加ΔC，则

$$\Delta C=\frac{\varepsilon A}{d-\Delta d}-\frac{\varepsilon A}{d}=\frac{\varepsilon A}{d}\cdot\frac{\Delta d}{d-\Delta d}=C_0\cdot\frac{\Delta d}{d-\Delta d} \tag{4-2}$$

结论：变极距型电容式传感器的电容变化量ΔC 与位移Δd 不是线性关系。减小初始间隙 d 可以提高灵敏度，但是容易引起击穿，应放置云母、塑料薄膜等介电常数高的物质。

在实际应用中，为了改善非线性、提高灵敏度和减少外界因素(如电源电压、环境温度等)的影响，电容式传感器也和电感式传感器一样常常做成差动形式，如图 4-7 所示。当动极板向上移动Δd 时，上电容量增加，下电容量减小。

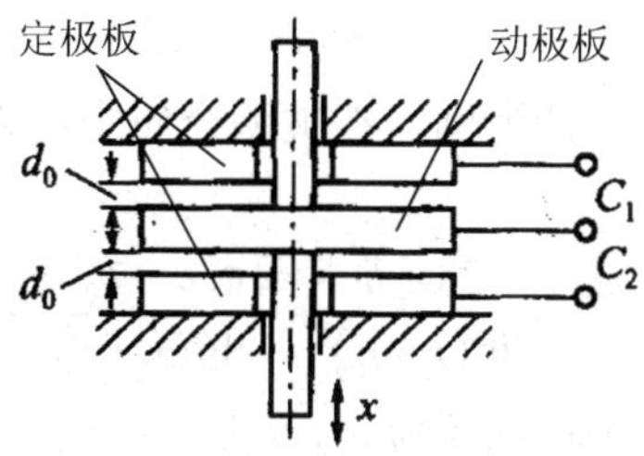

图 4-7　差动式电容传感器

4.2.2　变面积型电容式传感器

如图 4-8 所示，变面积型电容式传感器的两块极板也是一块为定极板，另一块为动极板，当动极板受被测量作用产生位移时，它改变了两极板相互覆盖的有效面积，从而使电容量 C 发生变化。与变极距型电容式传感器相比，其测量范围大，可以用来测量厘米量级的直线位移和角位移。

当电容极板遮盖面积由 A 变为 A'时，则电容变化量为

$$\Delta C=\frac{\varepsilon A}{d}-\frac{\varepsilon A'}{d}=\frac{\varepsilon\cdot\Delta A}{d} \tag{4-3}$$

式中，$\Delta A=A-A'$。

结论：电容的变化量与面积的变化量呈线性关系。

提示： 实际上由于边缘效应引起漏电力线，导致极板(或极筒)间电场分布不均匀等因素，因此仍存在非线性问题，且灵敏度下降，但比变极距型好得多。

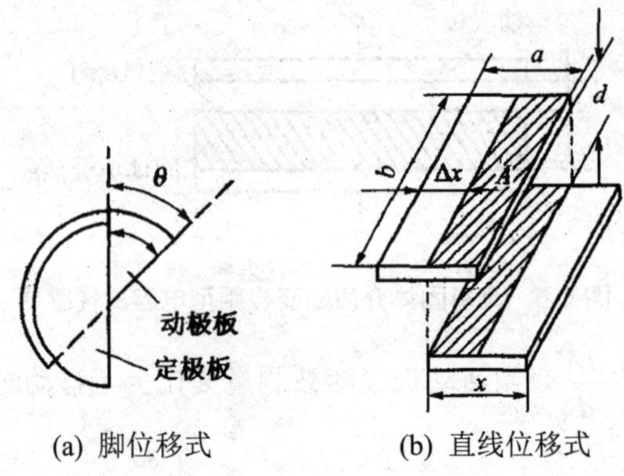

(a) 脚位移式　　(b) 直线位移式

图 4-8　变面积型电容式传感器

4.2.3　变介电常数型电容式传感器

图 4-9 所示为变介电常数型电容式传感器结构示意图。它的极距、有效作用面积不变，被测量的变化使其极板之间的介质情况发生变化。这种传感器大多用来测量电介质的厚度、位移、液位、液量，还可根据极间介质的介电常数随温度、湿度、容量改变而改变来测量温度、湿度、容量等。

以图 4-10 所示的电容式液位计为例，在被测介质中放入两个同心圆柱状极板。其电容量与被测量的关系为

$$C=\frac{2\pi\varepsilon_0 h}{\ln\left(r_2/r_1\right)}+\frac{2\pi\left(\varepsilon-\varepsilon_0\right)h_r}{\ln\left(r_2/r_1\right)} \tag{4-4}$$

式中，h 为电极总长度；r_1、r_2 为两个同心圆电极的半径；h_r、ε 为被测液面高度和它的介电常数；ε_0 为间隙内空气的介电常数。

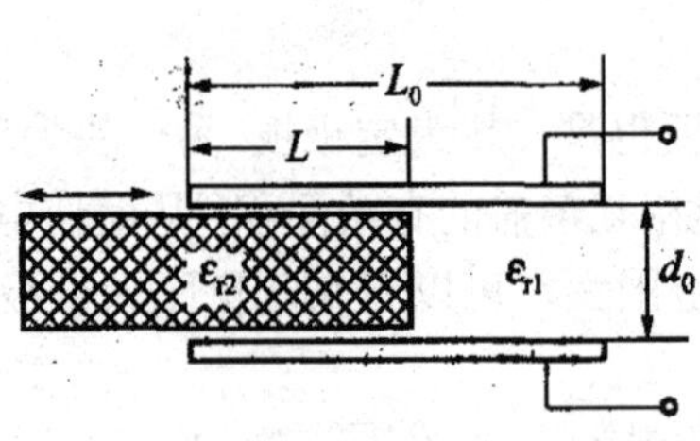

图 4-9　变介电常数型电容式传感器

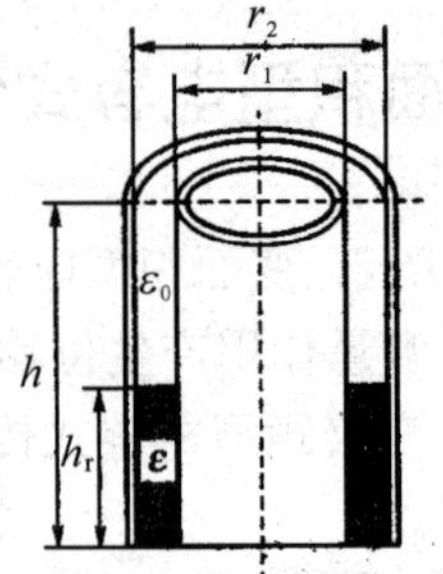

图 4-10　电容式液位计

结论：变介电常数型电容式传感器的输出电容与输入位移呈线性关系，其原理为，因为各种介质的相对介电常数不同，所以在电容器两极板间插入不同介质时，电容器的电容量也就不同。

4.3　电容式传感器的测量电路

电容式传感器把被测量转换成电路参数 C。由于电容值及其变化量均很小(几皮法至几十皮法)，因此必须借助测量电路测出这一微小电容及其增量，并将其转换成电压、电流、频率等电量参数，以便显示、记录及传输。常用的测量转换电路主要有以下几种。

4.3.1　调频电路

调频电路把电容式传感器与一个电感配合，构成一个谐振电路。当传感器电容 C_x 发生改变时，其振荡频率 f 也发生相应变化，实现由电路到频率的转换。由于振荡器的频率受电容式传感器的电容调制，这样就实现了 $C—f$ 的转换，故称为调频电路。但伴随频率的改变，振荡器输出幅值往往也要改变，为克服后者，在振荡器之后再加入限幅环节。虽然可将此频率作为测量系统的输出量，用以判断被测量的大小，但这时系统是非线性的，而且不易校正。因此在系统之后可再加入鉴频器，用此鉴频器可调整的非线性特性去补偿其他部分的非线性，使整个系统获得线性特性，这时整个系统的输出将为电压或电流等模拟量，如图 4-11 所示。

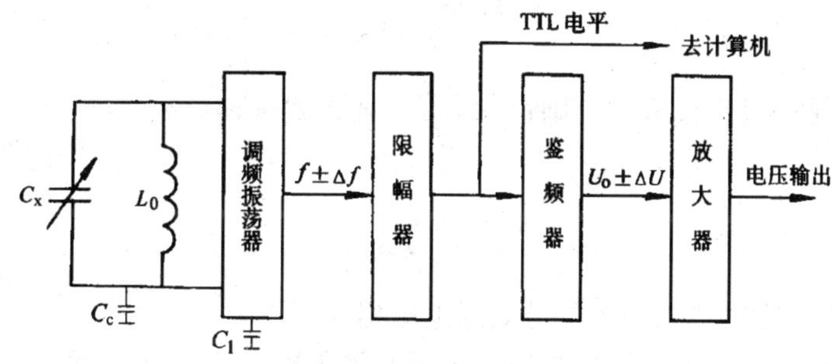

图 4-11　调频电路框图

图中的调频振荡器的频率可由下式决定

$$f=\frac{1}{2\pi\sqrt{L_0C}} \tag{4-5}$$

式中，L_0 为振荡回路的固定电感；C 为振荡回路的电容，C 包括传感器电容 C_x、谐振回路中的微调电容 C_l 和传感器电缆分布电容 C_c，即 $C= C_x+C_l+C_c$。

为了防止干扰使调频信号产生寄生调幅，在鉴频器前常加一个限幅器将干扰及寄生调幅削平，使进入鉴频器的调频信号是等幅的。鉴频器的作用是将调频信号的瞬时频率变化恢复成原调制信号电压的变化，它是调频信号的解调器。

调频电路具有抗干扰性强、灵敏度高等优点，其缺点是寄生电容对测量精度的影响较大。因此必须采取适当的措施来减小或消除寄生电容的影响。常用的措施包括缩短传感器和测量电路之间的电缆、采用专用的驱动电缆或者将传感器与测量电路做成一体等。

4.3.2　运算放大器式电路

运算放大器的放大倍数非常大，且输入阻抗 Z_i 很高，这一特点使运算放大器可以作为电容式传感器的比较理想的测量电路。图 4-12 所示为运算放大器式测量电路的原理图。

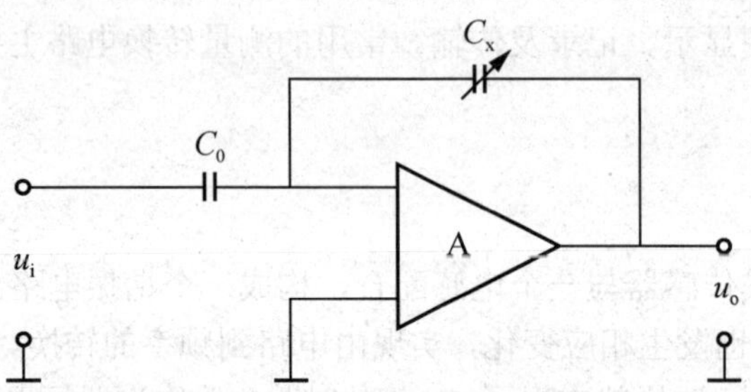

图 4-12　运算放大器式测量电路的原理图

图中，u_o 是运算放大器输出电压；u_i 是信号源电压；C_x 为电容式传感器的电容；C_0 为固定电容器电容。由运算放大器反馈原理可知，当运算放大器输入阻抗很高、增益很大时，则有

$$u_o = -u_i \frac{C_0}{C_x} \tag{4-6}$$

如果传感器是一只平板电容，则 $C_0 = \dfrac{\varepsilon A}{d}$，代入式(4-6)可得

$$u_o = -u_i \frac{C_0}{\varepsilon A} d \tag{4-7}$$

式中，“-”号表示输出电压的相位与电源电压相反。

式(4-7)说明运算放大器的输出电压与极板间的距离 d 呈线性关系。运算放大器式电路虽解决了单个变极距型电容式传感器的非线性问题，但要求输入阻抗 Z_i 及放大倍数足够大。

提示： 为保证仪器精度，信号源电压 u_i 必须采取稳压措施，固定电容 C_0 值必须稳定。

4.3.3　交流电桥电路

1．普通交流电桥电路

图 4-13 所示为由电容 C、C_0 和阻抗 Z、Z'组成的普通交流电桥测量电路，其中 C 为电容传感器的电容，Z'为等效配接阻抗，C_0 和 Z 分别为固定电容和阻抗。

初始状态下，电桥平衡，输出电压为零。当传感器电容 C 变化时，电桥失去平衡，输出电压，其幅值随 C 而变化。

普通交流电桥测量电路要求提供幅值和频率稳定的交流电源，要求电源频率为被测信号最高频率的 5～10 倍。此种电路常用于液位检测仪中。

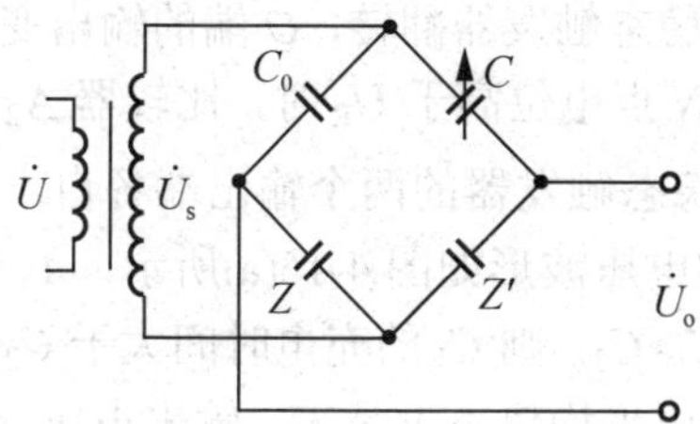

图 4-13　普通交流电桥测量电路

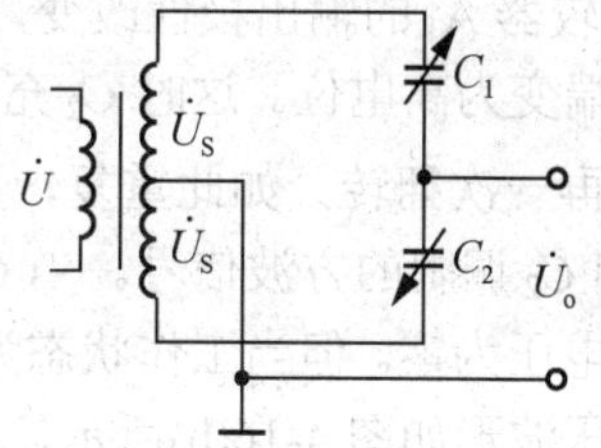

图 4-14　变压器电桥测量电路

2. 变压器电桥

图 4-14 所示为变压器电桥测量电路，设 C_1、C_2 为差动变极距型电容式传感器，$C_1=C_0+\Delta C$，$C_2= C_0-\Delta C$，则

$$\dot{U}_{\mathrm{o}}=\dot{U}_{\mathrm{S}}\frac{\Delta C}{C_0} \tag{4-8}$$

将 $C_1=\dfrac{\varepsilon A}{d-\Delta d}$、$C_2=\dfrac{\varepsilon A}{d+\Delta d}$ 代入上式，得

$$\dot{U}_{\mathrm{o}}=\dot{U}_{\mathrm{S}}\frac{\Delta d}{d} \tag{4-9}$$

结论：在放大器输入阻抗极大的情况下，输出电压与位移呈线性关系。

4.3.4　脉冲宽度调制电路

脉冲宽度调制电路是利用传感器电容充放电使电路输出脉冲的占空比随电容式传感器的电容量变化而变化，然后通过低通滤波器得到对应于被测量变化的直流信号。

脉冲宽度调制电路如图 4-15 所示。它由比较器 A_1、A_2，双稳态触发器及电容充放电回路组成。C_1、C_2 为传感器的差动电容，双稳态触发器的两个输出端 Q、$\bar{Q}$ 为电路的输出端。

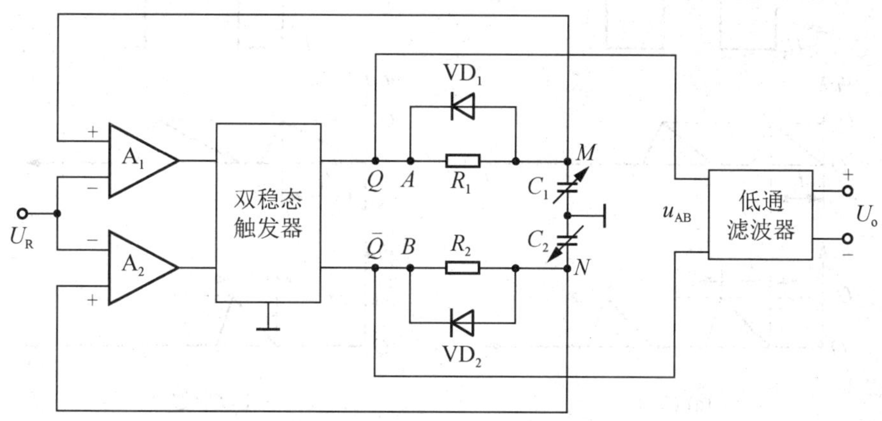

图 4-15　脉冲宽度调制电路

当双稳态触发器的输出端 Q 为高电位时，通过 R_1 对 C_1 充电；当 $\bar{Q}$ 端的输出为低电位时，电容 C_2 通过二极管 VD_2 迅速放电，N 点被钳制在低电位。当 M 点的电位高于参考电位

U_R时，比较器A_1的输出极性改变，产生脉冲，使双稳态触发器翻转，Q端的输出变为低电位，而$\bar{Q}$端变为高电位。这时C_2充电，C_1放电。当N点电位高于U_R时，比较器A_2的输出使触发器再一次翻转。如此重复，周而复始，使双稳态触发器的两个输出端各自产生一宽度受C_1和C_2调制的方波信号。当$C_1=C_2$时，各点的电压波形如图4-16(a)所示，A、B两点间的平均电压为零。但当工作状态为$C_1\neq C_2$时，如$C_1>C_2$，则C_1的充电时间大于C_2的充电时间，电压波形如图4-16(b)所示，A、B两点间的电压平均值不再是零。输出电压u_{AB}经低通滤波后，便可得到一直流输出电压U_o，其值为A、B两点电压平均值u_A与u_B之差，即

$$U_o = u_A - u_B = \frac{t_1}{t_1+t_2}U_1 - \frac{t_2}{t_1+t_2}U_1 = \frac{t_1-t_2}{t_1+t_2}U_1 \tag{4-10}$$

式中，t_1、t_2分别为C_1、C_2充至U_R所需要的时间，即A点和B点的脉冲宽度；U_1为触发器输出的高电平。

由于U_1的大小是固定的，因此，输出直流电压U_o随t_1和t_2而变，即随u_A和u_B的脉冲宽度而变，而电容C_1和C_2分别与t_1和t_2成正比。当电阻$R_1=R_2=R$时，有

$$U_o = \frac{C_1-C_2}{C_1+C_2}U_1 = \frac{\Delta C}{C_0}U_1 \tag{4-11}$$

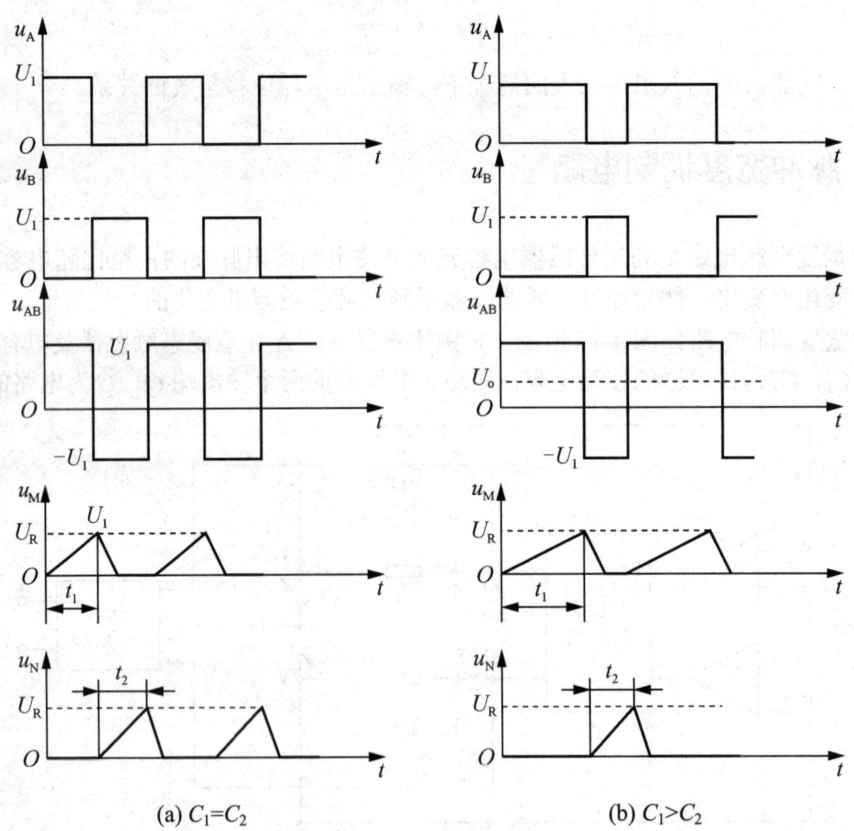

图4-16　电压波形图

结论：输入与输出变化量都呈线性关系；不需要解调电路，只要经过低通滤波器就可以得到直流输出；调宽脉冲频率的变化对输出无影响；电路采用稳定度较高的直流稳压电

源供电，因此不存在对其波形及频率的要求。所有这些特点都是其他测量电路无法比拟的。

4.4　电容式传感器的应用

4.4.1　电容式压力传感器

电容式压力传感器的外形如图 4-17 所示。在实际测量中，大多采用保持其中两个参数不变，而仅改变 A 或 d 一个参数的方法，把参数的变化转换为电容量的变化，故有变极距型电容式压力传感器和变面积型电容式压力传感器两种。

图 4-17　电容式压力传感器外形

电容式压力传感器的结构如图 4-18(a)所示，它以热胀冷缩系数很小的两个凹形玻璃(或绝缘陶瓷)圆片上的镀金薄膜作为定极板，两个凹形镀金薄膜与夹紧在它们中间的弹性平膜片组成 C_1 和 C_2。它是一种差动变极距型电容式压力传感器。

提示： *采用差动电容法可以改善非线性、提高灵敏度，并可减小因 ε 受温度影响引起的不稳定性。*

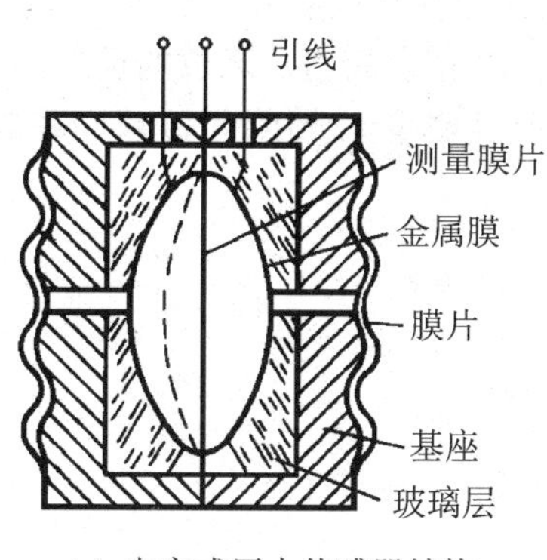

(a) 电容式压力传感器结构

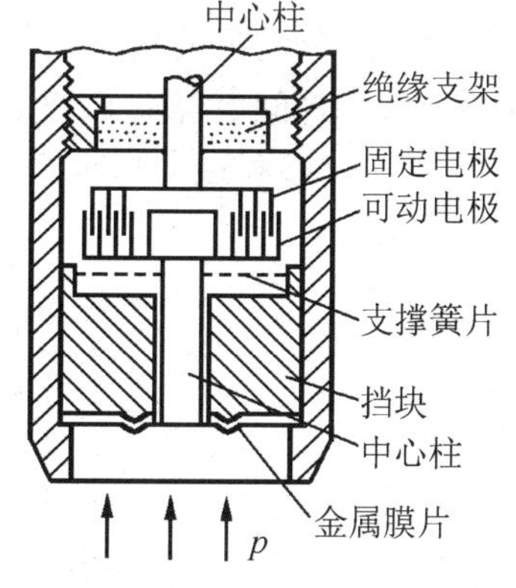

(b) 变面积型电容式压力传感器

图 4-18　电容式压力传感器结构图

图 4-18(b)所示为一种变面积型电容式压力传感器。被测压力作用在金属膜片上，通过中心柱和支撑簧片，使可动电极随簧片中心位移而动作。可动电极与固定电极均是金属同

心多层圆筒，断面呈梳齿形，其电容量由两电极交错重叠部分的面积所决定。固定电极与外壳之间绝缘，可动电极则与外壳导通。压力引起的极间电容变化由中心柱引至适当的变换器电路，转换成反映被测压力的标准电信号输出。

4.4.2 电容式振动位移传感器

在力作用下，弹性元件产生变形，测位移法通过测量未知力所引起的位移，从而间接地测得未知力值。图 4-19 所示为电容式传感器用于振动位移或微小位移测量的例子。用于测量金属导体表面振动位移的电容式传感器只含有一个电极，而把被测对象作为另一个电极使用。图 4-19(a)所示为振动体的振动测量；图 4-19(b)所示为转轴回转精度测量，利用垂直安放的两个电容式位移传感器，可测出回转轴轴心的动态偏摆情况，这两例中的电容式传感器都是变极距型的。

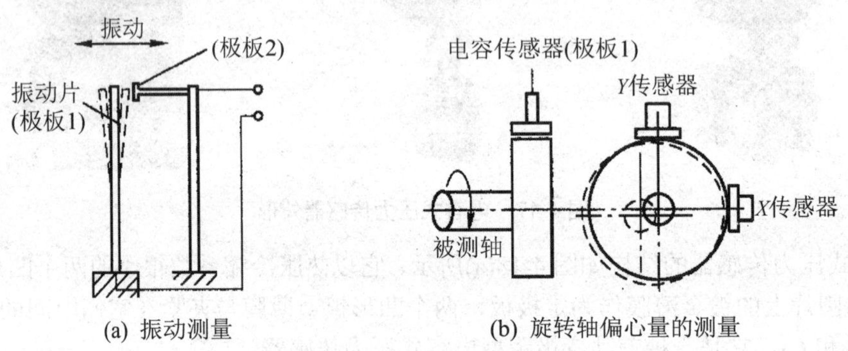

图 4-19 电容式位移传感器应用实例

高灵敏度电容式振动位移传感器采用非接触方式精确测量微位移和振动振幅。最大量程为 100±5μm 时，最小检测量为 0.01μm。如图 4-20 所示，该传感器是将一片金属板作为固定极板，被测件作为动极板组成一个电容器。当被测件有振动时，电容两极板间距变化，导致电容探头与被测件间电容量 C_x 变化，待测电容 C_x 接在高增益运放的反馈回路中，由输出电压反映被测件位移和振动振幅。这种传感器还可测量转轴的回转精度和轴心动态偏摆等。

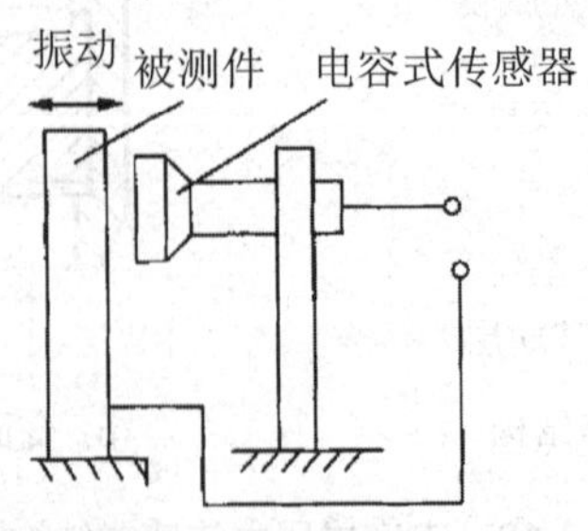

图 4-20 电容式振动位移传感器

图 4-21 所示为 YD9200 系列机壳振动变送器，它由加速度敏感元件及测量、转换、积分、放大、变送等主要电路组成。振动变送器广泛应用于电力、钢铁、石化等行业的风机、

水泵、压缩机、汽轮机等旋转机械和其他设备测振。

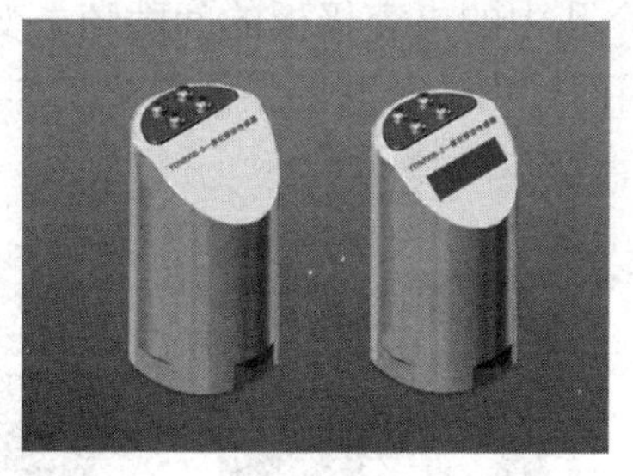

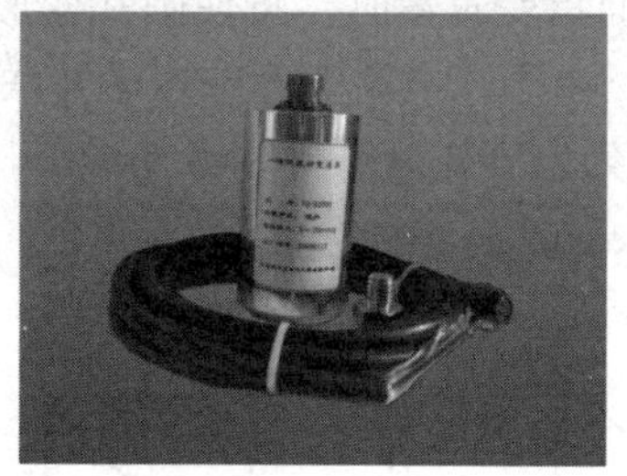

图 4-21 YD9200 系列机壳振动变送器

4.4.3 电容式加速度传感器

图 4-22(a)所示为一种空气阻尼的电容式加速度传感器的示意图，上下两个定极板与壳体绝缘，质量块由弹簧片支撑在壳体内，经磨平抛光后的质量块两个平整的端面作为动极板分别与两个定极板构成差动电容 C_1 和 C_2。测量时，传感器外壳固定在被测振动体上，随被测物一起振动，质量块相对壳体运动，使得电容 C_1 和 C_2 差动变化，电容的变化量正比于质量块的惯性力，而在一定频率范围内，惯性力正比于被测振动加速度。

图 4-22(b)所示为电容式微加速度传感器，是在硅片上腐蚀加工出质量块和用其他工艺获得电极，从而使质量块和电极之间形成电容，通过质量块在惯性场中变化形成电容变化来测量加速度。

加速度传感器安装在轿车上，可以作为碰撞传感器。使用加速度传感器可以在汽车发生碰撞时，启动轿车前部的折叠式安全气囊，使其迅速充气而膨胀，托住驾驶员及前排乘员的胸部和头部。

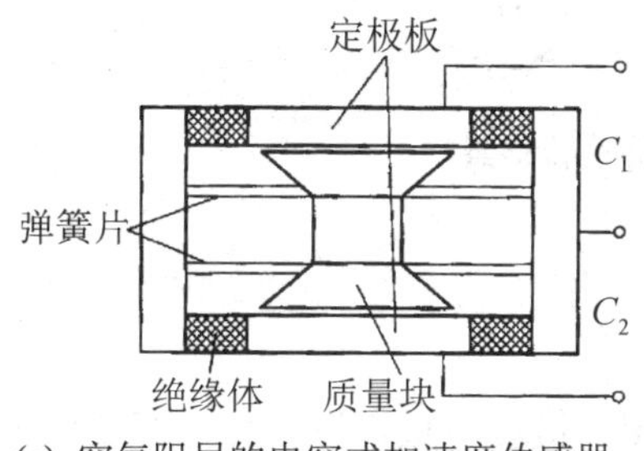

(a) 空气阻尼的电容式加速度传感器

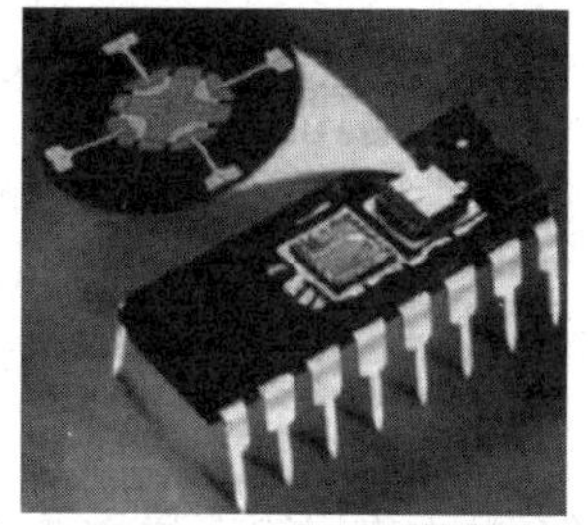

(b) 电容式微加速度传感器

图 4-22 电容式加速度传感器

4.4.4 电容式荷重传感器

电容式荷重传感器是利用弹性敏感元件的变形，造成电容随外加重量的变化而变化。图 4-23 所示为一种电容式荷重传感器的结构示意图。在一块弹性极限高的镍铬钼钢料的同一高度上打上一排圆孔，在孔的内壁用特殊的黏结剂固定两个截面为 T 形的绝缘体，并保持其平行又留有一定间隙，在T形绝缘体顶平面粘贴铜箔，从而形成一排平行的平板电容。当钢块上端面承受重量时，将使圆孔变形，每个孔中的电容极板的间隙随之变小，其电容相应地增大。由于在电路上各电容是并联的，因而输出所反映的结果是平均作用力的变化。图4-24所示为电容式荷重传感器外形图。

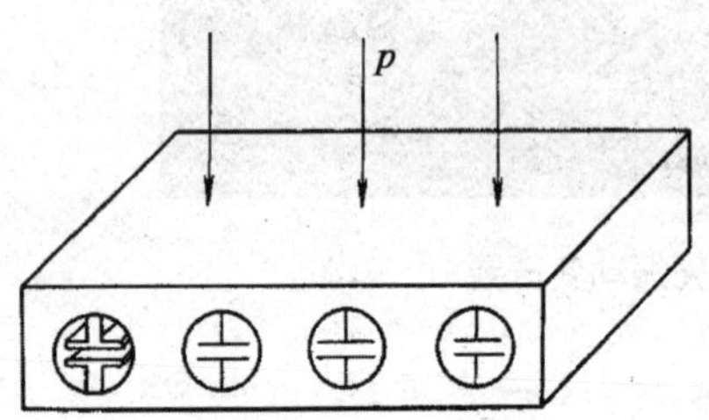

图4-23　电容式荷重传感器结构示意图

图4-24　电容式荷重传感器外形图

4.4.5　电容式厚度传感器

电容式测厚仪是用于测量金属带材在轧制过程中的厚度的在线检测仪器，其工作原理如图4-25所示。在被测带材的上下两侧各放置一块面积相等、与被测带材距离相等的极板，两块极板用导线连接起来作为电容的定极板，被测带材作为动极板，这样相当于两个电容并联。当带材轧制过程中，厚度发生变化时，极板间距(位移)发生变化，引起两电容量发生变化，用交流电桥检测出这一变化电容，再经放大，从而实现在线检测。

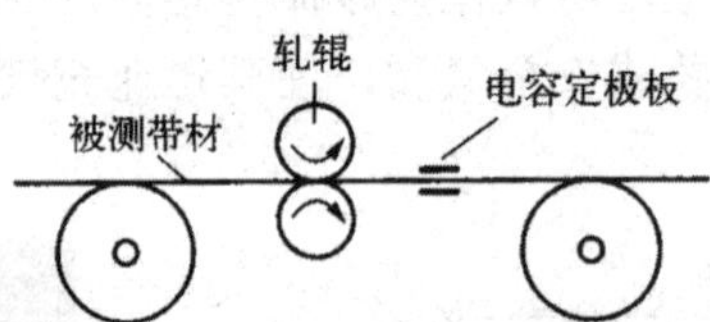

图4-25　电容式厚度传感器

4.4.6　电容式接近开关

图4-26所示为电容式接近开关的结构示意图。检测电极设置在接近开关的最前端，测量转换电路安装在接近开关壳体内。平时检测电极与大地之间存在一定的电容量，它成为振荡电路的一个组成部分。

当被检测物体接近检测电极时，由于检测电极加有电压，检测物体就会受到静电感应而产生极化现象，被测物体越靠近检测电极，将检测电极上的电荷就越多，由于检测电极的静电电容为$C=Q/V$，所以电荷的增多将使检测电极电容C随之增大，进而又使振荡电路的振荡减弱，甚至停止振荡。根据输出电压U_0的大小，可大致判定被测物接近的程度。振荡电路的振荡与停振这两种状态被检测电路转换为开关信号后向外输出。

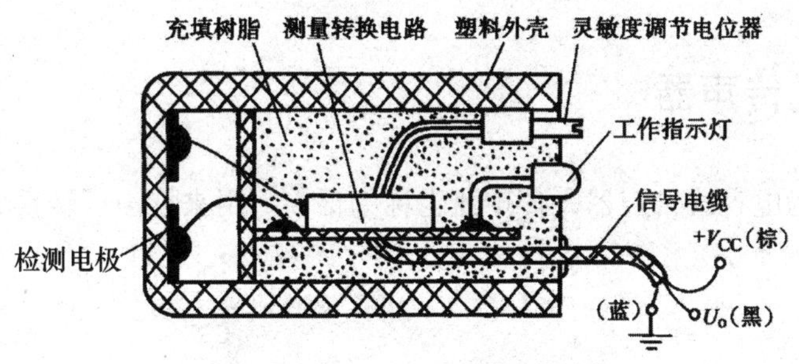

图 4-26　电容式接近开关结构示意图

提示： 使用电容式接近开关时必须远离金属物体。对金属物体而言，不必使用易受干扰的电容式接近开关，而应选择电感式接近开关。因此只有在测量含水绝缘介质时才应选择电容式接近开关。

4.4.7　电容式油量表

图 4-27 所示为电容式油量表的示意图，用于测量油箱中的油位。

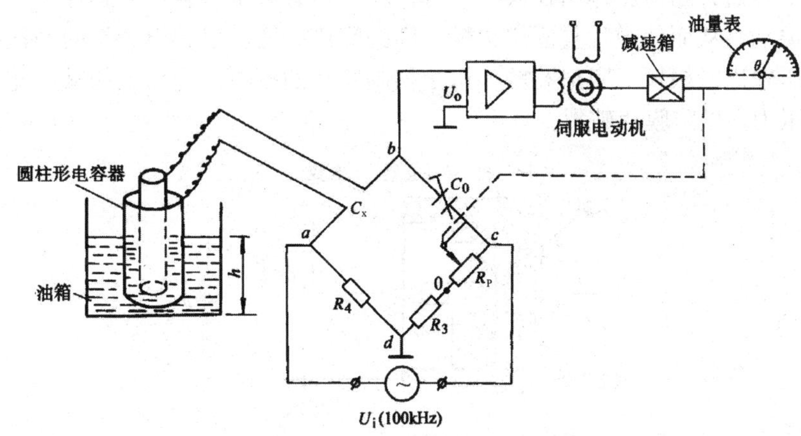

图 4-27　电容式油量表示意图

当油箱中无油时，电容传感器的电容量 $C_x=C_{x0}$，调节 R_P 使之位于 0 点。此时，$C_x/C_0=R_4/R_3$，电桥平衡，电桥输出电压 $U_o=0$，伺服电机不转动，油量表指针 $\theta_0=0$。

当油箱注入油，液位上升至 h 处时，电容面积增大，ΔC_x 与 h 成正比，$C_x=C_{x0}+\Delta C_x$，此时电桥失去平衡，电桥的输出电压 U_o 经放大后驱动伺服电机，由减速箱减速后带动指针顺时针偏转，同时带动 R_P 滑动，使 R_P 阻值增大。当 R_P 阻值达到一定值时，电桥又达到新的平衡，$U_o=0$，伺服电机停转，指针停留在转角 θ_1 处，可直接从刻度盘上读得液位高度。

当油箱中的油位降低时，伺服电机反转，使 R_P 阻值减小。当 R_P 阻值达到一定值时，电桥重新达到新的平衡状态，$U_o=0$，于是伺服电动机再次停转，指针停留在与该液位相对应的转角 θ_2 处，由此可确定油箱中的油量。

4.4.8 电容式传声器

图 4-28 所示为电容式传声器。传声器也称为话筒，用来把声压转换成电信号。

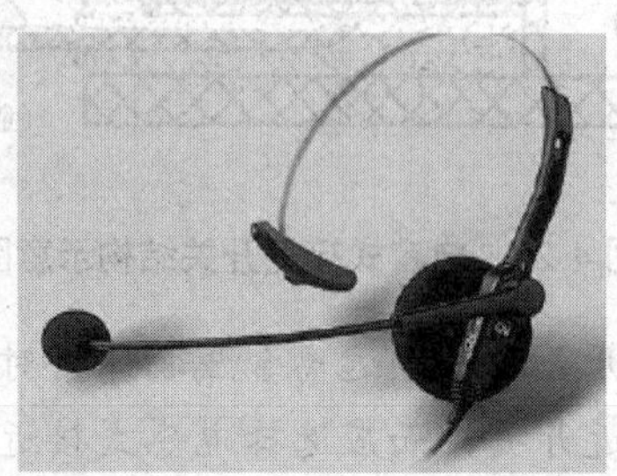

图 4-28 电容式传声器(麦克风)

完成声电转换分为两步，首先是将声能转换成机械能，由膜片完成，膜片将声压转换成膜片的振动，然后由传感器将膜片的振动转换成电信号。如图 4-29 所示，传声器由很薄的(4～6μm)金属膜片和紧靠着它的固定极板组成，膜片与固定极板之间留有空气薄层，构成空气介质电容器。当声压作用在膜片上时，膜片内外产生压差，使膜片产生与外界声波信号一致的振动，从而使膜片与固定极板之间的距离改变，引起电容量的变化，通过测量电路变成电压输出。极板上阻尼孔的作用是抑制膜片的振幅，壳体上的减压孔用来平衡膜片两侧的静压力，以防膜片破裂。

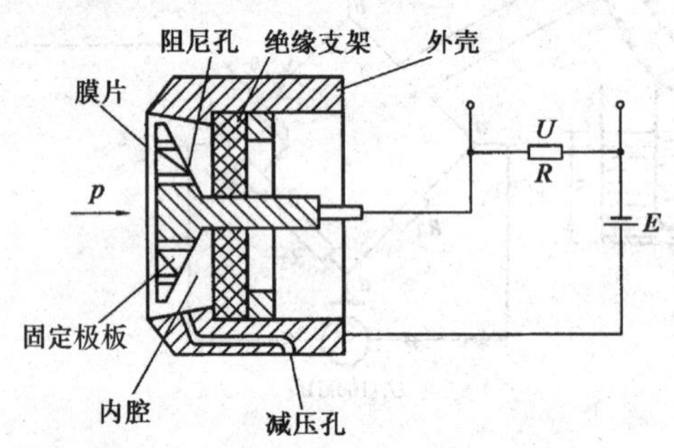

图 4-29 电容式传声器结构示意图

4.4.9 电容式料位传感器

图 4-30 所示为用电容式粒位传感器测量固体块状、颗粒体及粉料料位的情况。由于固体摩擦力较大，容易“滞留”，所以一般采用单电极式电容传感器，电极安装在罐顶，可用电极棒及容器壁组成的两极来测量非导电固体的料位，或在电极外套以绝缘套管，测量导电固体的料位，此时电容的两极由物料及绝缘套中的电极组成。当罐内注入物料时，电容的介电常数发生变化，从而导致电容量变化，变化的大小与罐内被测物料的高度成比例关系。这样只要检测出电容的变化值就可测得物料的高度了。

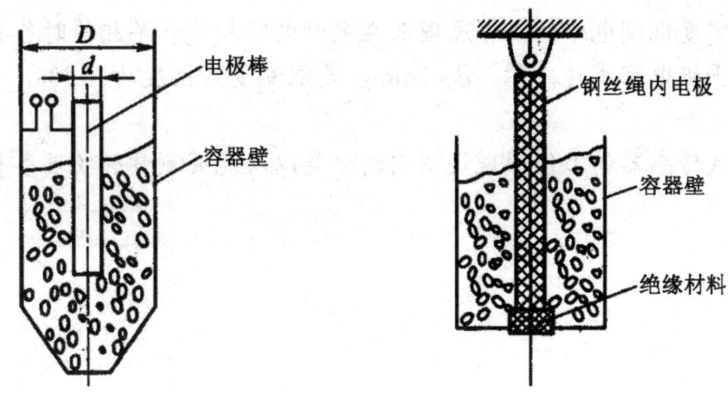

图 4-30　电容式料位传感器结构示意图

本 章 小 结

电容式传感器是以各种类型的电容器作为传感器元件，通过它将被测物理量的变化转换为电容量的变化，再经测量转换电路转换为电压、电流或频率。电容式传感器可以有变极距型、变面积型和变介电常数型三种基本类型。电容传感器的基本测量电路有调频电路、运算放大器式电路、交流电桥电路、脉冲宽度调制电路等。

电容式传感器与电阻式、电感式等传感器相比具有如下一些特点：结构简单，测量范围大，适应性强，动态响应好，灵敏度高，可以实现非接触测量；具有平均效应，因带电极板间的静电引力很小，所需输入力和输入能量极小，因而可测极低的压力、力和很小的加速度、位移等，能测量 0.01μm，甚至更小的位移；由于空气等介质损耗小，采用差动结构并接成桥式时产生的零点残余电压极小，因此允许电路进行高倍率放大，使仪器具有很高的灵敏度。但其输出阻抗高，负载能力差，易受外界干扰，必须采取屏蔽措施，从而给设计和使用带来不便；而且寄生电容影响大，会降低传感器的灵敏度，影响测量精度，因此对电线的选择、安装、接法都有严格的要求。变极距型电容式传感器的输出特性是非线性的，虽可采用差动式来改善，但不可能完全消除。

随着材料、工艺、电子技术，特别是集成技术的高速发展，电容式传感器的优点得到进一步发扬。电容式传感器正逐渐成为一种高灵敏度、高精度，在动态、低压及一些特殊测量方面大有发展前途的传感器，在自动检测中得到越来越广泛的应用。

思考与练习

1. 简述电容式传感器的工作原理及其类型？
2. 电容式传感器有哪些优点和缺点？
3. 如何改善变极距型电容式传感器的非线性特性？
4. 分布电容和寄生电容的存在对电容式传感器有什么影响？一般采取哪些措施减小其影响？

5. 说明脉冲宽度调制电路的工作原理及在差动电容相等和不相等时各具有的特点。

6. 变极距型平板电容式传感器，d_0=1mm，要求测量线性度为 0.1%，求允许测量的最大变化量。

7. 根据电容式传感器的工作原理说明它的分类以及能够测量的物理参量。

第5章

磁电式传感器

本章要点

- 磁电感应式传感器
- 霍尔效应
- 磁栅式传感器理论
- 磁电式传感器的基本原理和特征
- 磁电式传感器的应用

本章难点

- 集中磁电式传感器的理论
- 各种磁电式传感器在不同场合中的应用

磁电式传感器是利用电磁感应原理将被测量转换成电信号的一种传感器，主要用于测量转速、速度、加速度以及位置测量等，在电机、风机、水泵、齿轮及齿轮箱、铁路机车、汽车、飞机、船舶、矿山机械、液压气动组件等方面都有应用。磁电感应式传感器、霍尔传感器、磁栅式传感器均属于磁电式传感器。

任务一 柴油机转向机构扭矩测量

1. 任务分析

扭矩测量的方法多种多样，一般有应变测量方式和相位差测量方式两种。应变测量方式在电子秤、汽车衡类传感器上应用较多。相位差测量方式的应用相对比较广泛，在机械、汽车、液压等行业都有应用。本任务中所涉及的此类机构的扭矩测量用相位差的方式进行更为合适。图 5-1 所示为扭矩测量的两种方式常用的传感器实体外形。

(a) 应变扭矩传感器

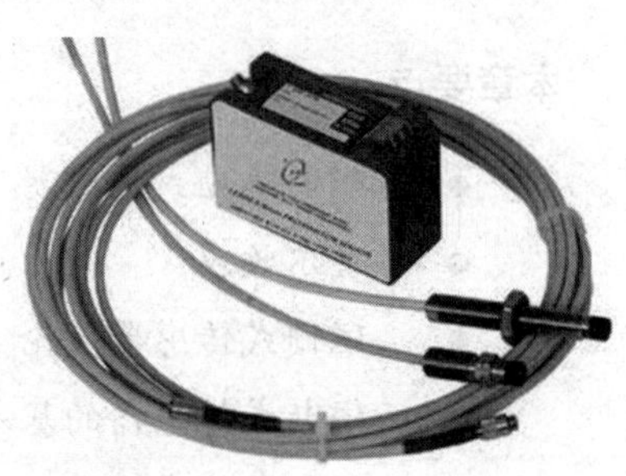

(b) 相位差扭矩传感器

图 5-1 扭矩测量的两种方式常用的传感器实体外形

2. 任务实现

图 5-2 所示为磁电感应式相位差扭矩传感器原理图。传感器的检测元件部分由永久磁铁、感应线圈和铁芯组成。永久磁铁产生的磁力线与齿形圆盘交链。当齿形圆盘旋转时，圆盘齿的凸凹引起磁路气隙的变化，于是磁通量也发生变化，在线圈中感应出交流电压，其频率在数值上等于圆盘上齿数与转数的乘积。

测量扭矩时，需用两个传感器，将它们的转轴(包括线圈和转子)分别固定在被测轴的两端，它们的外壳固定不动。当扭矩作用在转轴上时，两个磁电式传感器输出的感应电压 u_1 和 u_2 存在相位差 φ_0。这个相位差与转轴的扭转角成正比。这样，传感器就可以把扭矩引起的扭转角转换成相位差的电信号。扭转角与感应电动势相位差的关系为

$$\varphi_0 = Z\varphi \tag{5-1}$$

式中，Z 为传感器定子、转子的齿数。

经测量电路，将相位差转换成时间差，就可测出扭矩。

3. 任务小结

相位差扭矩传感器是利用电磁感应原理进行扭矩测量的。这种扭矩传感器体积小、精度高、易于安装维护，所以在电机减速箱、汽车主轴、数控机床主轴的扭矩测量上都有很

好的应用。

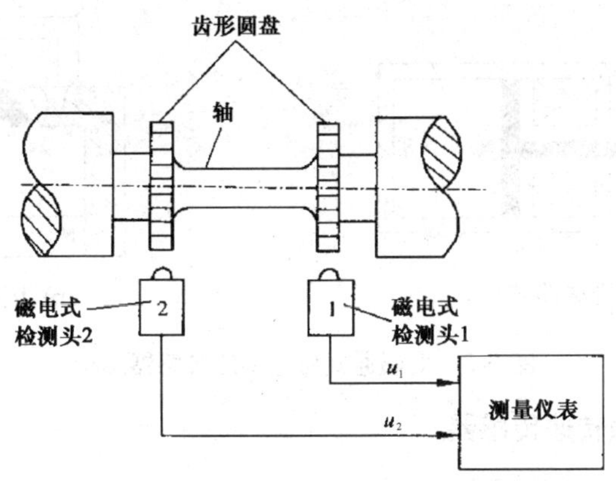

图 5-2　磁电感应式相位差扭矩传感器原理图

磁电感应式传感器从结构上可以分为变磁通式磁电感应传感器和恒磁通式磁电感应传感器两种。本任务中所用的属于变磁通式磁电感应传感器。下面就对磁电感应式传感器进行详细介绍。

5.1　磁电感应式传感器

5.1.1　基本概念和工作原理

磁电感应式传感器是利用电磁感应原理，将输入运动速度变换成感应电势输出的传感器。它不需要辅助电源，就能把被测对象的机械能转换成易于测量的电信号，是一种有源传感器。它具有双向转换特性，利用其逆转换效应可构成力(矩)发生器和电磁激振器等。它有较大的输出功率，配用电路较简单；零位及性能稳定；工作频带一般为 10～1000Hz，目前应用非常广泛。根据电磁感应定律，当 N 匝线圈在均恒磁场内运动时，设穿过线圈的磁通为 Φ，则线圈内的感应电势 e 与磁通变化率 $\mathrm{d}\Phi/\mathrm{d}t$ 有如下关系：

$$e=-N\frac{\mathrm{d}\Phi}{\mathrm{d}t} \tag{5-2}$$

根据这一原理，磁电感应式传感器可以分为两种结构形式：变磁通式和恒磁通式。

提示： 磁电感应式传感器只适合进行动态测量。

5.1.2　变磁通式磁电感应传感器

变磁通式磁电感应传感器又称为变磁阻式磁电感应传感器或变气隙式磁电感应传感器，常用来测量旋转物体的角速度，其结构如图 5-3 所示。

测量齿轮 线圈 软磁铁 永磁铁

N S

(a) 开磁路式

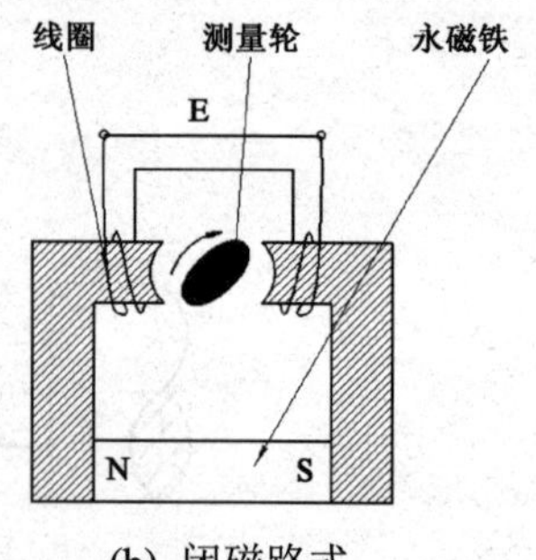

(b) 闭磁路式

图 5-3 变磁通式磁电感应传感器结构

1. 开磁路式变磁通转速传感器

开磁路式变磁通转速传感器由永磁铁、感应线圈、软磁铁和外壳组成，如图 5-3(a)所示。线圈和永磁铁静止不动，测量齿轮(由导磁材料制成)安装在被测旋转体上与其一起转动，每转过一个齿，传感器磁路磁阻变化一次，线圈产生的感应电动势的变化频率 f 等于测量齿轮上齿轮的齿数和转速的乘积，即

$$f=\frac{1}{60}nZ \tag{5-3}$$

式中，Z 为齿轮齿数；n 为被测轴转速(r/min)；f 为感应电动势频率(Hz)。

开磁路式变磁通转速传感器的结构比较简单，但输出信号小，所以当被测物体振动较大时，传感器输出信号失真较大。图 5-4 所示为开磁路式变磁通转速传感器测量柴油机齿轮转速的应用。

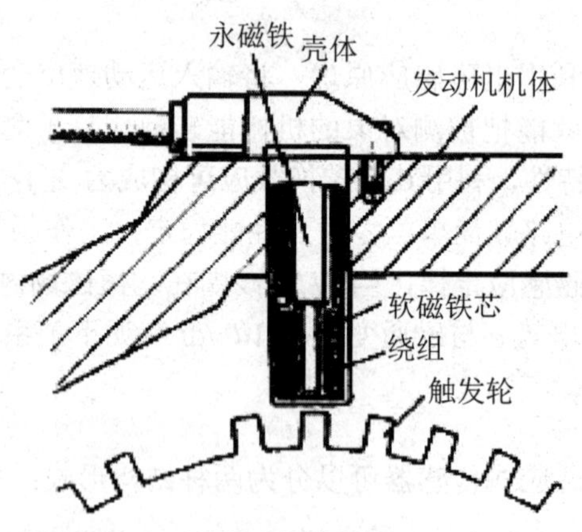

图 5-4 开磁路式变磁通转速传感器在柴油机中的应用

2. 闭磁路式变磁通转速传感器

闭磁路式变磁通转速传感器由测量轮、永磁铁、感应线圈和外壳组成，如图 5-3(b)所示。被测转轴带动椭圆形测量轮在磁场气隙中等速转动，使气隙平均长度周期性变化，因而磁路磁阻也周期性变化，磁通同样周期性变化，则在线圈中产生感应电动势，其频率 f 与测量轮转速 n 成正比，即

$$f=\frac{1}{30}n \tag{5-4}$$

目前变磁通式磁电感应传感器一般都做成速度传感器或转速传感器，如应用于汽车防抱死制动系统(ABS)的轮速传感器就是典型的变磁通式磁电感应传感器。图 5-5 所示为汽车 ABS 磁电式轮速传感器实物。

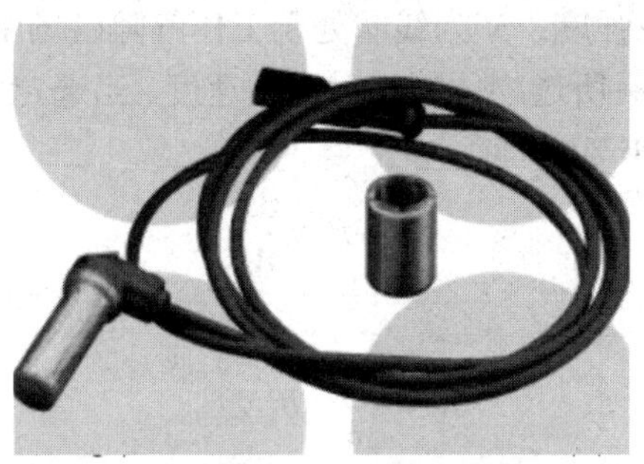

图 5-5　汽车 ABS 磁电式轮速传感器

提示： 振动比较强的场合往往采用闭磁路式变磁通磁电感应传感器。

5.1.3　恒磁通式磁电感应传感器

1. 结构

在恒磁通式磁电感应传感器的结构中，工作气隙中的磁通恒定，感应电势是由于永磁铁与线圈之间有相对运动——线圈切割磁力线而产生的。这类结构有动圈式和动铁式两种，其结构如图 5-6 所示。

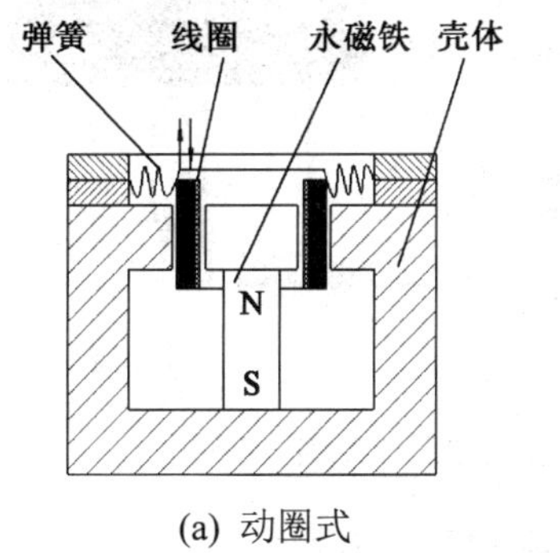

(a) 动圈式

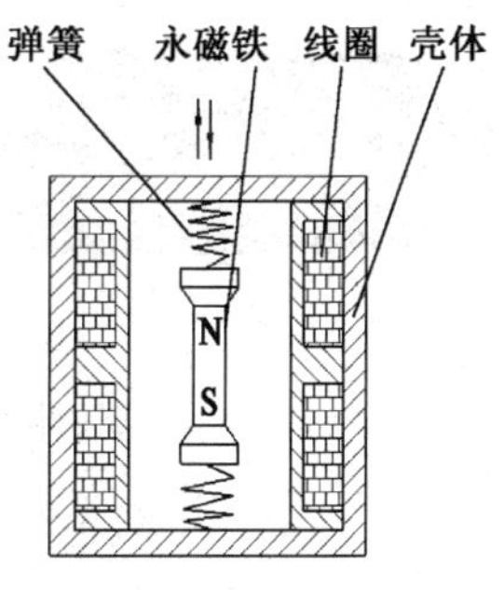

(b) 动铁式

图 5-6　恒磁通式磁电感应传感器结构

动圈式和动铁式各有自己的结构特点。动铁式的线圈组件与传感器壳体固定，永磁铁用柔软的弹簧支撑。动圈式的永磁铁和传感器壳体固定，线圈组件用柔软的弹簧支撑。

2. 工作原理

不论是动圈式还是动铁式，它们的工作原理是完全相同的。磁路系统产生恒定的直流磁场，磁路中的工作气隙固定不变，因而气隙中磁通也恒定不变。当壳体随被测振动体一起振动时，由于弹簧较软，运动部件质量相对较大，当振动频率足够高(远大于传感器固有频率)时，运动部件惯性很大，来不及随振动体一起振动，近乎静止不动，振动能量几乎全被弹簧吸收，永磁铁与线圈之间的相对运动速度接近于振动体振动速度，磁铁与线圈的相对运动切割磁力线，从而产生感应电势为

$$e=-BlNv \tag{5-5}$$

式中，B 为工作气隙磁感应强度；N 为线圈处于工作气隙磁场中的匝数；l 为每匝线圈的平均长度；v 为选定运动方式后所选物体的相对运动速度。当选定传感器结构后，式(5-5)中 B、N、l 为定值，此时速度 $v=\mathrm{d}x/\mathrm{d}t$，即

$$e=-BlN\frac{\mathrm{d}x}{\mathrm{d}t} \tag{5-6}$$

则传感器的灵敏度为

$$K=\frac{\mathrm{d}e}{\mathrm{d}v}=BlN \tag{5-7}$$

不同结构的恒磁通式磁电感应传感器的频率响应特征是有差异的，但一般都在几十到几百赫之间，低的在 10Hz 左右，高的可达 2kHz。

5.1.4 磁电感应式传感器的应用

图 5-7 所示为 SG-2 磁电感应式振动速度传感器。这种传感器测量的振动是相对于自由空间的绝对振动，其输出电压与振动速度成正比，所以称为振动速度传感器。这种传感器一般直接安装在设备外部，使用维护极为方便。其性能参数如表 5-1 所示。

(a) SG-2 振动速度传感器

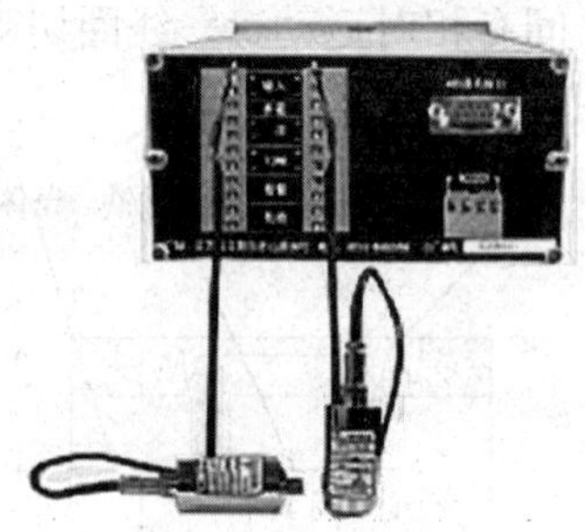

(b) 传感器和仪表

图 5-7 SG-2 磁电感应式振动速度传感器

表 5-1 SG-2 磁电感应式振动速度传感器性能参数

频率范围	10～300Hz	测量范围	2mm(p-p)	外形尺寸	ϕ35×65
灵 敏 度	5V/mm±5%	使用环境	−25～100℃	工作电压	±12V DC 或+24V DC
质 量	0.25kg	测量方式	垂直、水平	最大加速度	8g

SG-2 磁电感应式振动速度传感器属于动圈式恒磁通磁电感应式传感器。它由磁路系统、惯性质量、弹簧阻尼等部分组成。它是利用磁电感应原理将振动信号转换为电信号的。其

结构为，在传感器壳体中刚性地固定磁铁，惯性质量(线圈组件)用弹簧元件悬挂于壳体上。工作时，将传感器安装在设备上，设备振动时，在传感器工作频率范围内，线圈与磁铁相对运动，切割磁力线，在线圈内产生感应电压，该电压值正比于振动速度值。然后再与二次仪表相配接，即可显示振动速度或位移量的大小。也可以输送到其他二次仪表或交流电压表进行测量。

任务二　山地车的速度监测

1. 任务分析

能进行速度监测的传感器大体上有两种：霍尔速度传感器和光电式速度传感器。光电式速度传感器是将速度的变化转变成光通量的变化，然后通过光电转化元件，将光脉冲转化为电脉冲，从而计算出实时速度。这种传感器反应速度快、精度高，但其对环境的要求较高，在灰尘和泥泞的情况下使用传感器时会出现很大的问题。因此在山地车速度监测的任务中常选用霍尔速度传感器。图 5-8 所示是常用的两种速度传感器。

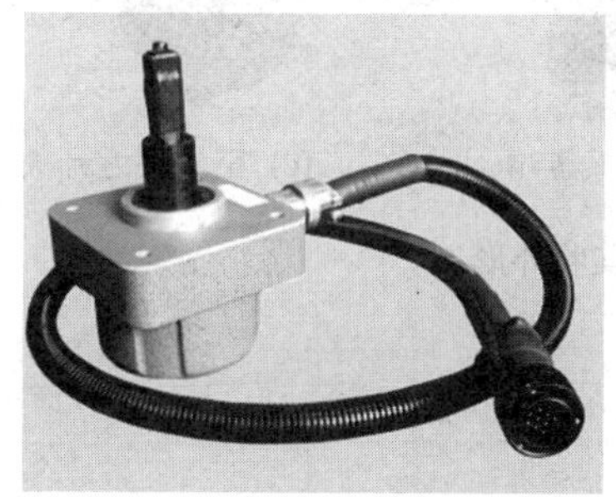

(a) 光电式速度传感器

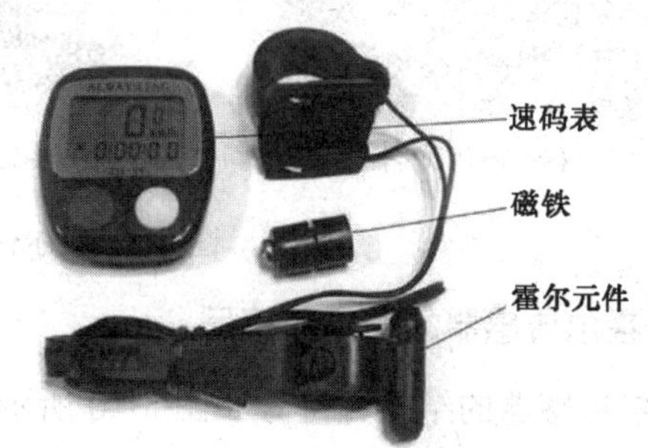

(b) 霍尔速度传感器

图 5-8　速度传感器

2. 任务实现

图 5-8(b)所示的霍尔速度传感器在使用时将磁铁固定在山地车轮辐上，霍尔元件固定在车身靠近磁铁的地方，把霍尔传感器的三根引线和速码表正确相连。调节磁铁和霍尔传感器的距离，让车轮每转过一圈都能让传感器接收到一个脉冲信号。这样在车子动作过程中，通过计数器电路，速码表上就会显示出车轮转动的圈数。再结合车轮直径，速码表里的单片机就可以计算出车的速度和里程。

3. 任务小结

霍尔传感器具有体积小、无触点、使用寿命长、耐冲击、抗污染等优点。霍尔元件对磁性物体起作用，用它制作的速度传感器在整个车速范围内信号幅值恒定，即使行车速度为零，信号幅值也能保持不变。除了能进行速度测量，霍尔传感器还主要应用于位移、压力、拉力、转速监测方面，在高精度数控机床、汽车、电子、船舶方面都有广泛应用。

5.2 霍尔传感器

霍尔传感器是基于霍尔效应实现磁电转换的一种传感器，可以用来检测磁场、微位移、转速、流量、角度，也可以用于制作高斯计、电流表、接近开关等。

5.2.1 霍尔传感器的外形和结构

1. 霍尔传感器的外形

霍尔传感器的实物外形如图 5-9 所示。

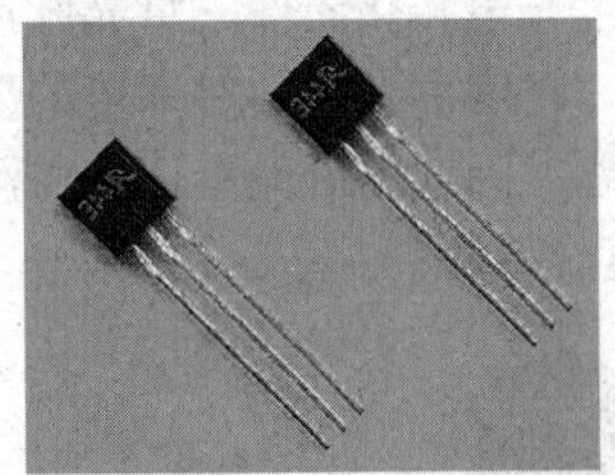

(a) 霍尔元件

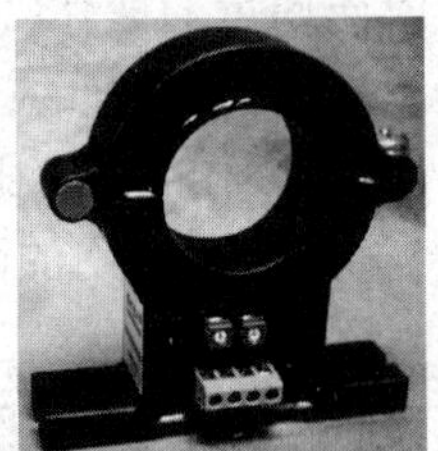

(b) 霍尔电流传感器

(c) 霍尔接近开关

图 5-9 霍尔传感器的实物外形

2. 霍尔传感器的结构和符号

霍尔传感器的结构和符号如图 5-10 所示。

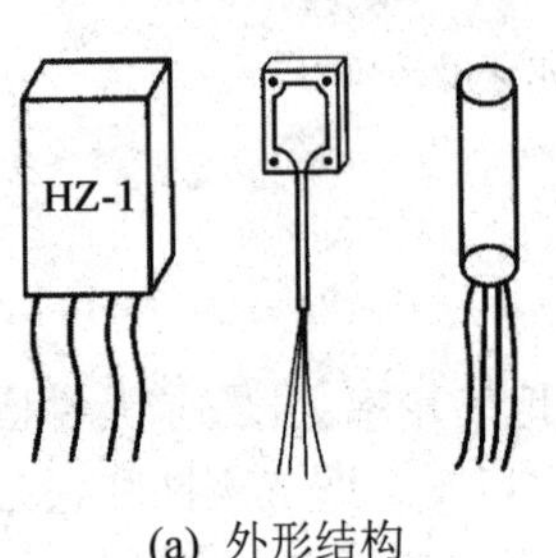

(a) 外形结构

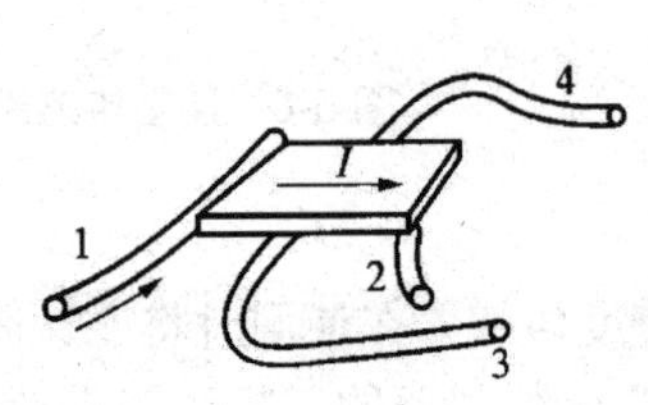

(b) 霍尔片结构

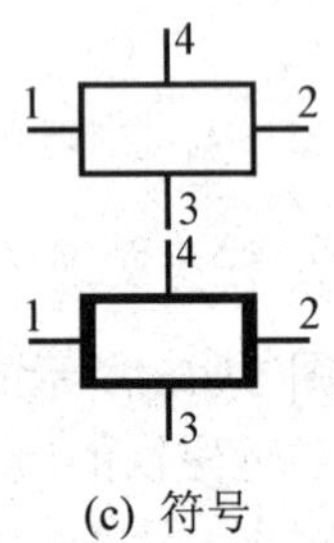

(c) 符号

图 5-10 霍尔传感器的结构和符号

5.2.2 工作原理

1. 霍尔效应

霍尔效应是霍尔 1879 年在研究金属的导电机理时发现的。后来人们发现半导体、导电流体等也有这种效应，而半导体的霍尔效应比金属强得多。利用这种现象制成的各种霍尔元件广泛地应用于工业自动化技术、检测技术及信息处理等方面。

如图 5-11 所示，当一块通有电流的金属或半导体薄片垂直地放在磁场中时，薄片的两

端就会产生电位差，这种现象就称为霍尔效应。两端具有的电位差值称为霍尔电动势 U_H，其表达式为

$$U_H = \frac{KIB}{d} \tag{5-8}$$

式中，K 为霍尔系数；I 为薄片中通过的电流；B 为外加磁场(洛伦兹力)的磁感应强度；d 为薄片的厚度。霍尔传感器是利用这一原理制作的一种磁场传感器。

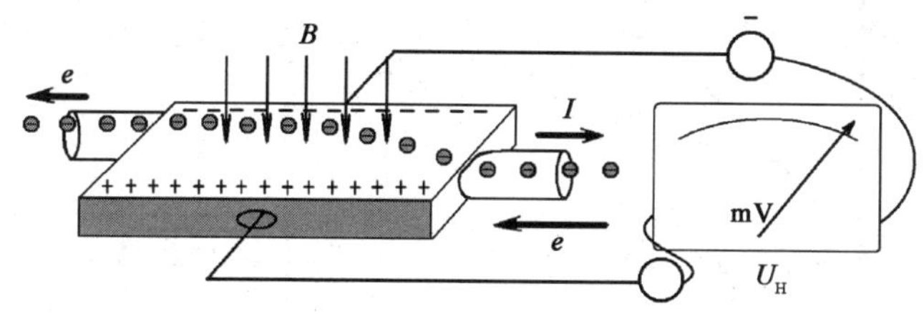

图 5-11　霍尔效应

提示： 作用在半导体薄片上的磁场强度 B 越强，霍尔电动势也就越高。

2. 霍尔元件材料

金属导体中自由电子浓度很高，电子迁移率大，但电阻率很小，不宜作霍尔元件。只有半导体材料的电阻率和电子迁移率适中，且 N 型半导体的电子迁移率大于 P 型半导体的电子迁移率，因此一般用 N 型半导体制作霍尔元件。霍尔元件越薄(即 d 越小)，灵敏度系数就越大，所以一般霍尔元件都比较薄。薄膜霍尔元件的厚度只有 1μm 左右。

制作霍尔元件常用的材料有 N 型锗、锑化铟、砷化铟、砷化镓及磷砷化铟等。锑化铟产生的霍尔电动势较大，但温度影响大；锗及砷化铟受温度影响小，灵敏度、线性度均较好，但霍尔电动势小；砷化镓温度特性好，但价格贵；磷砷化铟的温度特性最好，而且可以用化学腐蚀方法将其厚度减薄到 10μm，用这种材料制成的霍尔元件有较大的霍尔电动势。

5.2.3　霍尔传感器的分类

由于霍尔元件产生的电势差很小，故通常将霍尔元件与放大器电路、温度补偿电路、触发器及稳压电源电路等集成在一个芯片上，称之为霍尔传感器。按照信号输出方式，霍尔传感器分为线性型霍尔传感器和开关型霍尔传感器两种。

1. 线性型霍尔传感器

线性型霍尔传感器由霍尔元件、线性放大器和射极跟随器组成。它的输出模拟量在一定范围内与外加磁场呈线性比例关系，主要用于一些物理量的测量。图 5-12 所示为具有双端差动输出特性的线性型霍尔传感器的输出特性曲线。当磁场为零时，它的输出电压等于零；当感受的磁场为正向(磁钢的 S 极对准霍尔传感器的正面)时，输出为正；磁场反向时，输出为负。

2. 开关型霍尔传感器

开关型霍尔传感器由霍尔元件、差分放大器，斯密特触发器、输出晶体管和稳压电源等组成。它输出数字量，具有开关特性，但导通磁感应强度和截止磁感应强度之间存在滞后效应，此特性大大提高了电路的抗干扰能力，保证开关动作稳定，不产生振荡。开关型霍尔传感器内部电路如图 5-13 所示。

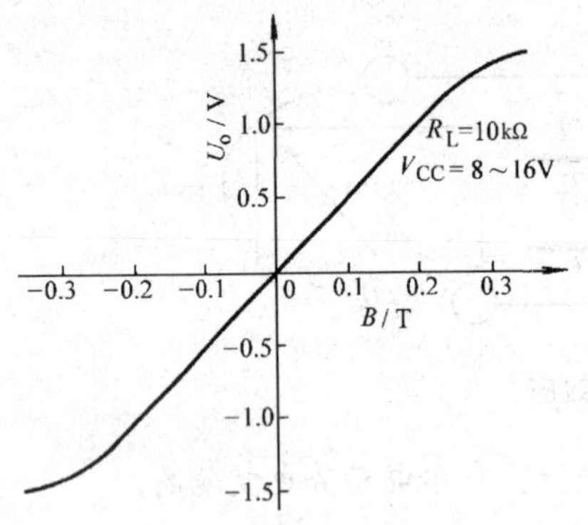

图 5-12　线性型霍尔传感器输出特性曲线

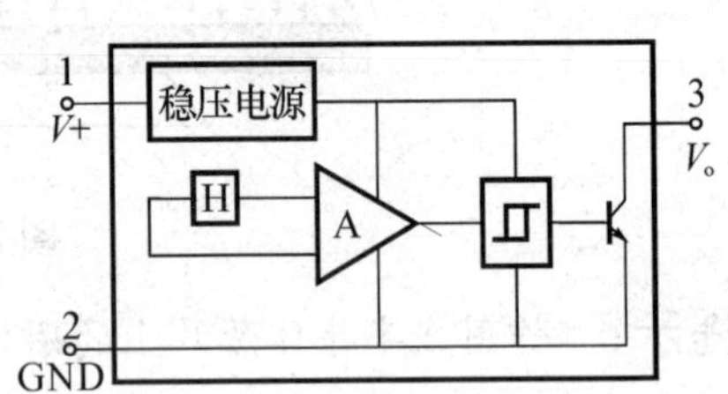

图 5-13　开关型霍尔传感器内部电路

提示： 开关型霍尔传感器主要用于测转数、转速、风速、流速等，主要应用于接近开关、关门告知器、报警器、自动控制电路等。

5.2.4　霍尔传感器应用实例

按被检测对象的性质可将它们的应用分为直接应用和间接应用。前者是直接检测受检对象本身的磁场或磁特性，后者是检测受检对象上人为设置的磁场，这个磁场是被检测的信息的载体，通过它可将许多非电、非磁的物理量，例如速度、加速度、角度、角速度、转数、转速以及工作状态发生变化的时间等，转变成电学量来进行检测和控制。

1. 电流传感器

由于通电螺线管内部存在磁场，其大小与导线中的电流成正比，故可以利用霍尔传感器测量出磁场，从而确定导线中电流的大小。利用这一原理可以制成霍尔电流传感器，其优点是不与被测电路发生电接触，不影响被测电路，不消耗被测电源的功率，特别适合于大电流测量。

霍尔电流传感器的工作原理如图 5-14 所示，用一环形导磁材料制成铁芯，套在被测电流流过的通电导体上(大电流)或将通电导体绕在铁芯上(小电流)，标准圆环铁芯有一个缺口，将霍尔传感器插入缺口中。当电流通过线圈时，铁芯中产生磁场，霍尔元件受到磁场的作用，输出霍尔电动势信号。

线圈中电流越大，磁场越强，输出的霍尔电动势越大。由霍尔电动势的大小就可知电流的大小了。

2. 力传感器

如图 5-15 所示，两块永久磁铁同极性相对放置，将线性型霍尔传感器置于中间，其磁感应强度为零，这个点可作为位移的零点，当霍尔传感器在 Z 轴上作 ΔZ 位移时，传感器有一个电压输出，电压大小与位移大小成正比。根据这一原理可制成霍尔位移传感器。

如果把拉力、压力等参数变成位移，便可测出拉力及压力的大小。如图 5-16 所示，将霍尔传感器固定在弹性元件的自由端上，弹性元件产生位移时将带动霍尔传感器，使它在线性变化的磁场中移动，从而输出霍尔电动势。按这一原理可制成霍尔力传感器。

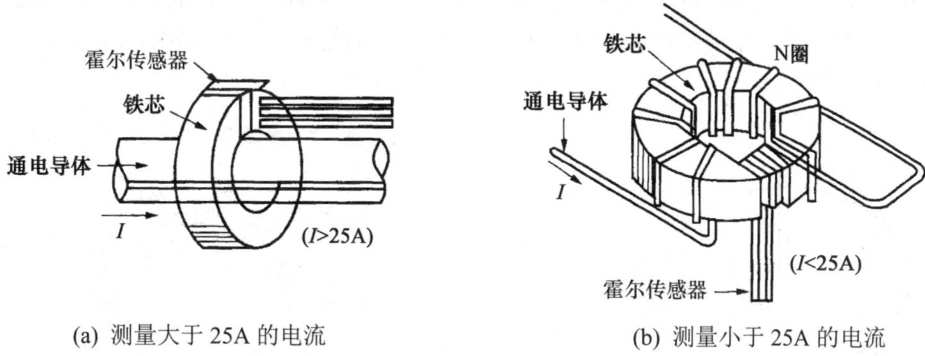

(a) 测量大于 25A 的电流　　(b) 测量小于 25A 的电流

图 5-14　霍尔电流传感器工作原理

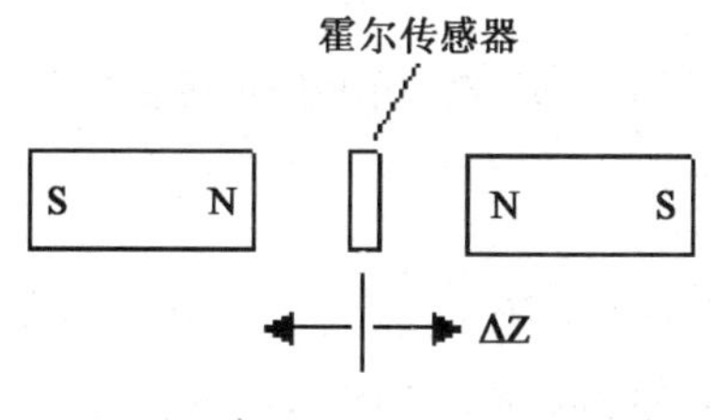

图 5-15　霍尔位移传感器

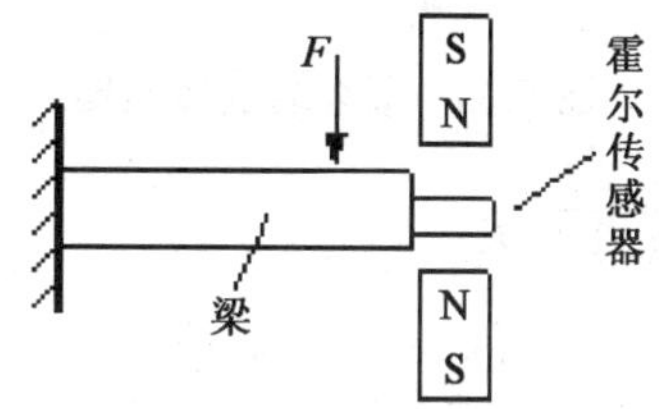

图 5-16　霍尔力传感器

3. 非磁性材料设备的转速测量

霍尔转速传感器是通过磁力线密度的变化，在磁力线穿过传感器上的感应元件时，产生霍尔电动势。它的霍尔元件在产生霍尔电动势后，将其转换为交变电信号，然后传感器的内置电路将信号调整和放大，输出矩形脉冲信号。

如图 5-17 所示，在圆盘边上粘一块磁钢，霍尔传感器放在靠近圆盘边缘处，齿盘的转动使磁路的磁阻随气隙的改变而周期性地变化，圆盘旋转一周，霍尔传感器就输出一个脉冲，经隔直、放大、整形后可测出转数(计数器)，若接入频率计，便可测出转速。

如果把开关型霍尔传感器按预定位置有规律地布置在轨道上，当装在运动车辆上的永磁体经过它时，可以从测量电路上测得脉冲信号，根据脉冲信号的分布可以测出车辆的运动速度。

提示： 霍尔转速传感器的测量必须配合磁场的变化，因此在霍尔转速传感器测量非铁磁材质的设备时，需要事先在旋转物体上安装专门的铁磁物质，用以改变传感器周围的磁场，这样霍尔转速传感器才能准确地捕捉到物质的运动状态。转盘上小磁铁数目的多少决定传感器测量转速的分辨力。

4. 电动车控速手柄

电动车控速手柄实际上就是利用霍尔元件随磁场强度的改变，电位差随之改变这一特性研制的一种非接触式霍尔调速器。电动车控速手柄的结构如图5-18所示，手柄由永磁铁、霍尔元件、手柄芯、手柄套四部分组成，当手柄套转动时，随着永磁铁和霍尔元件距离的改变，霍尔元件接受的磁场强度也相应地发生改变，这样输出信号的强度也会随之发生改变。这种变化的信号经控制电路放大器放大处理后，通过控制脉宽调制电路控制电动机绕组电压，从而实现调速。

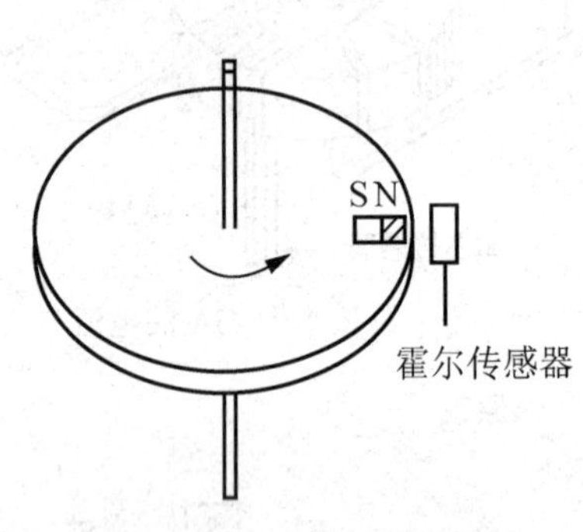

图5-17 霍尔转速传感器

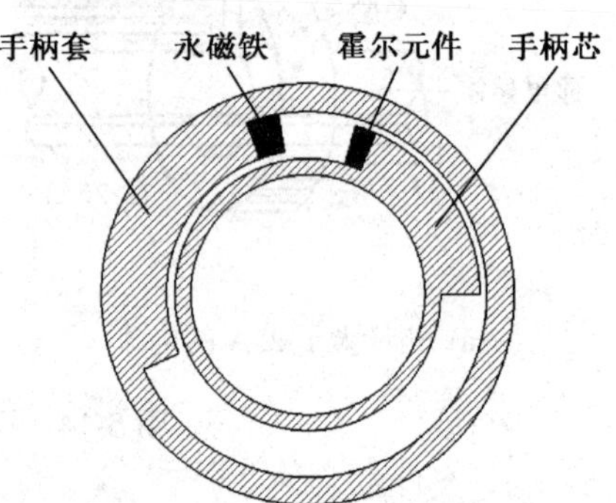

图5-18 电动车控速手柄结构图

5. 接近开关

接近开关有很多种，其中一种是利用霍尔传感器原理制作而成的。当磁性物体移近霍尔接近开关时，开关检测面上的霍尔元件因产生霍尔效应而使开关内部电路状态发生变化，由此识别附近有磁性物体存在，进而控制开关的通或断。此外，霍尔接近开关还可以通过调节输出功率，改变接近开关的监测距离，来适应不同场合的要求。

霍尔接近开关具有无瞬间抖动、长寿命、高可靠性、负载能力强等优点，所以在工业生产中用途广泛。现在像SIEMENS、OMRON、SUNX、图尔克等国际和国内的很多大公司都有很好的产品。目前的霍尔接近开关不但在电路技术和制造工艺上有很多创新，就是外形上也很多变，常用的有槽型、贯穿型(圆柱形)、平面型等。图5-19所示是目前常见的几种接近开关的外形。

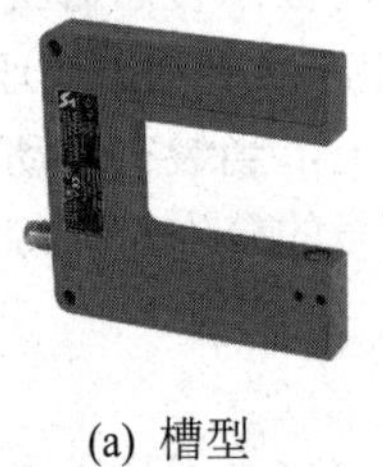

(a) 槽型

(b) 贯穿型

(c) 平面型

图5-19 常见的几种接近开关的外形

提示： 霍尔接近开关的检测对象必须是磁性物体。

6. 霍尔传感器在汽车上的应用

霍尔传感器在汽车工业上用得很多，例如曲轴位置传感器、凸轮轴位置传感器，以及霍尔开关传感器在汽车开关电路上的应用等。还有很多和速度、转速测量有关的数据采集方面的功能都是用霍尔传感器制作而成的。以下是一个曲轴位置测定的例子。

曲轴位置测定是通过测定曲轴位置和发动机转速确定点火和喷油时间。通过曲轴位置传感器，可以知道哪个缸的活塞处于上止点，哪个缸的活塞是在压缩冲程中。这样，发动机微电脑就知道该什么时候给哪个缸点火。

霍尔信号发生器安装在分电器内，与分火头同轴，由封装的霍尔芯片和永磁铁作成整体固定在分电器盘上。触发叶轮上的缺口数和发动机汽缸数相同。当触发叶轮上的叶片进入永磁铁与霍尔元件之间，霍尔触发器的磁场被叶片旁路，这时不产生霍尔电动势，传感器无输出信号；当触发叶轮上的缺口部分进入永磁铁和霍尔元件之间时，磁力线进入霍尔元件，霍尔电动势升高，传感器输出电压信号。

图 5-20 所示为切诺基汽车曲轴位置传感器的安装位置。

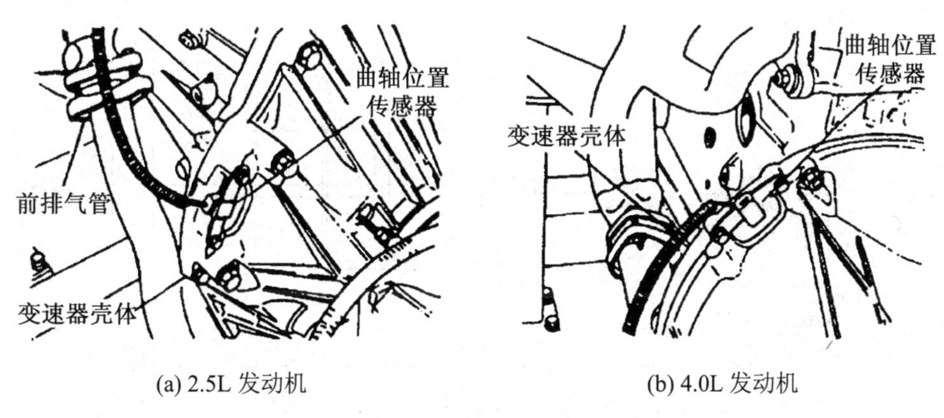

(a) 2.5L 发动机　　(b) 4.0L 发动机

图 5-20　切诺基汽车曲轴位置传感器的安装位置

任务三　小型镗床位移量的精确控制

1. 任务分析

完成小型镗床位移量的精确控制的方法很多，比如前面介绍的磁电感应式传感器、霍尔传感器都可以完成这项任务，还可以用光栅式传感器和磁栅式传感器来完成。但是电磁感应式传感器和霍尔传感器的位置控制精度不能达到要求，因此一般用光栅式传感器或磁栅式传感器来完成此项工作。光栅式和磁栅式传感器如图 5-21 所示。本任务主要针对的是小型镗床，所以采用磁栅式传感器来完成。

2. 任务实现

根据镗床尺寸购买相应尺寸的磁栅尺，在机床一个平滑的平面上把定尺固定，调整好定尺与平面的平行度，把滑尺安装在需测量位移方向机床的部件上，调整好滑尺和定尺的平行度，调整完毕符合要求后，与匹配的数显表连接，就可以完成机床工作时的位置测量。磁栅尺在镗铣床上的工作原理如图 5-22 所示。

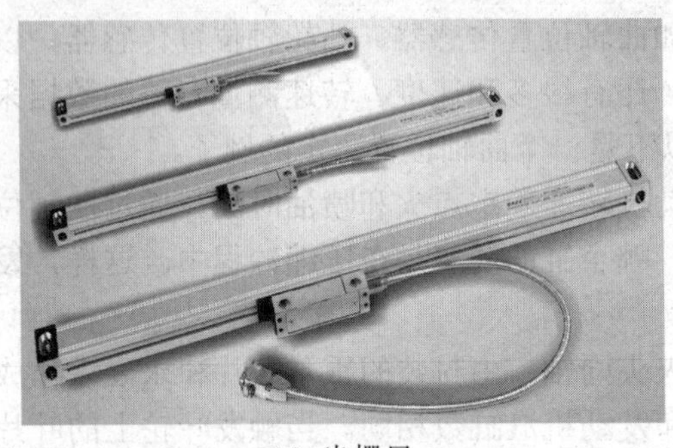

(a) 光栅尺

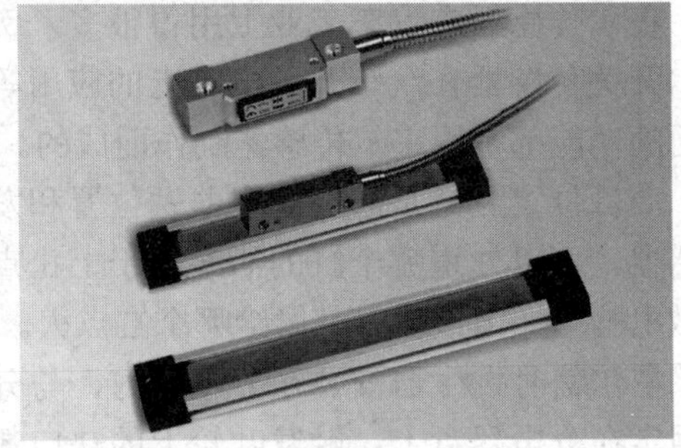

(b) 磁栅尺

图 5-21　光栅式、磁栅式传感器

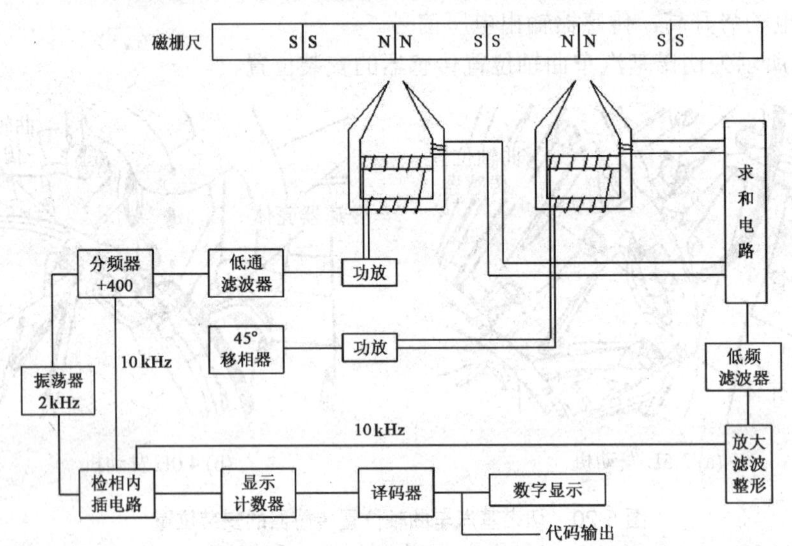

图 5-22　磁栅尺在镗铣床上的工作原理

3. 任务小结

磁栅尺是典型的磁栅式传感器。它具有与铁芯相似的热膨胀系数，因此受温度影响小。它安装、维修方便，抗机械振动、铁屑和油污染能力强，另外还能很好地屏蔽外界磁干扰，因此在保证精度上有明显优势。

磁栅尺是一种带有磁化信息的标尺，一般情况下有直尺和圆尺两种。它的信号传输主要由磁头来完成，采用的方法与录音技术相似，目前主要应用于机床制造领域的闭环控制系统中，在其他对位置控制要求较高的行业也有很多应用。

提示： 对于小型镗床位移量的精确控制，为保持位移控制的精度，在安装的过程中一定要保证磁栅尺的平直度。

5.3　磁栅式传感器

磁栅式传感器是一种利用磁栅与磁头之间的磁作用以计算磁波数目来进行测量的位移传感器。磁栅式传感器的特点是把位移直接转换成数字量，可用于直线位移和角位移的测量，主要用于大型机床的数控、精密机床的自动控制等方面。

5.3.1　磁栅式传感器的外形

磁栅式传感器的外形如图 5-23 所示。

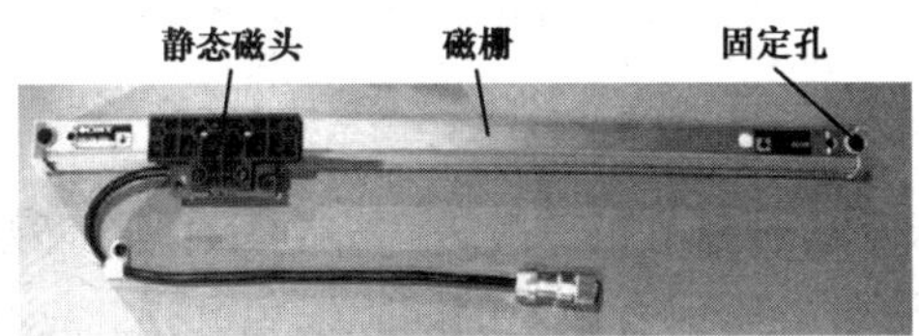

图 5-23　磁栅式传感器的外形

5.3.2　磁栅

1. 磁栅的结构

磁栅是一种有磁化信息的标尺(磁尺)。磁栅基体是用非导磁材料做成的，采用涂敷、化学沉积或电镀的方法在磁栅基体上敷上一层很薄的(0.02mm 厚)磁性薄膜，经过录磁的方法使得敷层磁化成相等的节距，便做成了磁栅。磁栅录制后的结构像一个个小磁铁按照 NS、SN、NS 的方式头尾相连顺序排列。磁栅排列方式如图 5-24 所示。基于这种排列方式，磁栅上的磁场强度也呈周期性变化，N－N 和 S－S 相接处磁场最强。

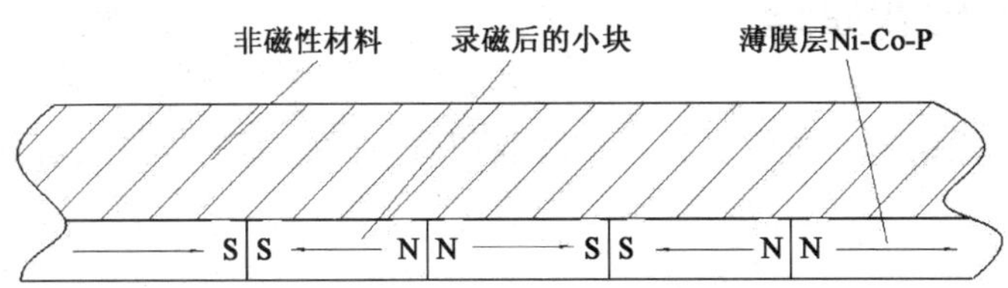

图 5-24　磁栅的排列方式

磁栅成本较低且便于安装和使用，并且还可以重复利用，它可以将原来的磁信号(磁栅)抹去，重新录制，并且可以采用激光定位录磁，而不需要采用感光、腐蚀等工艺，因而精度较高，可达±0.01mm/m，分辨力为 1～5μm。

2. 磁栅的类型

磁栅可分为长磁栅和圆磁栅两大类。目前长磁栅所用的磁信号节距一般为 0.05mm 和 0.2mm 两种。长磁栅又可分为尺型、同轴型、带型三种，如图 5-25 所示。

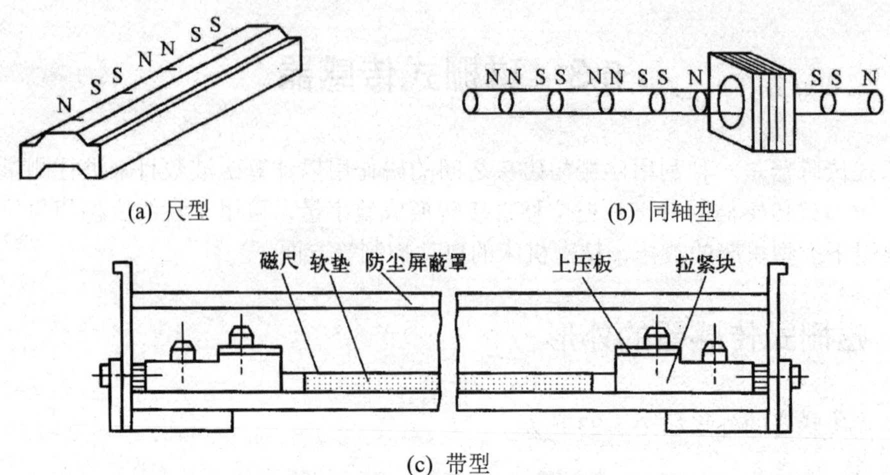

(a) 尺型　　(b) 同轴型

(c) 带型

图 5-25　长磁栅结构图

圆磁栅如图 5-26 所示。圆磁栅节距一般为几分到几十分，磁盘圆柱面上的磁信号由磁头读取，安装时在磁头与磁盘之间应有微小的间隙以免磨损。

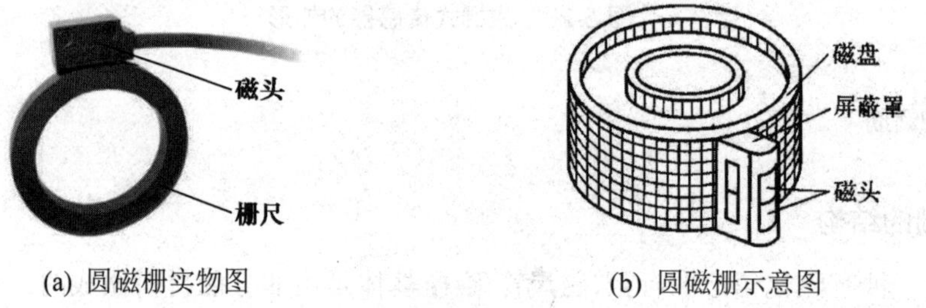

(a) 圆磁栅实物图　　(b) 圆磁栅示意图

图 5-26　圆磁栅

提示： 长磁栅主要用于直线位移测量，圆磁栅主要用于角位移测量。

5.3.3　磁头结构和原理

磁头是磁栅上磁信号的读取工具，按读取信号方式的不同，磁头可分为动态磁头与静态磁头两种。

1. 动态磁头

动态磁头为非调制式磁头，又称速度响应式磁头，其结构如图 5-27 所示。它是用铁镍合金片叠成的有效截面不等的多间隙铁芯。这种磁头只有一个输出绕组，当磁头与磁栅之间以一定的速度相对移动时，将在磁头绕组中产生感应电动势；当磁头与磁栅之间的相对运动速度不同时，输出感应电动势的大小也不同；静止时，没有信号输出，所以称为动态磁头。

提示： 动态磁头不适用于速度不均匀、时走时停的设备。它只适用于位移测量，而不适用于长度测量。

2. 静态磁头

静态磁头与动态磁头的不同之处在于磁头与磁栅之间在没有相对运动的情况下，也有信号输出。它有励磁和输出两个绕组，如图 5-28 所示。励磁绕组的作用相当于一个磁开关。测量时，当磁头在 N－S 中间时，磁栅上无磁，磁头与磁栅组成的磁路在空隙处磁阻很大，磁栅产生的磁力线不能通过铁芯，因而输出绕组无感应电动势输出；当磁头运动到 N－N、S－S 处时，磁栅上磁场强度最大，磁头与磁栅组成的磁路磁阻较小，励磁绕组电压产生的磁通能最大地通过，从而在输出绕组中感应电势最强。

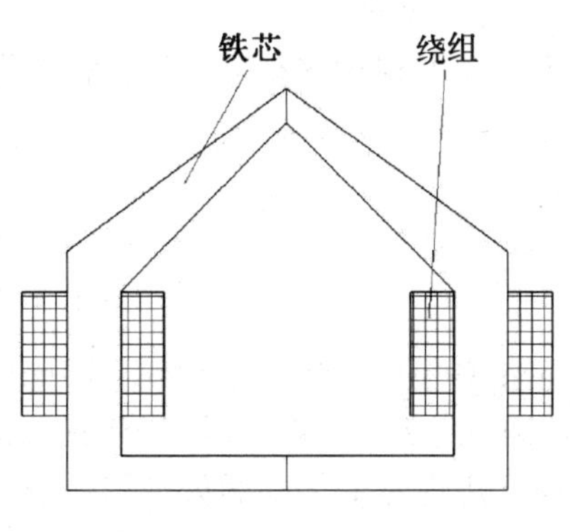

图 5-27　动态磁头结构

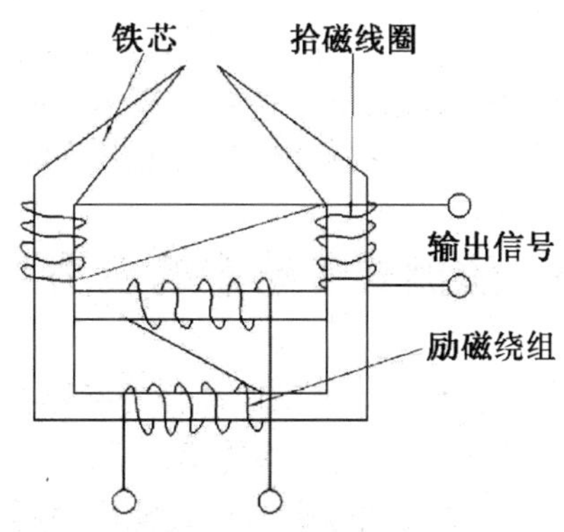

图 5-28　静态磁头结构

为了增大输出，常将磁头制成多间隙，而且其输出信号是多个间隙所取得信号的平均值，因此可以提高输出精度。静态磁头总是成对使用，其间距为

$$d = \frac{(4m+1)\lambda}{4} \tag{5-9}$$

式中，m 为正整数；λ 为磁栅栅条的间距。两磁头的激励电流或相位相同，或相差π/4。输出信号通过鉴相电路或鉴幅电路处理后可获得正比于被测位移的数字输出。动态磁头和静态磁头各有自己的特点和适用范围，它们在不同的应用环境中起着不同的作用。表 5-2 比较了两种磁头各自的不同特点。

表 5-2　动态磁头和静态磁头比较

	动态磁头	静态磁头	备　注
磁头性质	调制式	非调制式	调制式有速度才有信号
绕组数量	1	2	静态磁头包括 1 个励磁绕组和 1 个输出绕组
信号产生方式	感应信号	连续信号	感应信号只有移动时才产生
磁头使用数量	1	2	静态磁头成对才能使用
适用范围	位移测量	长度测量	—
信号处理方式	比较简单	两种方式	静态磁头有鉴幅和鉴相两种信号处理方式

5.3.4　磁栅式传感器的组成和测量原理

1. 组成

磁栅式传感器主要由磁栅、磁头和检测电路组成。

2. 测量原理

磁栅上录有等间距的磁信号，它是利用磁带录音的原理将等节距的周期变化的电信号(正弦波或矩形波)用录磁的方法记录在磁性尺或圆盘上而制成的。

当磁栅式传感器工作时，磁头相对于磁栅以一定的速度相对移动时，磁头把磁栅上的磁信号读出来，这样就把被测位置或位移转换成了电信号。

5.3.5　磁栅式传感器的应用

图 5-29 所示为静磁栅位移传感器在电梯和行程定位系统中应用的示意图。静磁栅位移传感器由静磁栅源 (位移传感器)和静磁栅尺(绝对编码器)两部分结合而成。静磁栅源使用铝合金压封无源钕铁硼磁栅组成磁栅编码阵列；静磁栅尺用内藏嵌入式微处理器系统的特制高强度铝合金管材封装，使用开关型霍尔传感器件组成霍尔编码阵列，铝合金管材外部使用防氧化镀塑处理。静磁栅源沿静磁栅尺轴线做无接触(相对间隙宽容度和相对姿态宽容度达 50mm)相对运动时，由静磁栅尺解析出数字化位移信息，直接产生高于毫米数量级的位移量数字信号。充分发掘嵌入式微处理器的资源，可将数据更新速度提高到毫秒数量级，以便能适应 5m/s 以下运动速度的位移响应。目前这种新型位移传感器应用比较广泛，例如电梯、液位计、岸桥长行程定位系统等中都有应用。如图 5-29(a)所示，电梯可以利用静磁栅位移传感器精确定位电梯停靠的地点和楼层。在行程定位系统中，采用如图 5-29(b)所示的集群控制方式时，即使车轮打滑也不会影响检测精确度，而且可以自动防止岸桥碰撞，也可以让装卸箱作业定位更精确，自动化程度更高。

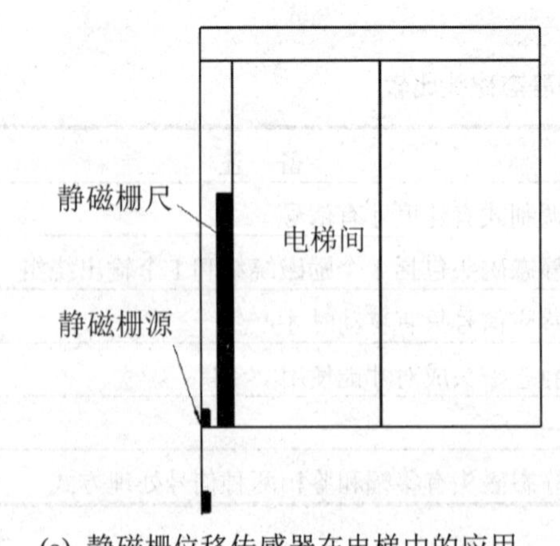

(a) 静磁栅位移传感器在电梯中的应用

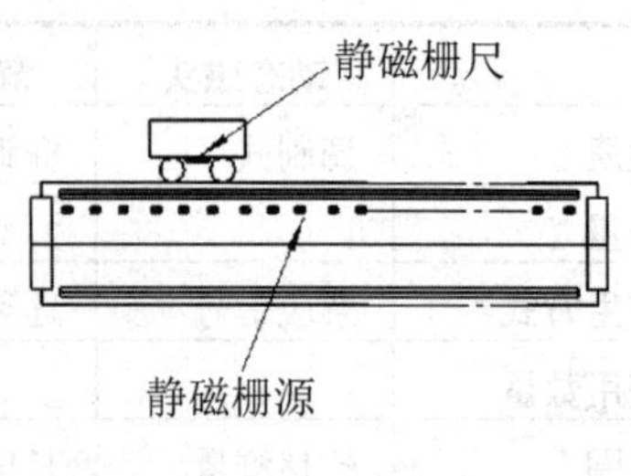

(b) 静磁栅位移传感器在行程定位系统中的应用

图 5-29　静磁栅位移传感器在工业上的应用实例

本 章 小 结

磁电式传感器是利用电磁感应原理，将输入运动速度变换成感应电势输出的传感器。它不需要辅助电源，就能把被测对象的机械能转换成易于测量的电信号，是一种有源传感器。

磁电式传感器也称作电动式或感应式传感器，它只适合进行动态测量。由于它有较大的输出功率，故配用电路较简单，零位及性能稳定，工作频带一般为 10～1000Hz。

磁电式感应传感器具有双向转换特性，利用其逆转换效应可构成力(矩)发生器和电磁激振器等。它具有变磁通式和恒磁通式两种结构形式，可构成测量线速度或角速度的磁电感应式传感器。磁电感应式传感器具有结构简单、体积小、频率效应好、动态范围大、无接触、寿命长等优点，所以在工程测量中有着广泛的应用领域。

霍尔传感器是基于霍尔效应的一种传感器，是目前应用最为广泛的一种磁电式传感器。它可以用来检测磁场、微位移、转速、流量、角度，也可以用于制作高斯计、电流表、接近开关等。它的最大特点是非接触测量。

在置于磁场的导体或半导体薄片中通入电流，若电流与磁场垂直，则在与磁场和电流都垂直的方向上会产生一个电位差，这个现象称为霍尔效应。

磁栅式传感器把位移直接转换成数字量，可用于直线位移和角位移的测量，主要用于大型机床的数控、精密机床的自动控制等方面。

磁栅式传感器由磁栅(磁尺)、磁头和检测电路组成。其工作原理是电磁感应原理，当线圈在一个周期性磁体表面附近匀速运动时，线圈上就会产生不断变化的感应电动势。感应电动势的大小既和线圈的运动速度有关，还和磁性体与线圈接触时的磁性大小及变化率有关。根据感应电动势的变化情况，就可获得线圈与磁体相对位置和运动的信息。磁栅是检测位移的基准尺，磁头用来读取磁栅上的记录信号。

思考与练习

1. 什么是霍尔效应？其物理本质是什么？
2. 用霍尔元件可测量哪些物理量？试举例说明。
3. 为什么导体材料和绝缘体材料不宜做成霍尔元件？
4. 用测速发电机测量转速的原理是什么？应用上有什么特点？
5. 简述线位移、角位移的检测方法及测量原理。
6. 动态磁头和静态磁头有何区别？
7. 磁栅式传感器的输出信号有哪几种？各有什么特点？

第6章

压电式传感器

本章要点

- 压电元件及其压电效应
- 压电式传感器的等效电路及测量电路
- 压电式传感器的应用

本章难点

- 压电效应的产生机理
- 压电式传感器的测量转换电路

压电式传感器是一种自发电式和机电转换式传感器。它以某些电介质的压电效应为基础，在外力作用下，在电介质表面产生电荷，从而实现非电量检测的目的。其优点是频带宽、灵敏度高、信噪比高、结构简单、工作可靠和重量轻等；缺点是某些压电材料需要防潮措施，而且输出的直流响应差，需要采用高输入阻抗电路或电荷放大器来克服这一缺陷。压电式传感器广泛应用于工程力学、生物医学、电声学等技术领域。

任务　压电式金属加工切削力测量

1. 任务分析

切削过程中，会产生一系列物理现象，如切削变形、切削力、切削热与切削温度、刀具磨损等。对金属切削加工过程中的切削力进行实时测量，是研究切削机理的基本实验手段和主要研究方法。通过对实测的切削力进行分析处理，可以推断切削过程中的切削变形、刀具磨损、工件表面质量的变化机理。在此基础上，可进一步为优化切削用量、提高零件加工精度等提供实验数据支持。

2. 任务实现

在测控系统中，测量切削力最常用的传感器是电阻应变片和压电晶体。图 6-1 所示为利用压电式传感器测量刀具切削力的示意图，图 6-2 所示为实际工作状态图。它是一种以压电陶瓷为敏感元件的力传感器，由于压电陶瓷元件的自振频率高，特别适合测量变化剧烈的载荷。图中，压电式传感器位于车刀前部的下方，它如同一把普通的外圆车刀，当进行切削加工时，切削力通过刀具传递给压电陶瓷元件。压电式传感器将切削力转换为电荷信号经电荷放大器输出，记录下电信号的变化，便可测得切削力的变化。

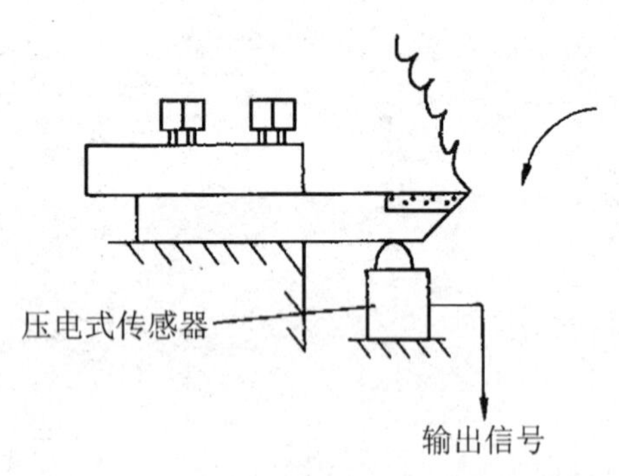

图 6-1　压电式传感器测量刀具切削力示意图

图 6-2　切削力测量实际工作状态图

3. 任务小结

在切削过程中，测量切削力不仅有利于研究切削机理、优化切削用量和刀具几何参数，更重要的是可以通过切削力的变化监控切削过程，提高切削效率，降低零件废品率。

6.1　压电式传感器的工作原理

压电式传感器是基于某些物质的压电效应来工作的，它是一种典型的有源传感器，即自发电式传感器。压电式传感器是力敏感元件，可以测量最终能转换为力的物理量，例如动态力、动态压力、振动、加速度等，但不能用于静态参数的测量。各种类型的压电式传感器示意图如图 6-3 所示。

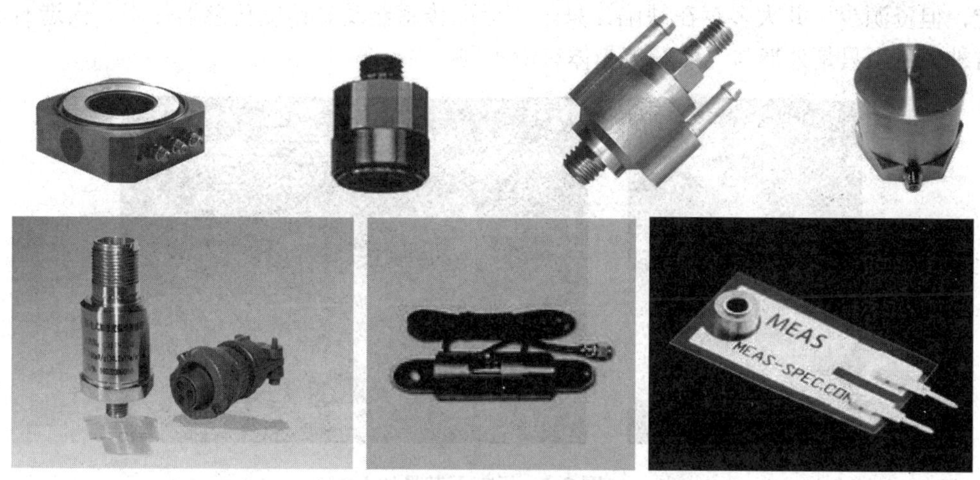

图 6-3　各种类型的压电式传感器

6.1.1　压电效应

某些电介质，在一定方向上受到压力或拉力作用而发生变形时，内部将产生极化现象，其表面上会产生符号相反的电荷，当外力去掉时，又重新恢复到不带电的状态，这种现象称为压电效应。有时人们把这种机械能转变成电能的现象称为正压电效应。例如，在电子打火机中，多片串联的压电材料受到敲击，产生很高的电压，通过尖端放电，而点燃火焰。取一只电子打火机的点火头，让圆柱形铜质质量快速撞击压电片，可以观察到压电片的放电火花。

相反，在电介质极化方向施加电场，这些电介质就在一定方向产生机械变形或应力，当外电场撤除，变形或应力也随之消失，这种现象称为逆压电效应，又称为电致伸缩效应。例如，音乐贺卡、门铃、移动电话机振铃等就是利用逆压电效应而发声的。

具有压电效应的材料称为压电材料，由压电材料制作的压电元件能实现机—电能量的相互转换，压电效应的能量转换如图 6-4 所示。

图 6-4　压电效应的能量转换

提示：压电式传感器通常是利用正压电效应来实现的。利用逆压电效应可以制成机械微进给装置，甚至制成高频振动台。

6.1.2 石英晶体的压电效应

石英晶体(俗称水晶)是一种应用广泛的压电晶体。它是二氧化硅单晶体，属于六角晶系，有天然和人工培养之分。图 6-5 所示为天然石英晶体。天然石英晶体经历亿万年老化，性能稳定，但资源少，并大多存在缺陷，只限于标准传感器及高精度传感器使用。人造石英晶体常被采用，只是外形与天然石英晶体有所不同。

图 6-5 天然石英晶体

图 6-6(a)所示为石英晶体的外形图，它为规则的六角棱柱体。石英晶体有 3 个晶轴：x 轴、y 轴和 z 轴，如图 6-6(b)所示。z 轴又称为光轴，它与晶体的纵轴线方向一致：x 轴又称为电轴，它通过六面体相对的两个棱线并垂直于光轴：y 轴又称为机械轴，它垂直于两个相对的晶柱棱面。

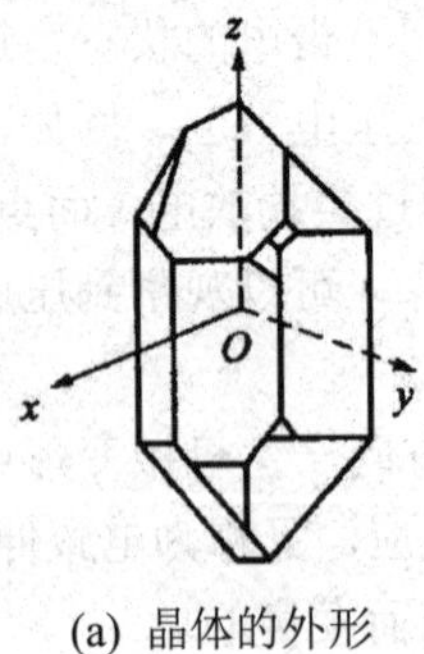

(a) 晶体的外形

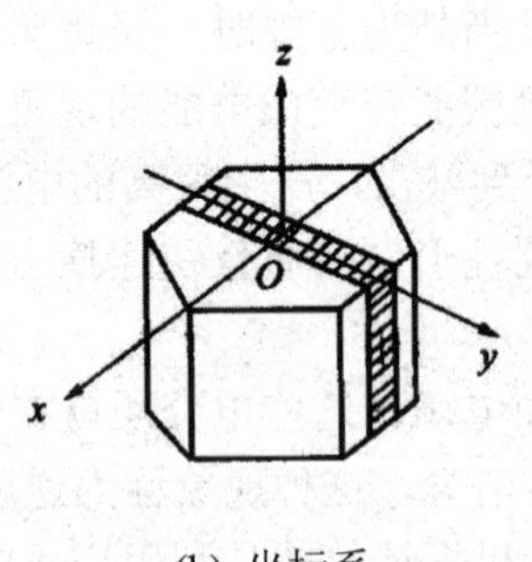

(b) 坐标系

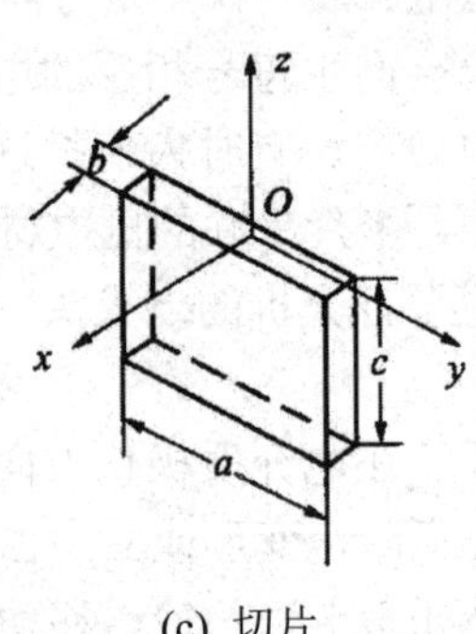

(c) 切片

图 6-6 石英晶体

从晶体上沿 xyz 轴线切下的一片平行六面体的薄片称为晶体切片。它有 3 个晶轴，其中 z 轴与晶体纵向轴一致，称为光轴。x 轴通过两个相对的棱线，称为电轴。垂直于此轴的晶面上有最强的压电效应。垂直于 xOz 平面的 y 轴为机械轴，在电场作用下，y 轴方向有最明显的机械变形。它的 6 个面分别垂直于光轴、电轴和机械轴。通常把垂直于 x 轴的上下两

个面称为 x 面，把垂直于 y 轴的面称为 y 面，如图 6-6(c)所示。

1. 纵向压电效应

当沿着 x 轴对晶片施加力 F_x 时，将在 x 面上产生电荷 Q_x，如图 6-7(a)、(b)所示，它产生的电荷量 Q_x 正比于作用力 F_x，与晶体切面尺寸无关，其大小为

$$Q_x = d_{11}F_x \tag{6-1}$$

式中，d_{11} 为 x 轴方向受力的压电系数。

2. 横向压电效应

若在同一切片上，沿着 y 轴施加力 F_y 时，电荷 Q_y 仍出现在 x 面上，如图 6-7(c)、(d)所示，它产生的电荷量 Q_y 与作用力 F_y 的大小成正比，与晶片尺寸有关，其大小为

$$Q_y = d_{12}\frac{a}{b}F_y = -d_{11}\frac{a}{b}F_y \tag{6-2}$$

式中，d_{12} 为 y 轴方向受力的压电常数，$d_{12}=-d_{11}$；a，b 分别为晶体切片的长度和厚度。

式(6-2)中的负号说明机械轴的压力引起的电荷极性与沿电轴的压力引起的电荷极性恰好相反。电荷 Q_x 和 Q_y 的符号是由受压力还是受拉力所决定的。

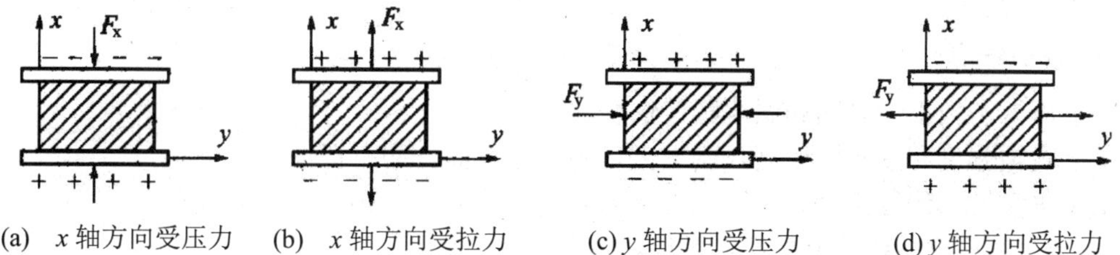

图 6-7　晶体切片上电荷极性与受力方向的关系

提示： 沿着 z 轴方向受力时不产生压电效应。

3. 石英晶体压电效应的产生机理

石英晶体的压电效应与其内部结构有关，产生极化现象的机理可用图 6-8 所示来说明。石英晶体的化学分子式为 SiO_2，每一个晶体单元中有交替排列的 3 个硅离子和 6 个氧离子(氧离子是成对出现的)。为了直观了解其压电特性，将一个单元体中构成石英晶体的硅离子和氧离子排列在垂直于晶体 z 轴的 xy 平面上的投影，等效为如图 6-8(a)所示的正六边形排列结构。

(1) 当石英晶体未受外力作用时，正、负离子正好分布在正六边形的顶角上，如图 6-8(a)所示。此时，正、负电荷中心重合。这时晶体表面不产生电荷，整个石英晶体从整体上说不呈现带电现象。

(2) 当晶体沿 x 轴方向受到压力时，晶格产生压缩变形，如图 6-8(b)所示。硅离子的正电荷中心上移，氧离子的负电荷中心下移，正负电荷中心分离，造成上表面带了正电荷，下表面带了负电荷而形成电场。反之，如果受到拉力作用时，则上下表面出现电荷的极性正好相反。如果受到的是交变力，则在 x 面的上下表面间将产生交变电场。如果在 x 上下表面镀上银电极，就能测出所产生电荷的大小。

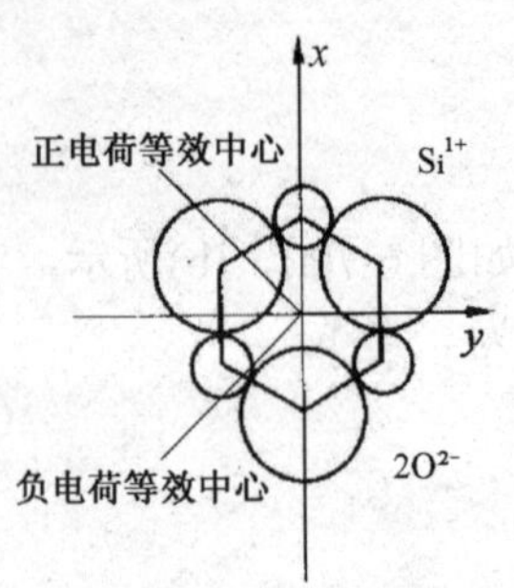

(a) 未受力的石英晶体

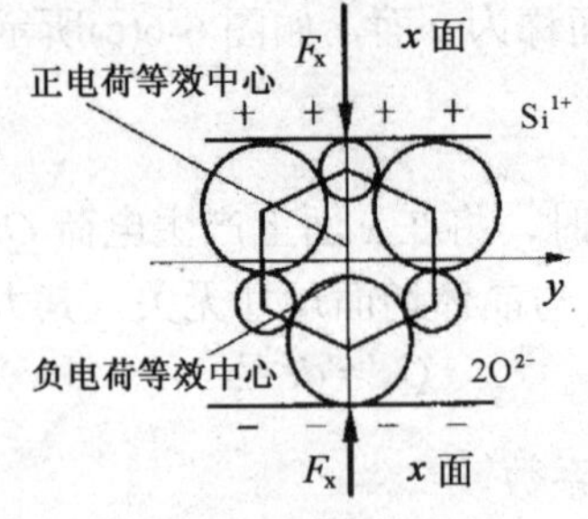

(b) x 轴方向受压力时的石英晶体

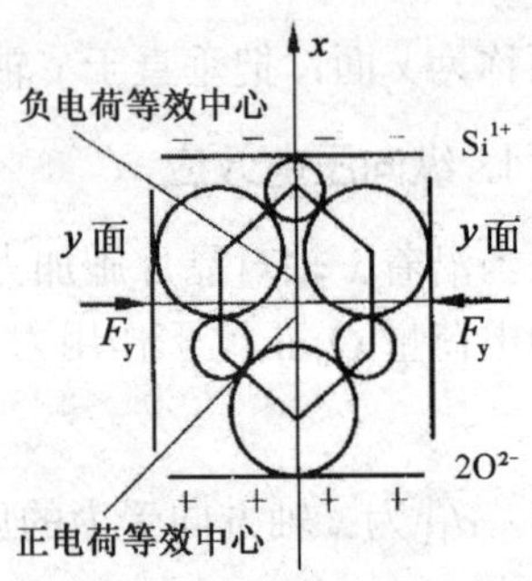

(c) y 轴方向受压力时的石英晶体

图 6-8　石英晶体的压电效应机理

(3) 当晶体的 y 轴方向受到压力时，也会产生晶格变形，如图 6-8(c)所示。正、负电荷中心不重合。硅离子的正电荷中心下移，氧离子的负电荷中心上移，则在上下表面出现的电荷如图 6-8(c)所示。施加拉力时，上下表面出现电荷的极性相反。这个过程恰好与 x 轴方向受压力或拉力时的情况相反。

(4) 当沿 z 轴施加作用力时，由于正负离子平移，故在表面没有电荷出现。因此沿 z 轴方向不产生压电效应。

4. 性能特点

(1) 压电常数小，时间和温度稳定性好。

(2) 机械强度和品质因数高，刚度大，固有频率高，动态特性好。

(3) 重复性、绝缘性好。

对于天然石英晶体，上述性能尤佳。

提示： 天然石英晶体常用于精度和稳定性要求高的场合和制作标准传感器。

6.1.3　压电陶瓷的压电效应

压电陶瓷是人工制造的多晶压电材料，在未进行极化处理时，不具有压电效应；经过极化处理后，压电陶瓷的压电效应非常明显，具有很高的压电系数，是石英晶体的几百倍。

压电陶瓷由无数任意排列的细微电畴组成，如图 6-9(a)所示。在无外电场作用的情况下，这些电畴的极化效应被互相抵消了，使原始的电压陶瓷不具有压电性质。

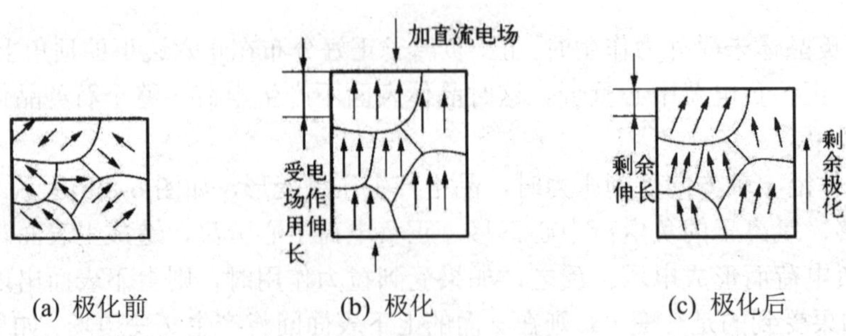

(a) 极化前　(b) 极化　(c) 极化后

图 6-9　压电陶瓷极化过程

为了使压电陶瓷具有压电效应，必须进行极化处理。极化处理就是在一定温度下对压电陶瓷施加强直流电场，使电畴规则排列，从而使得压电陶瓷具有压电性能的过程，如图6-9(b)所示。

经过极化处理的压电陶瓷，在极化电场去除后，电畴方向基本不变，留下了很强的剩余极化。极化过的压电陶瓷受外力作用时，其表面能产生电荷，如图 6-9(c)所示，所以压电陶瓷也具有压电效应。

压电陶瓷压电常数大，灵敏度高；制造工艺成熟，可通过合理配合和掺杂等人工控制来达到所要求的性能；成形工艺性好，制造成本低，被广泛应用。

6.2　压电材料及压电元件的结构

6.2.1　压电材料

应用于压电式传感器中的压电材料主要有两种：一种是压电晶体，如石英等；另一种是压电陶瓷，如钛酸钡、锆钛酸铅等。选取合适的压电材料是压电式传感器的关键，一般应考虑以下主要特性进行选择。

(1) 转换性能。要求具有较大的压电常数。

(2) 机械性能。压电元件作为受力元件，压电材料应该机械强度高、机械刚度大，并具有较高的固有振动频率。

(3) 电性能。应该具有高电阻率和大介电常数，以期减少电荷的泄漏以及外部分布电容的影响，获得良好的低频特性。

(4) 环境适应性强。温度和湿度稳定性要好，要求具有较高的居里点，以获得较宽的工作温度范围。

(5) 时间稳定性。要求压电性能不随时间变化。

1. 压电材料的外形

压电材料的外形如图 6-10 所示。

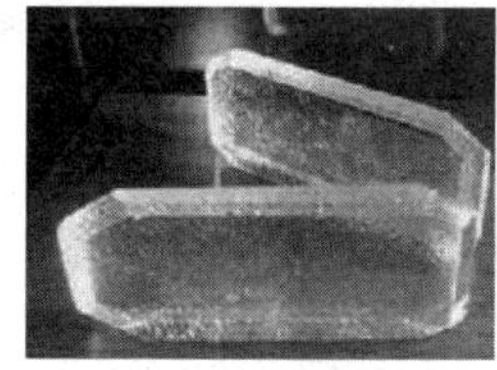

(a) 石英晶体

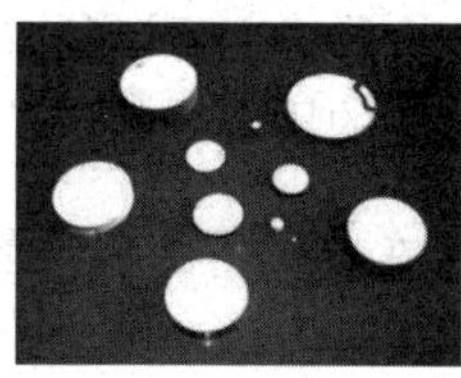

(b) 压电陶瓷

(c) 高分子压电薄膜

图 6-10　压电材料的外形

2. 石英晶体

石英是一种具有良好压电特性的压电晶体，有天然和人工培养两种类型。人工培养的石英晶体的物理、化学性质几乎与天然石英晶体无多大区别，因此多应用成本较低的人造

石英晶体。它的介电常数和压电系数的温度稳定性相当好，在常温范围内这两个参数几乎不随温度变化，性能非常稳定，机械强度高，绝缘性能也相当好。但石英材料价格昂贵，灵敏度很低，介电常数小，因此逐渐被其他压电材料所代替。

3. 压电陶瓷

压电陶瓷由于具有很高的压电系数，具有烧制方便、耐湿、耐高温、易于成形等特点，因此在压电式传感器中应用最广泛。压电陶瓷主要有以下两种。

(1) 钛酸钡压电陶瓷。钛酸钡是由 $BaTiO_3$ 和 TiO_2 高温烧结，再经人工极化处理得到的，具有很高的介电常数和较大的压电系数(约为石英晶体的 50 倍)。但它的居里温度低(120℃)，温度稳定性和力学强度不如石英晶体。

(2) 锆钛酸铅系压电陶瓷(PZT)。锆钛酸铅是由 $PbTiO_3$ 和 $PbZrO_3$ 组成的固溶体 $Pb(Zr{\cdot}Ti)O_3$。它与钛酸钡相比，压电系数更大，居里温度在 300℃以上，各项机电参数受温度影响小，时间稳定性好。因此，锆钛酸铅系压电陶瓷是目前压电式传感器中应用最广泛的压电材料。

4. 压电半导体

有些晶体既具有半导体特性又同时具有压电性能，如 ZnS、CaS、GaAs 等，因此既可利用它的压电特性研制传感器，又可利用它的半导体特性以微电子技术制成电子器件。将两者结合起来，可研制成集转换元件和电子线路为一体的新型集成压电传感器测试系统。它的应用前景非常好。

5. 高分子压电材料

某些合成高分子聚合物薄膜经延展拉伸和电场极化后，具有一定的压电性能，这类薄膜称为高分子压电薄膜。目前出现的压电薄膜有聚二氟乙烯 PVF_2、聚氟乙烯 PVF、聚氯乙烯 PVC 等。这是一种柔软的压电材料，可根据需要制成薄膜或电缆套管等形状，经极化处理后就显现出电压特性。它不易破碎，具有防水性，可以大量连续拉制，制成较大面积或较长的尺度，因此价格便宜。其测量动态范围达 80dB，频率响应范围为 $0.1 \sim 10^9$Hz，压电常数比压电陶瓷高数十倍。它的工作温度一般低于 100℃，温度升高，灵敏度将降低。

如果将压电陶瓷粉末加入高分子化合物中，可以制成高分子-压电陶瓷薄膜，它既保持了高分子压电薄膜的柔软性，又具有较高的压电系数，是一种很好的压电材料。

提示： 高分子压电材料一般应用在一些不要求测量精度的场合，如触摸键盘、碰撞报警、振动冲击测量和管道压力波动测量等领域。

6. 新型材料

现在还开发出一种压电陶瓷-高聚物复合材料，它是无机压电陶瓷和有机高分子树脂构成的压电复合材料，具有无机和有机压电材料的性能，可以根据需要，综合二相材料的优点，制作性能更好的换能器和传感器。它的接收灵敏度很高，更适合于制作水声换能器。

6.2.2　压电元件常用的结构形式

在压电式传感器中，单片压电元件的输出电荷很小，必须有很大的作用力才能产生足够的表面电荷，因此常将两片或多片压电晶片组合在一起，在两个表面上镀电极，引出引线。由于压电材料是有极性的，因此在实际应用中，其接法也有两种，如图 6-11 所示。

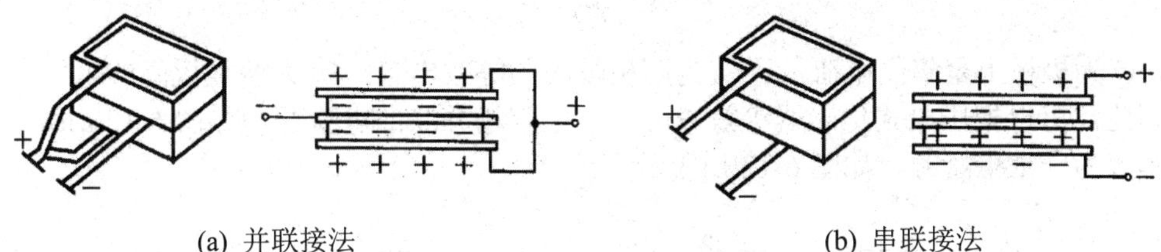

(a) 并联接法　　(b) 串联接法

图 6-11　压电元件的连接

1．并联接法

并联接法如图 6-11(a)所示，两块压电片并联，两片压电晶片的负电荷集中在中间极板上，正电荷集中在两侧的极板上。在外力作用下，极板上产生的电荷量增加为单片的两倍，而输出电压不变，使总电容增大为单片电容的两倍。即

$$Q' = 2Q \qquad C' = 2C \qquad U' = U \tag{6-3}$$

这种接法，输出电荷大，本身电容大，因此时间常数也大，适用于测量缓变信号，并且以电荷作为输出量的场合。

2．串联接法

串联接法如图 6-11(b)所示，两块压电片串联，正电荷集中于上极板，负电荷集中于下极板。在外力作用下，正电荷在上极板，负电荷在下极板，中间极板上片产生的负电荷与下片产生的正电荷抵消，因此串联的总电荷量等于单片产生的电荷量，而输出电压为单片电压的两倍，使总电容减小为单片电容的一半。即

$$Q' = Q \qquad C' = \frac{1}{2}C \qquad U' = 2U \tag{6-4}$$

这种接法，传感器本身的电容量小，响应较快，输出电压大，适用于测量以电压作输出的信号和频率较高的信号。

6.3　压电式传感器的测量电路

6.3.1　压电式传感器的等效电路

压电式传感器在受外力作用时，在两个电极表面要聚集电荷，且电荷量相等，极性相反。这时它相当于一只以压电材料为电介质的电容器，其电容量为

$$C_a = \frac{\varepsilon_r \varepsilon_0 A}{d} \tag{6-5}$$

式中，ε_0为真空介电常数；ε_r为压电材料的相对介电常数；d为压电元件的厚度；A为压电元件极板的面积。

当两极板聚集异性电荷时，两极板就呈现一定大小的电压，电容器上的电压 U_a、电荷量 Q 和电容 C_a 三者的关系为

$$U_a = \frac{Q}{C_a} \tag{6-6}$$

式中，Q为极板上聚集的电荷量；C_a为两极板间的等效电容；U_a为两极板间的电压。

因此，可以把压电式传感器等效成一个与电容相并联的电荷源，如图 6-12(a)所示，也可以等效为一个电压源，如图 6-12(b)所示。

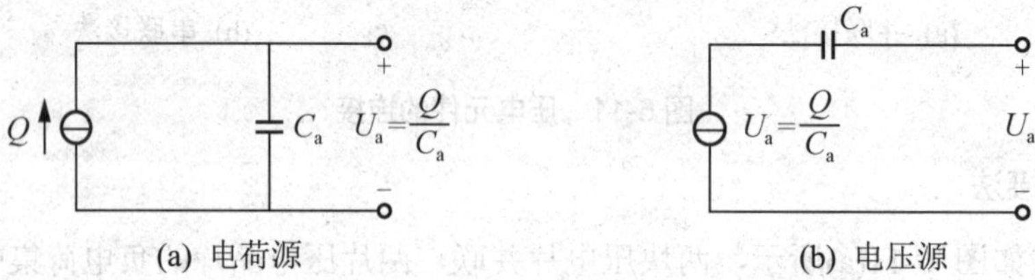

图 6-12　压电传感器的等效电路

6.3.2　应用压电式传感器的测量电路

压电式传感器具有内阻抗很高，而输出信号微弱的特点，因此常在压电式传感器的输出端后面先接入一个高输入阻抗的前置放大器，然后再接一般的放大电路及其他电路。前置放大器的作用有两个，第一是放大传感器的微弱信号，第二是把传感器高阻抗输出变换为低阻抗输出。

压电式传感器的输出可以是电压信号，也可以是电荷信号。因此，它的前置放大器有电压放大器和电荷放大器两种形式。

1. 电压放大器

电压放大器又称阻抗变换器，其等效电路如图 6-13 所示。它的主要作用是把压电传感器的高输出阻抗变换为低输出阻抗，并将微弱信号进行适当放大。一般来说，压电式传感器的绝缘电阻 $R_a \geqslant 10^{10}\,\Omega$。为了尽可能保持压电式传感器的输出值不变，要求前置放大器的输入阻抗尽可能高，一般在 $10^{11}\,\Omega$ 以上。这样才能减少由于漏电造成的电压(或电荷)的损失，不致引起过大的测量误差。

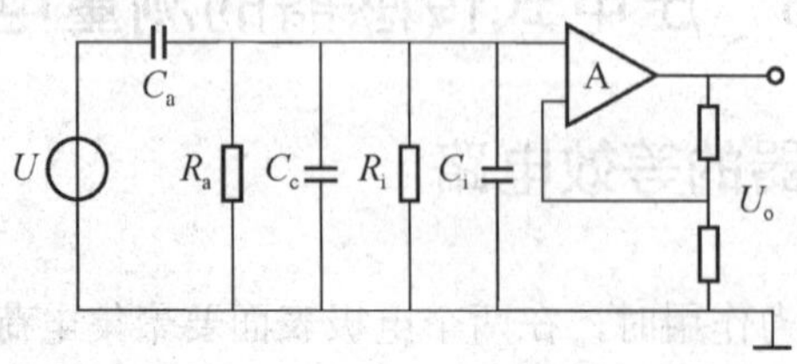

图 6-13　电压放大器等效电路

2. 电荷放大器

电荷放大器实际上是一个具有深度负反馈的高增益运算放大器，其等效电路如图 6-14 所示。当放大器开环增益 A 和输入电阻 R_i、反馈电阻 R_f(用于防止放大器直流饱和)足够大时，则放电器输入端几乎没有分流，运算电流仅流入回路 C_f、R_f。

设 C 为总电容，则

$$U_a = -AU_i = -A\frac{Q}{C} \tag{6-7}$$

根据密勒定理，反馈电容 C_f 折算到放大器输入端的等效电容为 $(1+A)C_f$，则

$$U_o = -A\frac{Q}{C_a + C_c + C_i + (1+A)C_f} \tag{6-8}$$

当 A 足够大时，则 $(1+A)C_f >> (C_a + C_c + C_i)$，这样式(6-6)可写成

$$U_a \approx -A\frac{Q}{(1+A)C_f} \approx -\frac{Q}{C_f} \tag{6-9}$$

由式(6-9)可知，电荷放大器的输出电压仅与输入电荷和反馈电容有关，电缆电容等其他因素的影响可以忽略不计。

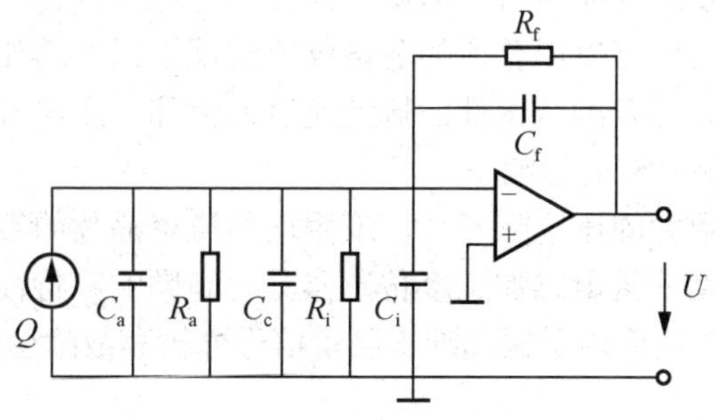

图 6-14　电荷放大器等效电路

提示： 采用电荷放大器时，输出电压与电缆电容无关。更换连接电缆时不会影响传感器的灵敏度，即使连接电缆长度在百米以上，其灵敏度也无明显变化。

6.4　压电式传感器的应用

6.4.1　压电式加速度传感器

图 6-15 所示为压电式加速度传感器的结构图，其由预压弹簧、质量块、压电元件和基座等组成。

压电元件一般由两片压电晶片组成，采用并接的方式，在压电晶片的两个表面涂银层，两个压电晶片之间夹一片金属片，并引出一根输出线，另一根输出线直接与传感器的机座相连。在压电元件上放置一个质量块，质量块采用比重大的金属钨或比重大的合金制成，预压弹簧使质量块对压电元件产生预紧力，保证作用力变化时压电元件始终受压。为了隔

离试件的应变传送到压电元件上去，避免产生假信号输出，一般要加厚基座或选用刚度较大的材料来制造基座，壳体和基座的重量差不多占传感器重量的一半。

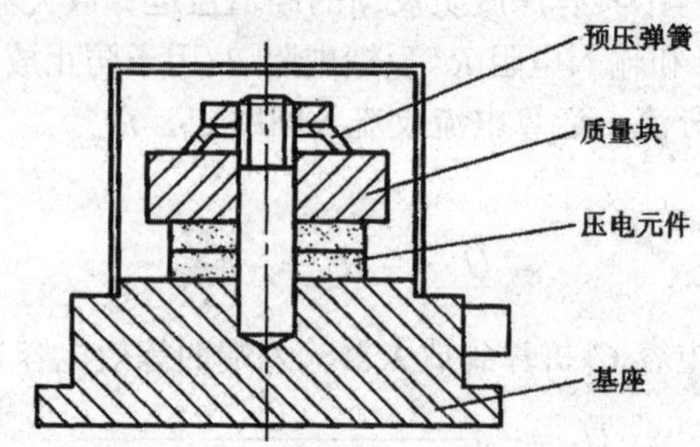

图 6-15　压电式加速度传感器结构图

测量时，基座与被测件刚性地固定在一起，当加速度传感器和被测物体一起受到冲击振动时，压电元件将受到质量块惯性力的作用。传感器感受与试件相同频率的振动，质量块便有正比于加速度的交变力作用在压电元件上。当加速度频率远低于传感器的固有频率时，传感器的输出电压与作用力成正比，亦即与试件的加速度成正比。由于压电效应，压电元件产生正比于加速度的表面电荷。因此，只要测得加速度传感器输出的电荷，将该输出电量送到前置放大器后就可以用普通的测量仪器测试出试件的加速度；如果在放大器中加进适当的积分电路，就可以测试试件的振动速度或位移。压电式加速度传感器可做得很小，重量很轻，故对被测机构的影响小。

一般可选择压电系数大的压电陶瓷片，或用增加压电晶片的数量和采用合理的连接等方法提高传感器的灵敏度。压电式加速度传感器具有高频响应特性良好、结构简单、工作可靠等一系列优点，被广泛应用于振动冲击测量信号分析和故障诊断等场合。

6.4.2　压电式力传感器

图 6-16 所示为压电式单向压电力传感器结构图。该传感器可用于车床动态切削力的测试、表面粗糙度测量仪或在轴承支座反力时作力传感器。其常用的形式为荷重垫圈式，由基座、传力盖、石英晶片、电极以及引线座等组成。它是以两块晶片为转换元件，输出电荷与作用力成正比的力—电转换装置。

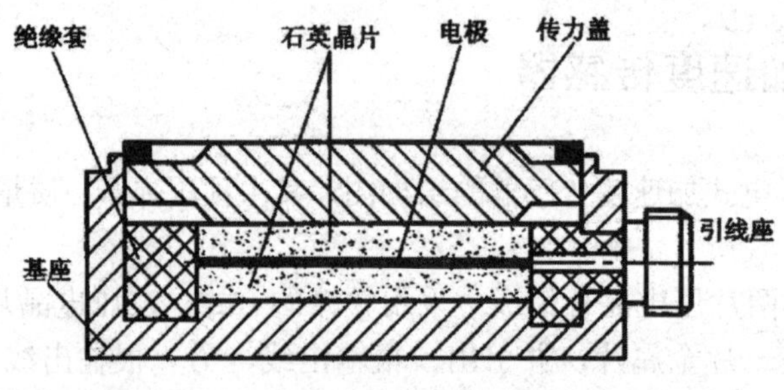

图 6-16　压电式单向压电力传感器结构图

被测力通过传力盖使压电元件受压力作用而产生电荷。由于传力盖的弹性形变部分的厚度很薄，只有 0.1～0.5mm，因此灵敏度很高。这种力传感器的特点是：体积小，重量轻，分辨力可达10^{-3}g，固有频率高(50k～60kHz)，主要用于频率变化小于 20kHz 的动态力测量。使用时，压电元件装配时必须施加较大的预紧力，以消除各部件与压电元件之间、压电元件与压电元件之间因接触不良而引起的非线性误差，使传感器工作在线性范围。

提示： 两块晶片并联可提高灵敏度。压力元件弹性变形部分的厚度较薄，其厚度由测力大小决定。

6.4.3　煤气灶电子点火器

利用压电元件受到冲击能产生电荷的现象，能将压电元件用来点火。当机械力作用于压电晶体时，晶体发生畸变，导致晶体中正负电荷中心偏移，从而在压电体上下表面出现自由电荷大量积聚，产生高电压输出。如煤气灶、打火机、燃气热水器等点火装置都采用了压电式传感器。

图 6-17 所示为煤气灶电子点火装置示意图。当使用者将开关往里压时，由外力压缩一个弹簧，压到顶点后释放，弹簧力推动一个重锤打击压电陶瓷。由于压电效应，在压电陶瓷上产生数千伏高压脉冲，通过电极尖端放电，产生电火花；将开关旋转，把气阀门打开，电火花就将可燃气体点燃。

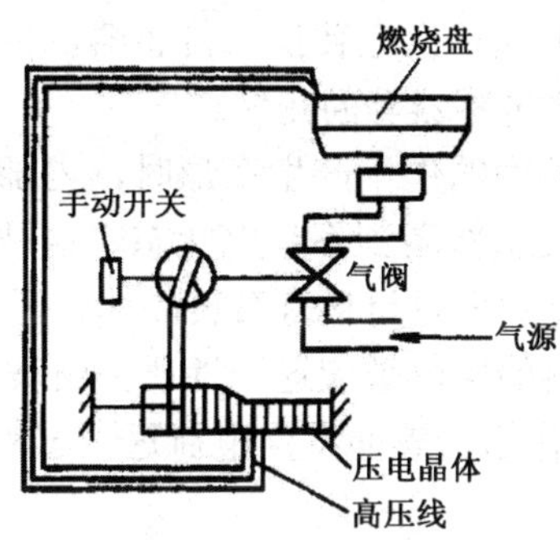

图 6-17　煤气灶电子点火装置示意图

6.4.4　压电式玻璃破碎报警器

图 6-18 所示为压电式玻璃破碎传感器的外形和内部电路示意图。该传感器是用压电陶瓷的压电效应制成的玻璃破碎入侵探测器。它利用压电元件对振动敏感的特性来感知玻璃撞击和破碎时产生的振动波。

使用时，将探测器粘贴在门窗玻璃上，当玻璃遭到暴力打碎的瞬间，压电陶瓷感受到剧烈振动，表面产生电荷，由电缆输出，接入报警电路。图 6-19 所示为报警电路原理框图，为了提高报警器的灵敏度和抗干扰能力，输出电荷经放大、带通滤波、比较电路后控制报警装置发出声光报警。由于玻璃破碎瞬间发出的振动波长在音频和超声波的范围内，因此，电路的关键是滤波器带通范围的选择，要求它对选定的频谱通带内衰减要小，而带外衰减要尽量大。当玻璃破碎发生时，比较电路输出报警信号，驱动报警装置工作。

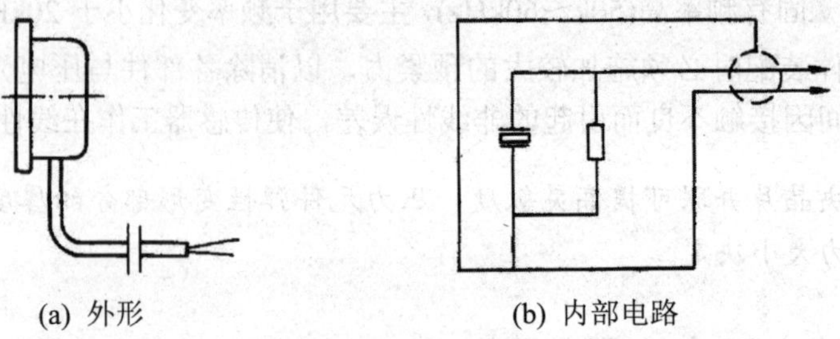

图 6-18 BS-D2 压电式玻璃破碎传感器的外形和内部电路

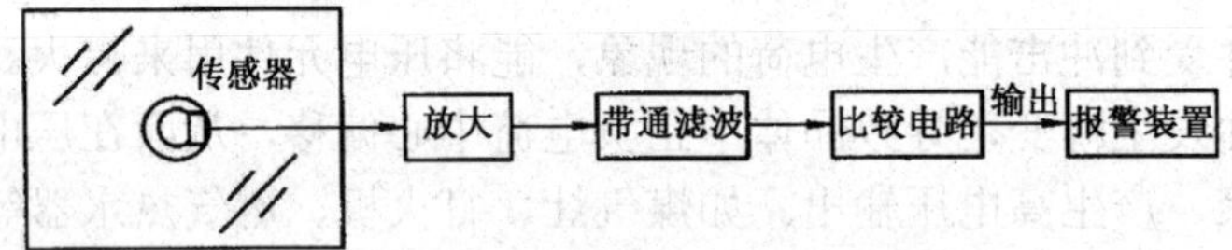

图 6-19 压电式玻璃破碎报警电路原理框图

本章小结

压电式传感器是一种自发电式和机电转换式传感器，主要用于动态力、机械冲击、振动、压力、形变、加速度、位移传感器等的测量。

当电介质沿一定方向受到外力的作用产生变形时，内部会产生极化现象，同时在其表面产生电荷，当外力撤掉后，又重新回到不带电状态，这种现象称为压电效应。具有压电效应的材料称为压电材料，常见的压电材料有石英晶体、压电陶瓷和高分子压电材料。

压电式传感器就是运用材料的压电效应这一性质，将被测量"力"转换成表面电荷(电势)进行测量的。压电材料受力作用后表面产生电荷这一过程较为复杂，并且各种压电材料构成压电效应的机理也不相同。

压电元件当其表面产生电荷后，可以等效为一个电荷源与电容并联的电路，也可以等效为一个电压源和一个电容串联的电路。不论是并联等效电路，还是串联等效电路，要想保持电容上的电荷不变，则要求后续电路的输入阻抗为无穷大，但这是不可能的，因此压电式传感器不能用于静态测量。压电式传感器输出信号非常微弱，且传感器的内阻极高，故测量时需要有一内阻非常高的放大器与之匹配，实际应用时大多采用电压放大器或电荷放大器作为压电式传感器的前置放大器。

思考与练习

1. 什么是压电效应？什么是逆压电效应？
2. 石英晶体的 x、y、z 轴的名称及其特点是什么？
3. 应用于压电式传感器的压电材料一般有几类？各自的特点是什么？

4. 简述石英晶体和压电陶瓷的工作原理。

5. 为什么不能用压电式传感器测量变化比较缓慢的信号?

6. 压电式传感器测量电路的作用是什么?核心是解决什么问题?

7. 压电式传感器的测量电路中为什么要加入前置放大器?电荷放大器有何特点?

8. 压电式传感器能否用于重力的测量?为什么?

9. 根据图 6-20(a)所示石英晶体切片的受力和产生电荷的方向,标出图 6-20(b)~(d)晶体切片上产生电荷的符号。

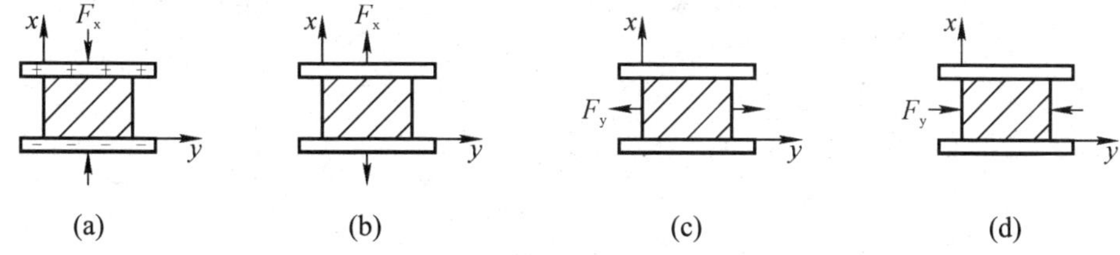

图 6-20 石英晶体切片的受力示意图

10. 图 6-21 所示为振动式黏度计的原理示意图。导磁的悬臂梁与铁芯组成振动器,压电片粘贴于悬臂梁上,振动板固定在悬臂梁的下端,并插入被测黏度的黏性液体中。请分析该黏度计的工作原理。

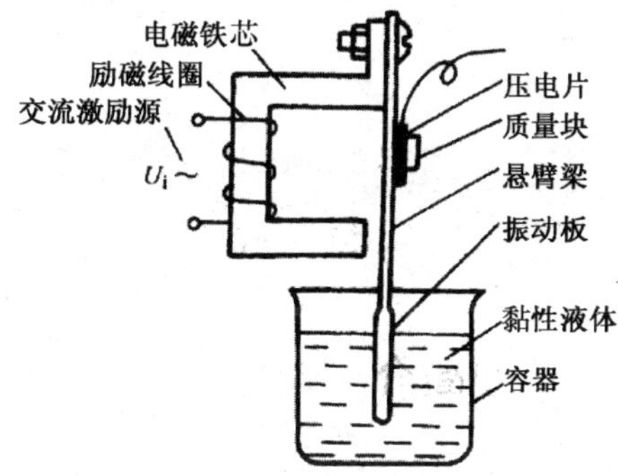

图 6-21 振动式黏度计的原理示意图

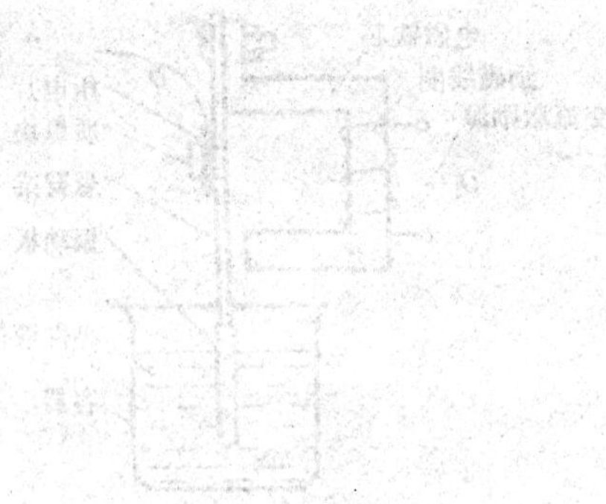

第 7 章

光电式传感器

本章要点

- 光电式传感技术的基本原理
- 光电器件及其基本特性
- 光纤传感器的基本原理及结构
- 激光式传感器的基本原理及结构
- 红外传感器的基本原理及结构
- CCD 图像传感器的基本原理

本章难点

- 光电效应的基本原理
- 光电器件的特性及应用
- 光电式传感器的选用

光电式传感器是将被测量的变化转换为光量的变化，再通过光电器件把光量的变化转换成电信号的一种测量装置。它可用于检测直接引起光量变化的非电量，如辐射测温、气体成分分析等，也可用于检测能转换为光量变化的非电量，如零件直径、位移、振动、速度、加速度等。

光电器件是构成光电式传感器的主要部件，其物理基础是光电效应。

任务一　电机转速测量

1. 任务分析

在自动控制系统和自动化仪表中大量使用各种电机，在不少场合下对低速(如每小时一转以下)、高速(如每分钟数十万转)、稳速(如误差仅为万分之几)和瞬时速度的精确测量都有严格的要求，因此对不同电机转速的测量和控制就显得非常重要。光电式转速传感器如图 7-1 所示。

光电式转速传感器对转速的测量，主要是通过将光线的发射与被测物体的转动相关联，再以光电器中对光线的感应来完成的。光电式转速传感器从工作方式划分，分为透射式和反射式两种。

(1) 透射式光电转速传感器。透射式光电转速传感器在被测转轴上固定一带孔测量圆盘，光源产生恒定光，充电器件通过圆孔接收光信号。在测量物体转速时，测量盘会随着被测物体转动，光线则随测量盘转动不断通过测量孔，并透过测量孔照射到光电器件上。

透射式光电转速传感器的光电器件在接收光线并感知其明暗变化后，即输出电流脉冲信号。通过在一段时间内对此脉冲信号的计数和计算，就可以获得被测量对象的转速状态。其工作原理图如图 7-2 所示。

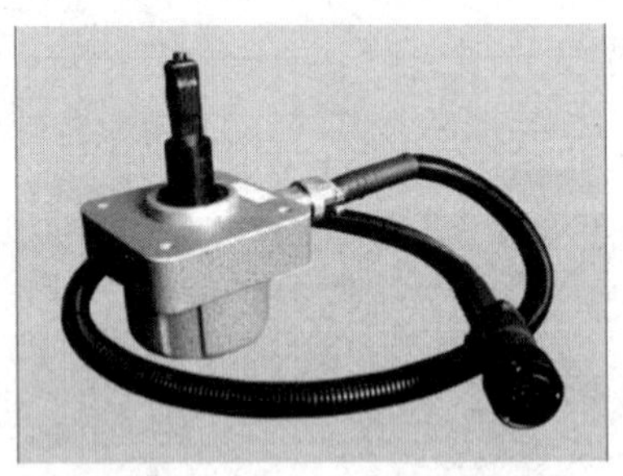

图 7-1　光电式转速传感器

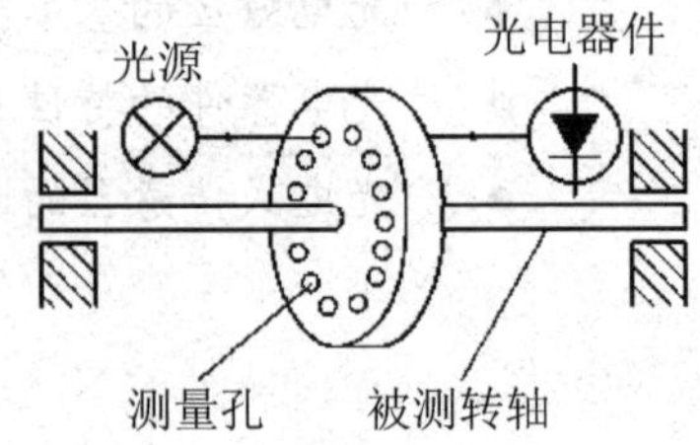

图 7-2　透射式光电转速传感器工作原理图

(2) 反射式光电转速传感器。反射式光电转速传感器是通过在被测转轴上设定反射记号，而后获得光线反射信号来完成物体转速测量的。反射式光电转速传感器的光源会对被测转轴发出光线，光线透过透镜和半透膜入射到被测转轴上，当被测转轴转动时，反射记号会对光线的反射率发生变化。

反射式光电转速传感器内装有光电器件，当转轴转动，反射率增大时，反射光线通过透镜投射到光电器件上，并发出一个脉冲信号，而当反射光线随转轴转动到另一位置时，反射率变小，光线变弱，光电器件无法感应，即不会发出脉冲信号。反射式光电转速传感器的工作原理图如图 7-3 所示。

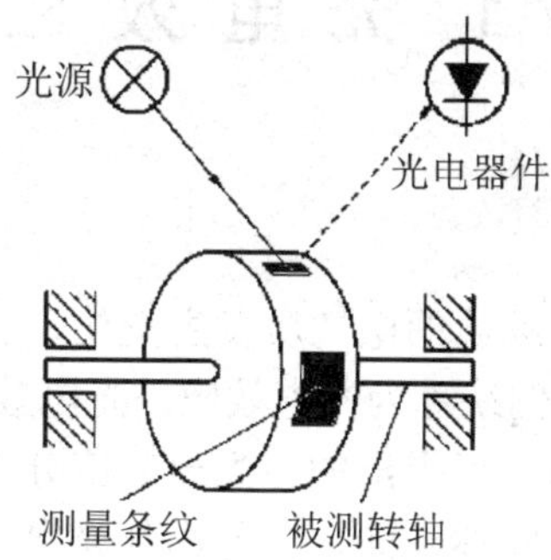

图 7-3　反射式光电转速传感器工作原理图

2. 任务实现

在被测电机的转轴上涂黑白两种颜色。当电机转动时，白色与黑色就形成了反光与不反光的情况交替出现，光电器件按一定规律间断地接收反射光信号，输出电脉冲，经放大整形电路转换成方波信号，再由数字频率计测得电机的转速。其工作方式示意图如图 7-4 所示。

若频率计的计数频率为 f，则转轴转速为

$$n = \frac{60f}{\gamma} \tag{7-1}$$

式中，n 为电机转轴转速(r/min)；γ 为一个白色在整个转轴圆周的角度值。

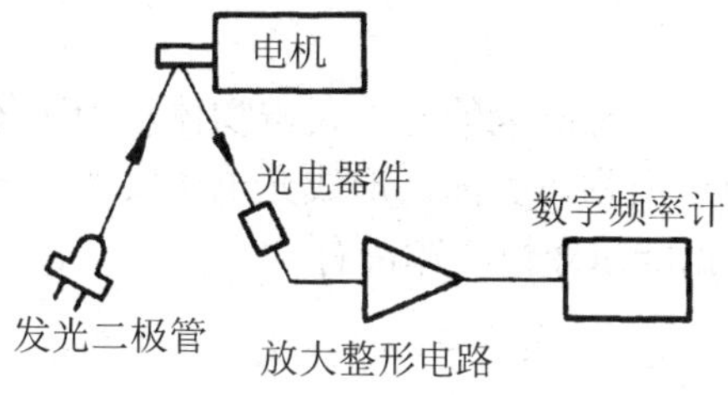

图 7-4　电机轴上黑白相间的涂色测速的工作方式示意图

3. 任务小结

完成这项任务的方法有很多，关键的问题是选择怎样的方式。光电式转速传感器运行稳定、可靠，测量精度较高，具有以下优点。

(1) 光电式转速传感器为非接触式仪表，测量距离一般为 200mm 左右。

(2) 结构紧凑，体积小，便于携带、安装和使用。

(3) 光源一般采用 LED，极少出现光线停顿的情况。抗干扰能力极强，不会受普通光线的干扰。

提示： 转速测量有光电式、电容式、变磁阻式以及测速发电机等多种方式。光电式转速传感器可用于测量微小物体、微小旋转体的转速，特别适用于高精密、小元件的机械设备测量。

7.1 光电效应

7.1.1 光电效应的概念

光照射到某些物质上，引起物质的电性质发生变化，也就是光能量转换成电能，即光生电，这类光致电变的现象被人们统称为光电效应。光电效应是1887年德国物理学家赫兹发现的，而正确的解释是由爱因斯坦提出的。光电效应分为光电子发射、光电导效应和光生伏特效应。前一种现象发生在物体表面，又称为外光电效应。后两种现象发生在物体内部，又称为内光电效应。

7.1.2 外光电效应

物体在光线照射下，内部电子吸收能量后逸出物体表面的现象称为外光电效应。其中，向外发射的电子称为光电子，能产生光电效应的物质称为光电材料。

光束由光子组成，光子是以光速运动的粒子流。光子具有能量，也具有动量，更具有质量，按照爱因斯坦的质能方程，每个光子的能量为

$$E = mc^2 = h\upsilon \tag{7-2}$$

式中，c 为光速，$c \approx 3\times10^5$km/s；h 为普朗克常量，h=6.626×10^{-34} J·S；υ为入射光的频率(s^{-1})。

由此可见，光的波长越短，频率就越高，光子的能量也越大；反之，频率越低，光子的能量越小。

光照射物体时，相当于用一定能量的光子轰击物体，当物体中电子吸收的入射光子能量超过逸出功时，电子就会逸出物体表面，形成光电子发射，光子能量超过逸出功的部分表现为逸出电子的动能。根据能量守恒定律，有

$$h\upsilon = \frac{1}{2}mv_0{}^2 + A_0 \tag{7-3}$$

式中，v_0 为电子逸出的速度；m 为电子质量；A_0 为表面逸出功。

式(7-3)为著名的爱因斯坦光电方程，它揭示了光电效应的本质。逸出功与材料的性质有关，因此对某特定材料而言，要使电子逸出金属表面，入射光的频率υ有一最低的限度，当 $h\upsilon$小于 A_0 时，即使光通量很大，也不可能有电子逸出，这个最低限度的频率称为红限。当 $h\upsilon$大于 A_0 时，光通量越大，撞击到阴极的光子数目也越多，逸出的电子数目也越多，光电流 I 就越大。

基于外光电效应的光电器件一般都是真空或充气的光电器件，如光电管、光电倍增管等。

提示： 由于光电子具有初始动能，对基于外光电效应的器件，即使不加初始阳极电压，也会有光电流。欲使光电流为零，需加负的截止电压。

7.1.3　内光电效应

内光电效应是发生在物体内部的一种光电效应现象。内光电效应按其工作原理可分为两种：光电导效应和光生伏特效应。

1. 光电导效应

光照射到半导体上，价带上的电子接受能量，使电子脱离共价键。当光提供的能量达到禁带宽度的能量值时，就激发电子-空穴对，使导电性能增强，光线越强，阻值越低。这种在光的作用下电阻率变化的现象称为光电导效应。基于这种效应的光电器件有光敏电阻、光敏二极管、光敏晶体管等。

2. 光生伏特效应

在光线作用下，使物体产生一定方向的电动势的现象，称为光生伏特效应。它一般有两种效应模式：一种是 PN 结光生伏特效应，另一种是侧向光生伏特效应。基于光生伏特效应可制作光电池等。

基于外光电效应的光电器件属于真空光电器件，基于内光电效应的光电器件属于半导体光电器件。

7.2　光电器件及其特征

7.2.1　基于外光电效应的光电器件

基于外光电效应的光电器件有光电管和光电倍增管。

1. 光电管

1) 光电管的外形

光电管是基于外光电效应的基本光电转换器件之一。它分为真空光电管和充气离子光电管两种，如图 7-5 所示。

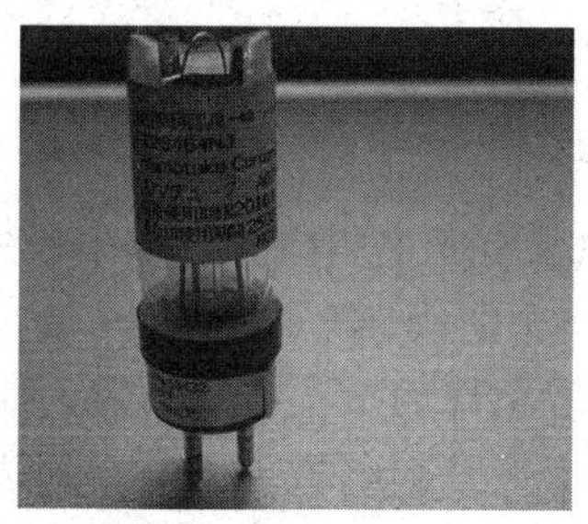

(a) 真空光电管

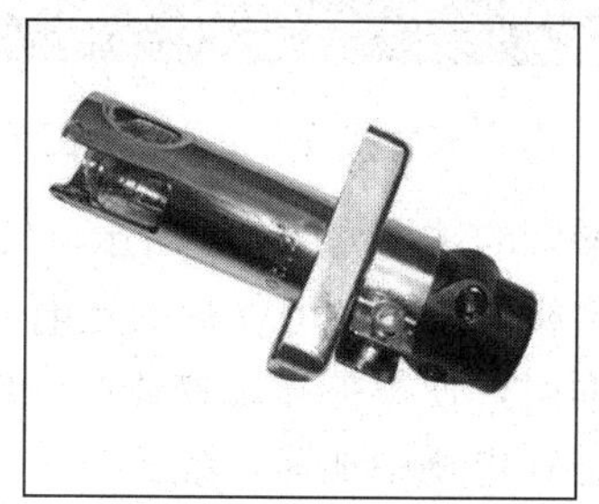

(b) 充气离子光电管

图 7-5　光电管外形

2) 光电管的结构

光电管的典型结构是将球形玻璃壳抽成真空，在内半球面上涂一层光电材料作为阴极，球心放置小球形或小环形金属作为阳极，其结构如图 7-6 所示。光电管的阴极接受光照射，它决定器件的光电特性；阳极由金属做成，用于收集电子。

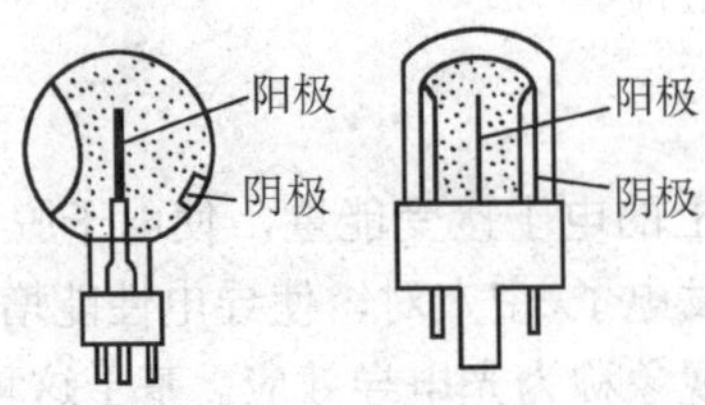

图 7-6　光电管的结构

3) 光电管的工作原理

真空光电管(又称电子光电管)由封装于真空管内的光电阴极和阳极构成。当入射光线穿过光窗照到光阴极上时，由于外光电效应，光电子就从极层内发射至真空。在电场的作用下，光电子在极间做加速运动，最后被高电位的阳极接收，在阳极电路内就可测出光电流，其大小取决于光照强度和光阴极的灵敏度等因素。

若球内充有低压惰性气体，就成为充气离子光电管(又称充气光电管)。光电子在飞向阳极的过程中与气体分子碰撞而使气体电离，可提高光电管的灵敏度。

2. 光电倍增管

光电倍增管是把微弱的光输入转换成电子，并使电子获得倍增的电真空器件。当入射光很微弱时，普通光电管产生的光电流非常小，很难检测到，这时就必须借助光电倍增管来放大光电流。图 7-7 所示是一些常见的光电倍增管。

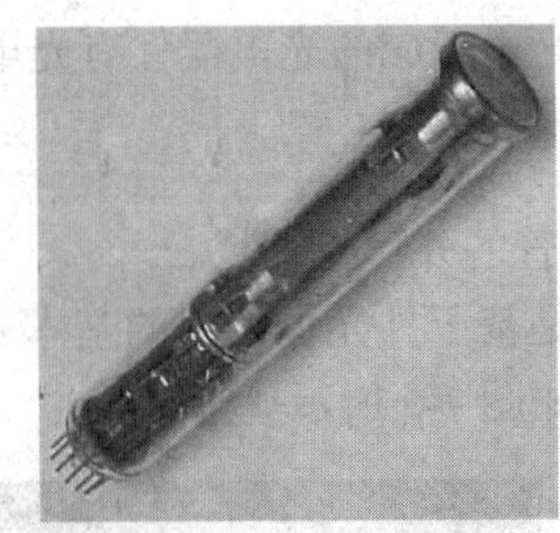

图 7-7　光电倍增管

光电倍增管的结构如图 7-8 所示。在玻璃管内除装有光电阴极和光电阳极外，还装有若干个光电倍增极。从图中可以看到光电倍增管也有一个阴极 K、一个阳极 A。当高速电子撞击物体表面时，使得被撞击物体产生电子发射的现象称为二次电子发射，而相邻电极电位升高，电子在电场中加速，轰击下一个电极，又产生二次电子……最后到达阳极，形成较大的阳极电流。光电倍增管的倍增极数可以达到 30 级以上，在经过光电倍增管放大后收到的电子数可以达到阴极发射电子数的 10^5～10^8 倍。所以，光电倍增管的灵敏度是普通光电管的几十到几万倍。因此，即使在光通量很小的情况下，光电倍增管也可以产生很大的光电流。

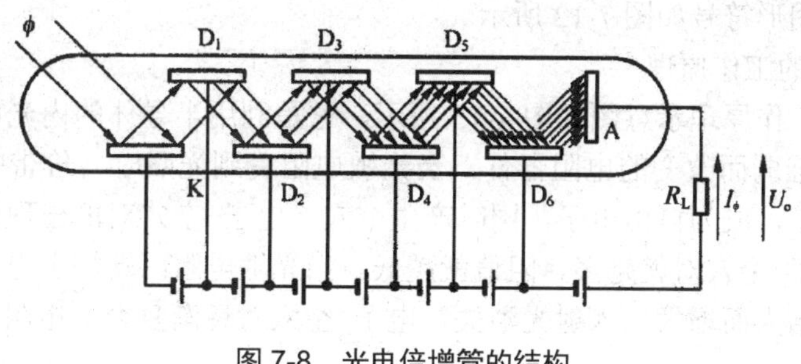

图 7-8 光电倍增管的结构

7.2.2 基于内光电效应的光电器件

常见的基于内光电效应的光电器件有光敏电阻、光敏晶体管(包括光敏二极管和光敏三极管)和光电池等。

1. 光敏电阻

光敏电阻又称光导管，由半导体材料制成，是纯电阻器件。由于其价格便宜、性能稳定被广泛应用于照相机、太阳能庭院灯、验钞机、光声控开关、路灯自动开关以及各种光控玩具、光控灯饰、灯具等光自动开关控制领域。

1) 光敏电阻的外形

光敏电阻的外形如图 7-9 所示。

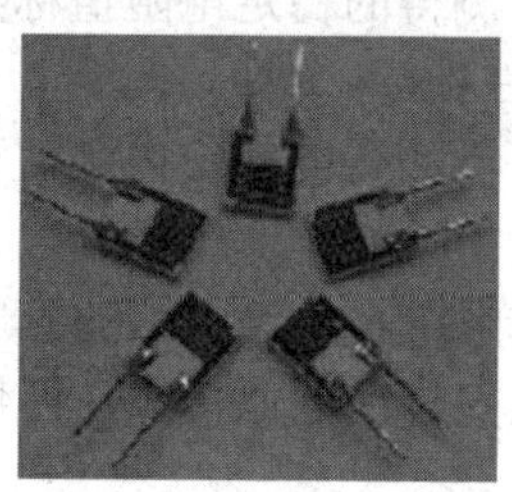

图 7-9 光敏电阻的外形

2) 光敏电阻的结构

在半导体光敏材料两端装上电极引线，将其封装在带有透明窗的管壳里就构成了光敏电阻，如图 7-10 所示。为了获得高的灵敏度，电极一般采用梳状图案，如图 7-11 所示。

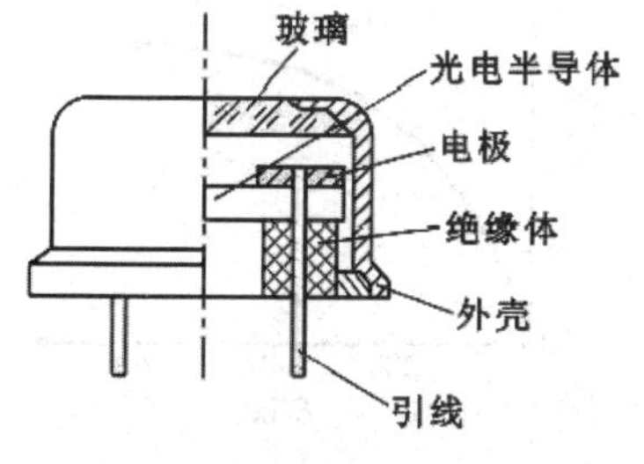

图 7-10 光敏电阻的结构

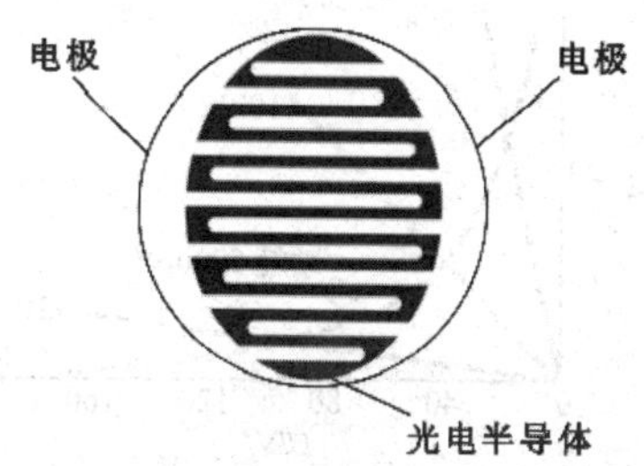

图 7-11 梳状电极

3) 光敏电阻的图形符号

光敏电阻的图形符号如图 7-12 所示。

4) 光敏电阻的工作原理

光敏电阻的工作原理示意图如图 7-13 所示。它是利用半导体的内光电效应制作的一种电阻值随入射光强弱而改变的电阻器件。当光敏电阻受到光照时，价带中的电子吸收光子能量后跃迁到导带，成为自由电子，同时产生空穴，电子-空穴对的出现使电阻率变小。光照越强，光生电子-空穴对就越多，阻值就越低。当光敏电阻两端加上电压后，流过光敏电阻的电流随光照增大而增大。入射光消失，电子-空穴对逐渐复合，电阻也逐渐恢复原值，电流也逐渐减小。

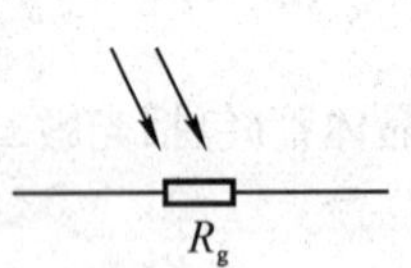

图 7-12　光敏电阻的图形符号

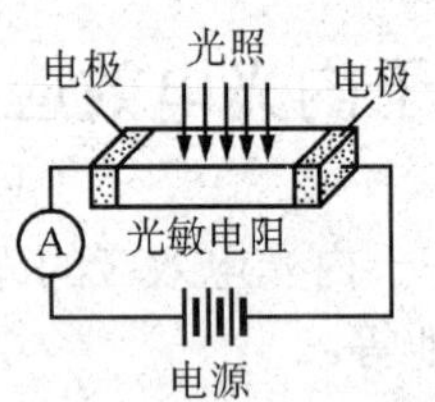

图 7-13　光敏电阻工作原理示意图

工作时，光敏电阻两电极间加上电压，其中便有电流通过。无光照时，光敏电阻值(暗电阻)很大，电路中电流很小；当有光照时，由于光电导效应，光敏电阻值(亮电阻)急剧减小，电流迅速增加，电流随着光强的增加而变大，实现了光电转换。

5) 光敏电阻的基本特性

(1) 暗电阻和暗电流。光敏电阻在不受光照射时测得的稳定电阻值称为暗电阻，此时流过电阻的电流称为暗电流。这是光敏电阻的重要特性指标。

(2) 亮电阻和亮电流。光敏电阻在一定光照条件下测得的稳定电阻值称为亮电阻，此时流过电阻的电流称为亮电流。

(3) 伏安特性。光照度不变时，光敏电阻两端的电压与流过电阻的光电流关系称为光敏电阻的伏安特性，如图 7-14 所示。从图中可知，伏安特性近似直线，但使用时应限制光敏电阻两端的电压，以免超过虚线所示的功耗区。

(4) 光照特性。在光敏电阻两极间电压固定不变时，光照度与亮电流间的关系称为光照特性。硫化镉光敏电阻的光照特性如图 7-15 所示。可见，光照特性呈非线性，因此不宜作为测量元件，多用于开关信号的传递。

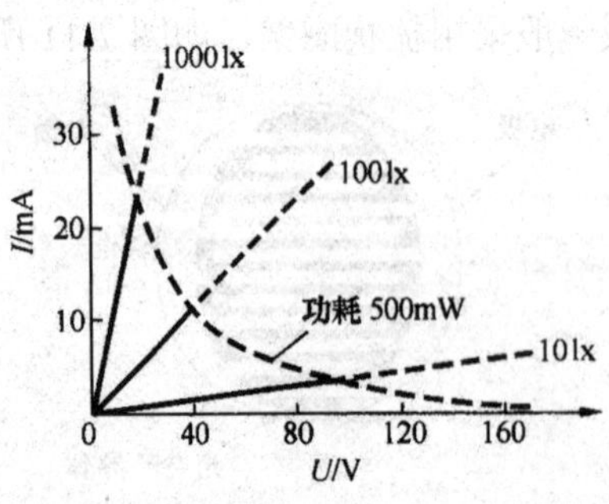

图 7-14　硫化镉光敏电阻的伏安特性

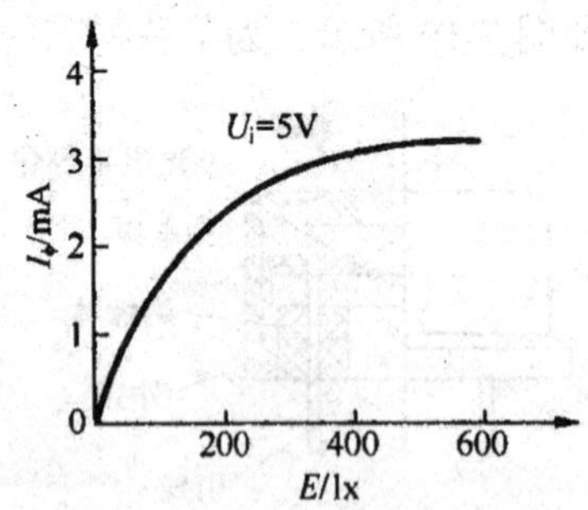

图 7-15　硫化镉光敏电阻的光照特性

(5) 光谱特性。光敏电阻的相对灵敏度与入射波长的关系称为光谱特性，如图 7-16 所示。对不同波长的入射光，其对应光谱灵敏度不相同，而且各种光敏电阻的光谱响应峰值波长也不相同，所以在选用光敏电阻时，把元件和入射光的光谱特性结合起来考虑，才能达到比较满意的效果。

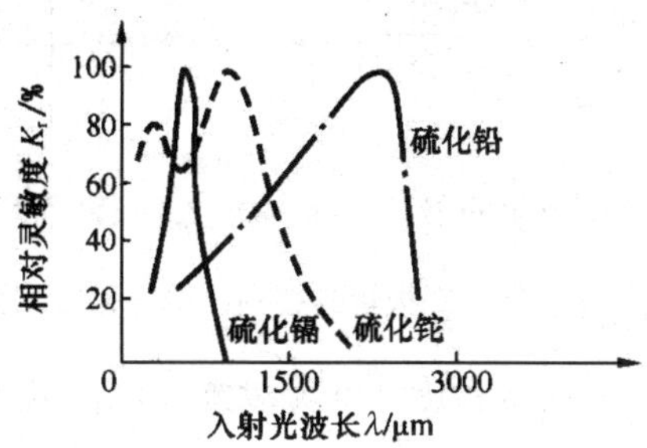

图 7-16　光敏电阻的光谱特性

(6) 频率特性。光敏电阻受光照后，光电流并不立刻升到最大值，而要经历一段时间(上升时间)才能达到最大值；同样，光照停止后，光电流也需要经过一段时间(下降时间)才能恢复到其暗电流值，这段时间称为响应时间。光敏电阻的上升响应时间和下降响应时间约为10^{-1}～10^{-3}s，故光敏电阻不能用于要求快速响应的场合。

(7) 温度特性。温度特性反映温度变化对光敏电阻的光谱响应、灵敏度、暗电流等的影响。光敏电阻和其他半导体器件一样，受温度影响较大。随着温度的上升，它的暗电阻和灵敏度都下降。

2. 光敏二极管和光敏三极管

1) 外形

光敏二极管和光敏三极管的外形如图 7-17 所示。

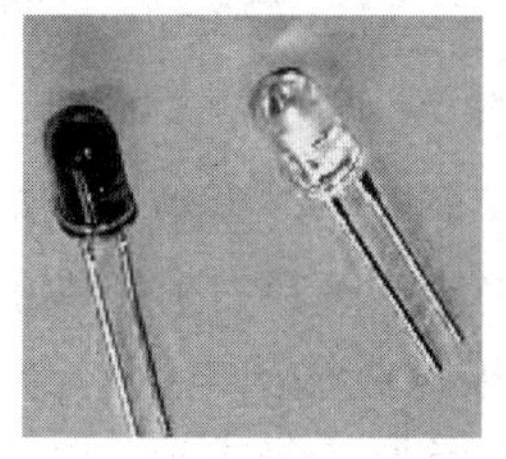 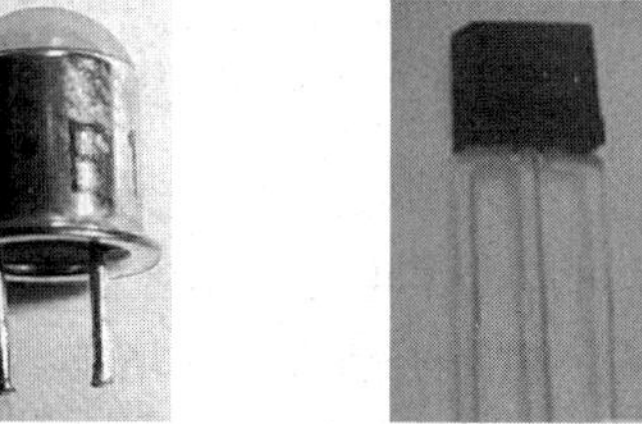

(a) 光敏二极管

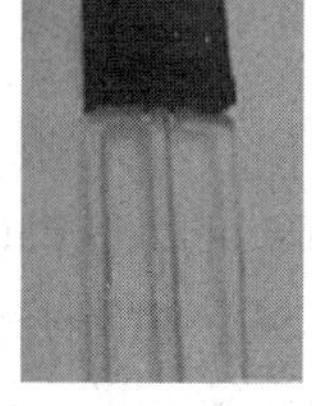 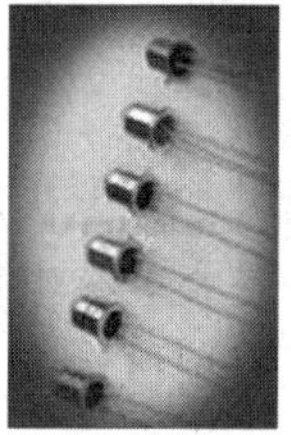

(b) 光敏三极管

图 7-17　光敏二极管、三极管外形

2) 光敏二极管

光敏二极管的结构和符号如图 7-18(a)所示。它与普通半导体二极管一样，都有一个 PN 结，两根电极引线，而且都是非线性器件，具有单向导电性能。不同之处在于光敏二极管的 PN 结装在管壳的顶部，可以直接受到光的照射。

光敏二极管在电路中通常处于反向偏置状态，如图 7-18(b)所示。当没有光照射时，反向电阻很大，反向电流很小。当有光照射时，PN 结及其附近产生电子-空穴对，在反向电压作用下参与导电，形成比无光照射时大得多的反向光电流。光的照度越强，光电流越大，光电流与光照度成正比。

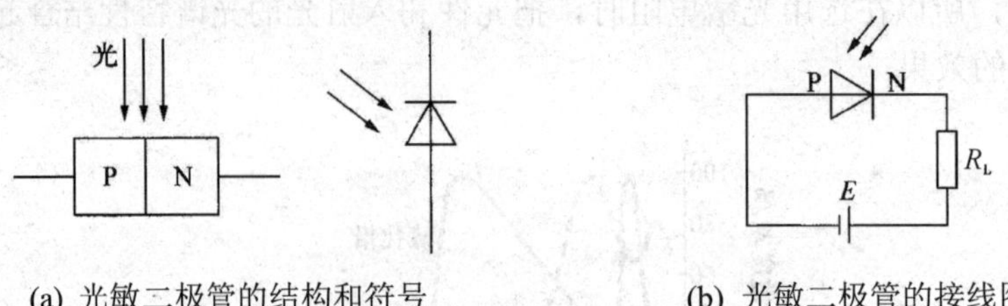

(a) 光敏二极管的结构和符号　　(b) 光敏二极管的接线图

图 7-18　光敏二极管的结构、符号和接线图

提示：光敏晶体管与光敏电阻相比具有灵敏度高、高频性能好，可靠性好、体积小、使用方便等优点。

3) 光敏三极管

光敏三极管的结构和符号如图 7-19 所示，与一般晶体三极管很相似，具有两个 PN 结。它把光信号转换为电信号的同时，又将电流加以放大，灵敏度比光敏二极管高。多数光敏三极管的基极没有引出线，只有正负(c、e)两个引脚，所以其外形与光敏二极管相似，从外观上很难区别。在结构上，它的基区较大，发射区很小，并安置在基区的边缘。

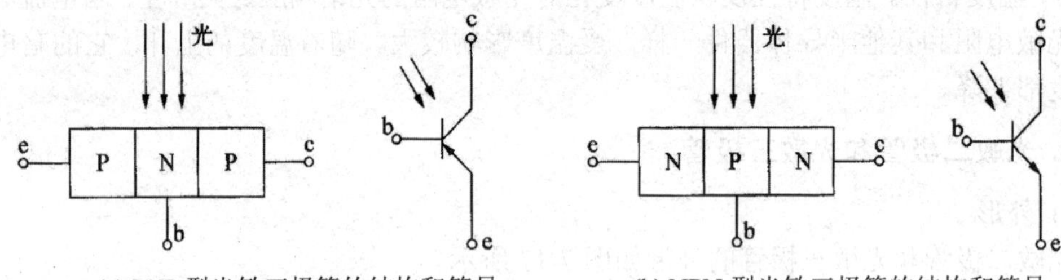

(a) PNP 型光敏三极管的结构和符号　　(b) NPN 型光敏三极管的结构和符号

图 7-19　光敏三极管的结构、符号

无光照时，集电极反偏。有光照时，集电极附近的基区受光照产生激发，形成电子–空穴对，电子受集电结电场吸引流向集电区，基区留下的空穴使基区和发射极间的电压升高，致使电子从发射区流向基区，相当于基极电流增加，集电极形成输出电流，经发射极放大为集射之间的光电流，即光敏三极管的光电流。集电极电流是原始光电流的β倍。

提示：光敏晶体管和光敏电阻的差别仅在于光线照射在半导体 PN 结上后，PN 结也参与了光电转换过程。

4) 基本特性

(1) 伏安特性。图 7-20(a)所示为硅光敏二极管的伏安特性曲线。当光照射时，反向电流随着光照强度的增大而增大，在不同的照度下，伏安特性曲线几乎平行，所以在光电流没达到饱和值时它的输出实际上不受电压大小的影响。对于光敏三极管，在不同照度下的伏安特性就像普通三极管在不同基极电流下的输出特性一样，如图 7-20(b)所示。在这里改变光照就相当于改变一般三极管的基极电流。

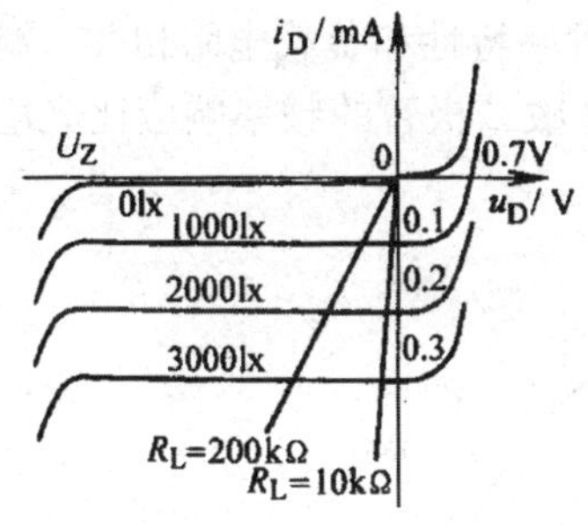

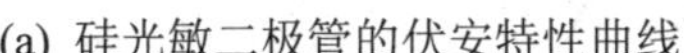
(a) 硅光敏二极管的伏安特性曲线

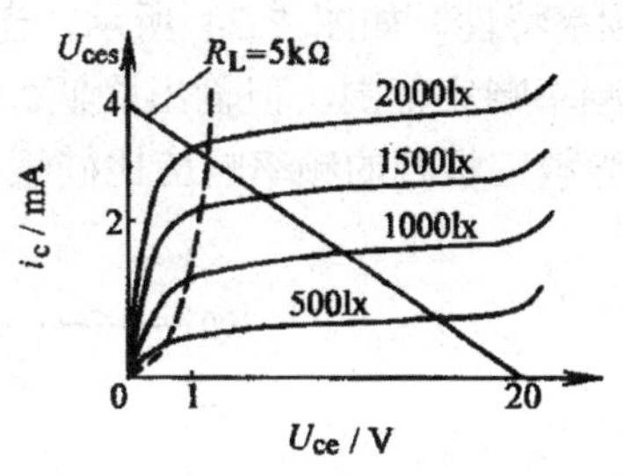

(b) 硅光敏三极管的伏安特性曲线

图 7-20　光敏晶体管的伏安特性曲线

(2) 光谱特性。不同材料制作的光敏晶体管有着不同的光谱特性，它反映了光敏晶体管对不同波长光反应的灵敏度。光敏晶体管反应最灵敏的波长称为该光敏晶体管的峰值波长。图 7-21 中给出了硅和锗光敏二极管的光谱特性曲线。光敏三极管的光谱特性与光敏二极管相同。

(3) 光照特性。图 7-22 所示为硅光敏晶体管的光照特性曲线。一般来说，光敏二极管线性较好；光敏三极管在照度较小时，光电流随照度增加较小，在照度足够大时，输出电流有饱和现象。

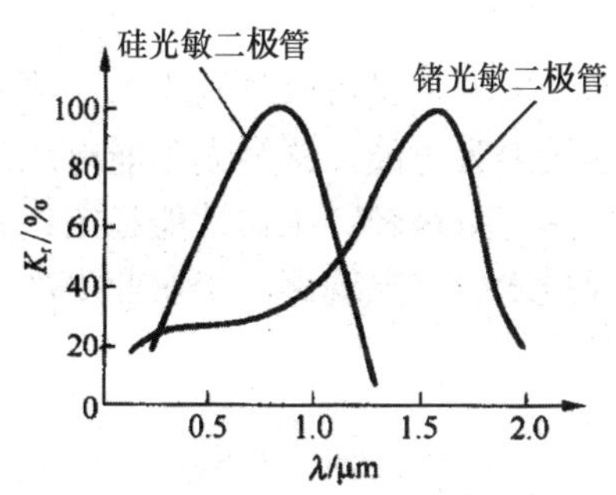

图 7-21　光敏晶体管的光谱特性曲线

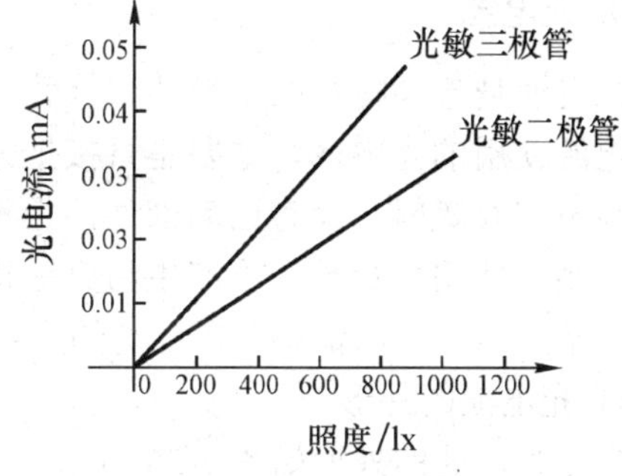

图 7-22　硅光敏晶体管的光照特性曲线

(4) 温度特性。如图 7-23 所示，暗电流对温度的变化非常敏感，而温度对亮电流的影响较小。为此，在电路中应采取温度补偿方法，否则将导致输出误差。

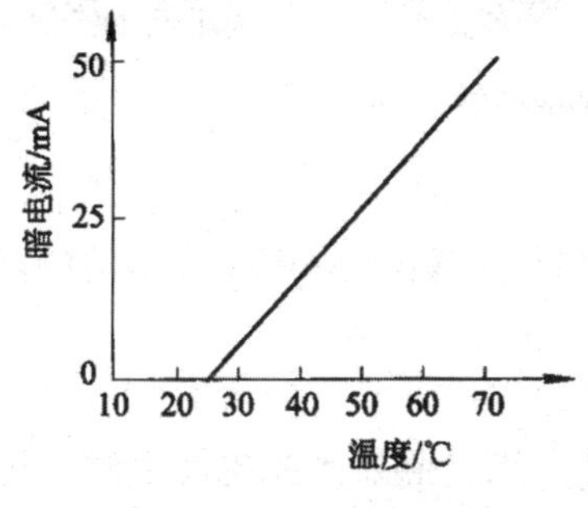

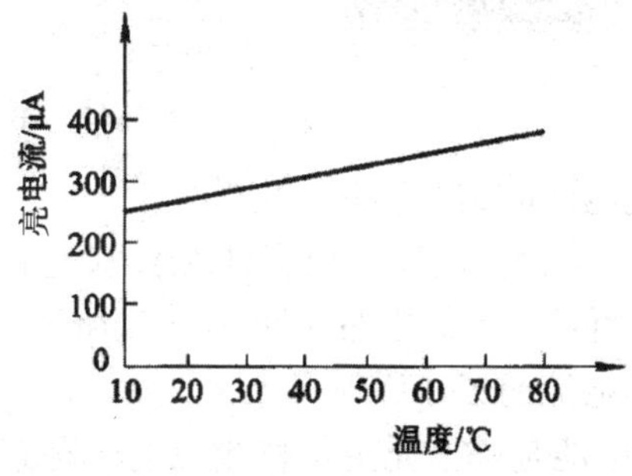

图 7-23　电流和温度之间的关系曲线

(5) 频率特性。如图 7-24 所示，光敏晶体管的频率特性和负载电阻相关，减少负载电阻能提高频率响应范围，但输出降低。一般来说，光敏二极管的频率响应比光敏三极管好得多，锗光敏三极管的频率响应比硅管小一个数量级。

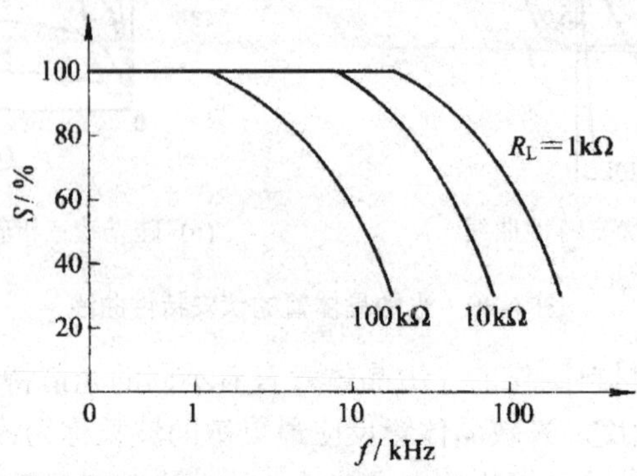

图 7-24　光敏晶体管的频率特性

(6) 响应时间。光敏二极管的响应时间要比光敏三极管快得多。光敏二极管的响应时间一般是几十个纳秒，光敏三极管一般为10^{-3}～10^{-7} s 之间。因此在要求快速响应或入射光调制频率比较高时应选用硅光敏二极管。

3. 光电池

光电池是一种特殊的半导体二极管。它既可以作为电源，又可以作为光电检测器件。作为电源使用的光电池，主要是直接把太阳的辐射能转换为电能，称为太阳能电池。太阳能电池不需要燃料，没有运动部件，也不排放气体，具有重量轻、工作性能稳定、光电转换效率高、使用寿命长、不产生污染等优点，在航天技术、气象观测、工农业生产乃至人们的日常生活等方面都得到了广泛的应用。

1) 光电池的外形

常见光电池的外形如图 7-25 所示。

图 7-25　常见光电池的外形

2) 光电池的结构和等效电路

制造光电池的材料主要有硅(Si)、硫化镉(CdS)和砷化镓(GaAs)等。光电池的基本结构如图 7-26(a)所示，等效电路如图 7-26(b)所示。

3) 光电池的工作原理

硅光电池是基于光生伏特效应的一种有源器件。当光照射到光电池上时，可以直接输出光电流。它在 N 型半导体中掺入 P 型杂质(P 区很薄)形成大面积的 PN 结。光照 P 区，能量传递给电子，当电子能量大于逸出功时，越过 PN 结的禁带进入 N 区，P 区少了电子，多了空穴，带正电；N 区多了电子，带负电，形成光生电动势。用导线将 PN 结两端连接起来，就有电流流过，电流的方向由 P 区流经外电路至 N 区。若将电路断开，可测出光生电动势。

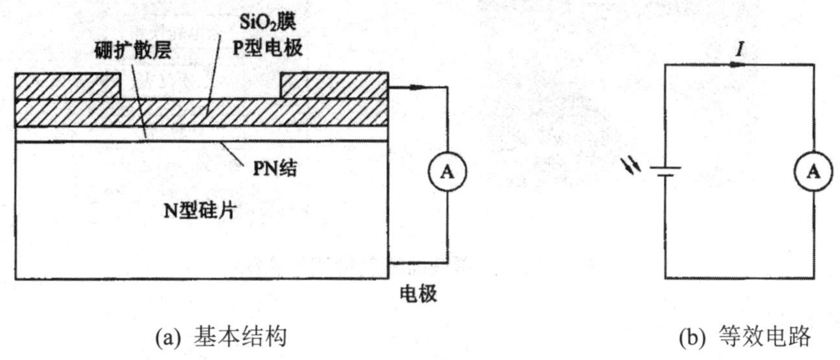

(a) 基本结构　　(b) 等效电路

图 7-26　光电池的基本结构和等效电路

任务二　油库油罐液位信号的监测

1. 任务分析

油库油罐区是重大工业危险源，数量多、危险性大，一旦发生火灾、爆炸等事故，将会造成重大人员伤亡和财产损失。因此，加强油罐区的安全管理和安全监控特别重要。对油品库区来说，储油罐液位、温度等参数的实时监测对于油罐库区的管理具有十分重要的意义。对油库油罐液位信号的监测常采用光纤液位传感器，它绝缘性能好、防爆、耐腐蚀、耐水性好而且可以做得非常小巧。图 7-27 所示为油库油罐布置实景。

图 7-27　油库油罐布置实景

2. 任务实现

对油库油罐液位信号监测常采用通过微光检测液位的光纤液位传感器。在装有油的油罐内，将敏感元件安装在油液面下预定检测的高度。当油液面低于这一高度时，从敏感元件产生的反射光量就增加，根据这时发生的信号就能检测出液面位置。若在不同高度安装敏感元件，就可检测液面的高度。 把微光检测液位的光纤液位传感器和现场数据采集单元进行连接就可以对油罐的液位进行实时监测。图 7-28 所示为油罐液面高度检测示意图。

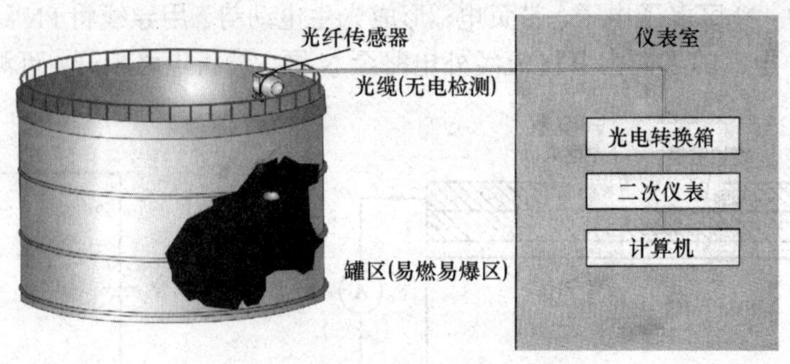

图 7-28　油罐液面高度检测示意图

3. 任务小结

油库油罐液位检测的主要设备是光纤液位传感器，但是它必须和信号处理设备共同使用才能最终完成液位的监测。

光纤液位传感器应用于油田油库检测，主要是依靠光纤本身的某些传感功能和光传输信息的特性。光纤传感器敏感元件尺寸小，可用于检测微量液体，可使被测对象无干扰、无污染，能实现非电检测，并具有安全、防爆的特点，解决了石油、石化等易燃易爆危险场合多种参量的安全检测问题，具有高精度、高绝缘性、抗电磁干扰、抗雷电干扰等优点。

提示： 光纤液位传感器不能探测污浊液体以及会黏附在测头表面的黏稠物质。

7.3　光纤传感器

光导纤维简称光纤，它是由石英、玻璃、塑料等光折射率高的介质材料制成的极细纤维，是以特别的工艺拉成的细丝。光纤透明、纤细，却具有能把光封闭在其中，并沿着轴向进行传播的特征，是目前比较理想的光电信号传输介质。

光纤具有很多优异的性能，例如，抗电磁干扰和原子辐射的性能；径细、质软、重量轻的机械性能；绝缘、无感应的电气性能；耐水、耐高温、耐腐蚀的化学性能等。它能够在人达不到的地方(如高温区)，或者对人有害的地区(如核辐射区)，起到人的耳目的作用，而且还能超越人的生理界限，接收人的感官所感受不到的外界信息。

7.3.1　光纤传感器的工作原理与分类

光纤传感器是随着光导纤维技术的发展而出现的新型传感器。由于光纤不仅是敏感元件，也是一种优良的低损耗传输线，因此不必考虑测量仪和被测物体的相对位置，特别适合于电子传感器等不太适应的地方。光纤传感器广泛应用于位移、速度、加速度、压力、温度、液位、流量、水声、大电流、高电压、磁场、放射性射线等物理量的测量中。

1. 光纤的结构

实用的光纤是比人的头发丝稍粗的玻璃丝，通信用光纤的外径一般为 125～140μm。一般所说的光纤由纤芯和包层组成，纤芯完成信号的传输，包层与纤芯的折射率不同，将光信号封闭在纤芯中传输并起到保护纤芯的作用。工程中一般将多条光纤固定在一起构成光缆。图 7-29 所示为光纤和光缆的一般结构。

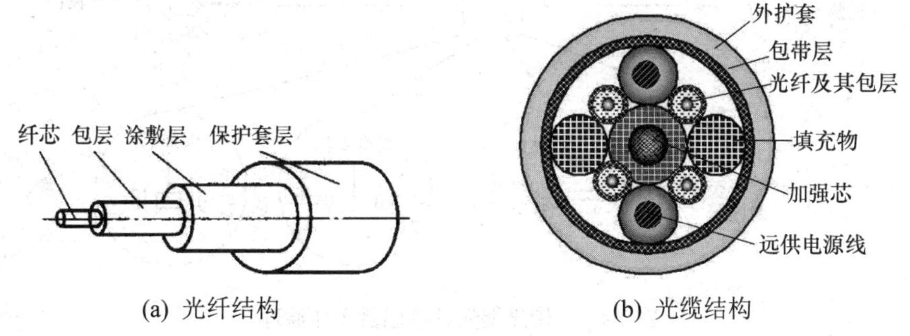

(a) 光纤结构　　(b) 光缆结构

图 7-29　光纤结构和光缆结构

2. 光纤传感器的工作原理

光纤传感器的基本原理是将来自光源的光经过光纤送入调制区，使待测参数与进入调制区的光相互作用后，导致光的光学性质(如光的强度、波长、频率、相位、偏正态等)发生变化，成为被调制的信号光，再经过光纤送入光探测器，经解调后，获得被测参数。

3. 光纤传感器的分类

目前光纤传感器按原理分为两类：一类是传感型(或称功能型)光纤传感器；另一类是传光型(或称非功能型)光纤传感器。

1) 传感型光纤传感器

传感型光纤传感器是利用对外界信息具有敏感能力和检测功能的光纤(或特殊光纤)作为传感元件，将“传”和“感”合为一体的传感器。在这类传感器中，光纤不仅起传光的作用，而且还利用光纤在外界因素作用下其光学特性(如光强、相位、偏振态等)的变化来实现传和感的功能。因此，传感器中光纤是连续的。传感型光纤传感器工作原理如图 7-30 所示。

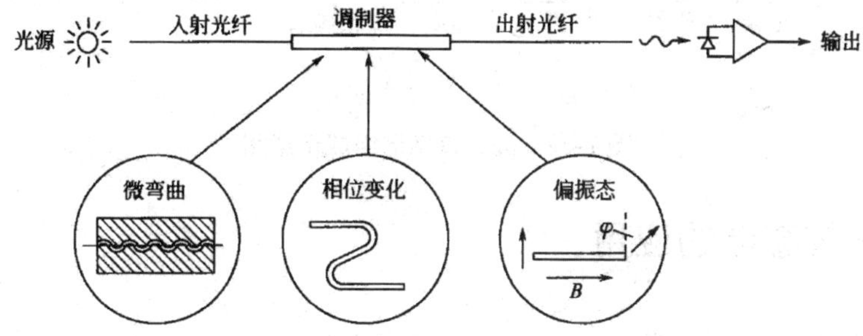

图 7-30　传感型光纤传感器工作原理

提示： 光纤在其中不仅是导光媒质，而且也是敏感元件，光在光纤内受被测量调制，多采用多模光纤。其结构紧凑、灵敏度高。

2) 传光型光纤传感器

在传光型光纤传感器中，光纤仅作为传播光的介质，对外界信息的“感觉”功能是依靠其他物理性质的功能元件来完成的。传感器中的光纤是不连续的，其间有中断，中断的部分要接上其他介质的敏感元件。传光型光纤传感器工作原理如图 7-31 所示。

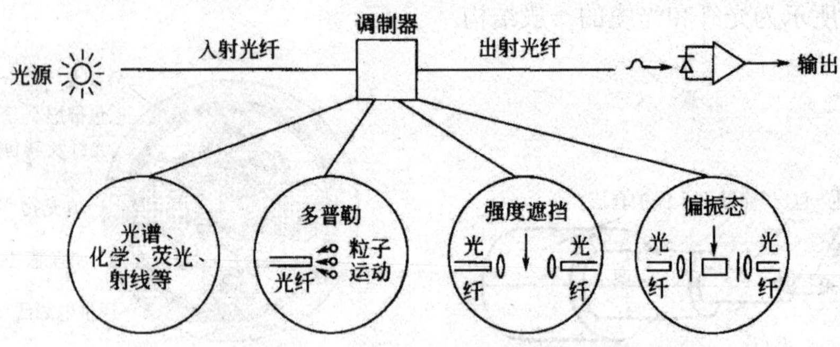

图 7-31　传光型光纤传感器工作原理

提示： 调制器可能是光谱变化的敏感元件或其他敏感元件，光纤在传感器中仅仅起传光的作用，所以采用通信光纤甚至普通的多模光纤就能满足要求。

4. 光纤传感器的组成

光纤传感器系统包括光源、光纤、光纤敏感元件、光探测器和信号处理电路 5 个部分，如图 7-32 所示。光源用来发射光信号，相当于一个信号源；光纤用来传输信号，是传输介质；光纤敏感元件感知外界信息，相当于调制器；光探测器将光信号转换成电信号，起信号转换的作用；信号处理电路还原外界信息，相当于解调器。

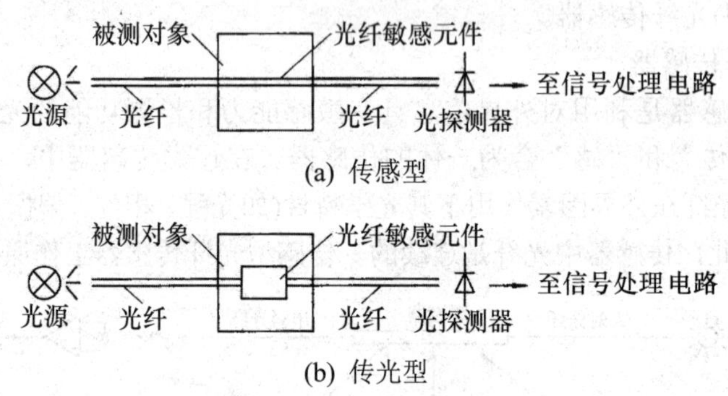

图 7-32　光纤传感器组成示意图

7.3.2　光纤传感器的应用

1. 反射式光纤位移传感器

如图 7-33(a)所示，光纤采用 Y 型结构，两束光纤一端合并在一起组成光纤探头，另一端分为两支，分别作为发射光纤和接收光纤。光从光源耦合到发射光纤，通过光纤传输，

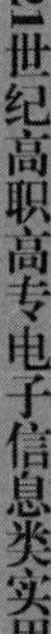

射向被测目标表面(反射片)，再被反射到接收光纤，最后由光电转换器(即光敏元件)接收。当被测表面位置确定后，接收到的反射光光强随光纤探头到反射体的距离的变化而变化。显然，当光纤探头紧贴被测件时，发射光纤中的光不能反射到接收光纤中去，接收器接收到的光强为零，光电器件中不能产生电信号；随着光纤探头离被测表面距离的增加，接收到的光强逐渐增加，到达最大值点后又随两者的距离增加而减小。输出特性曲线如图 7-33(b)所示，利用这条特性曲线可以通过对光强的检测得到位移量。反射式光纤位移传感器是一种非接触式测量，具有探头小、响应速度快、测量线性化(在小位移范围内)等优点，可在小位移范围内进行高速位移检测。

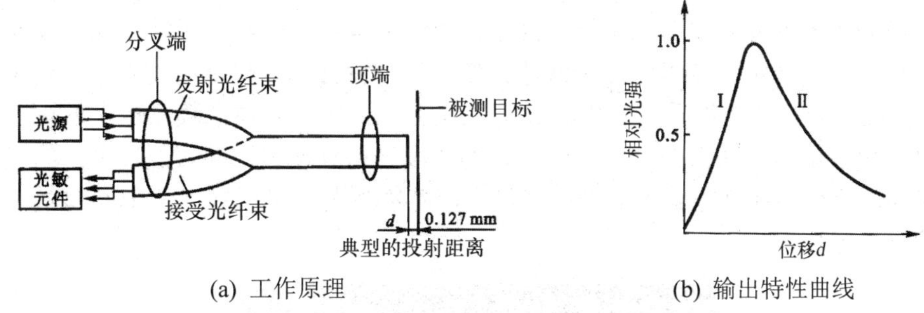

(a) 工作原理　　(b) 输出特性曲线

图 7-33　反射式光纤位移传感器原理图

2. 光纤液体浓度传感器

光波入射到两种媒质的交界面上以后，如果不考虑吸收、散射等其他形式的能量耗损，则入射光的能量只在反射光和折射光中重新分配，而总能量保持守恒。

图 7-34 所示为利用光纤传感器检测乙醇浓度的示意图。放入液体的光纤部分为裸芯，此时液体起到了包层的作用，液体的折射率 α_2 即是包层折射率。由于折射率的改变致使光在纤芯中传播的光束模式发生变化，有一部分入射光由低阶模式转换为高阶模式，这部分入射光就不再满足全反射的条件，就会在两种媒质的交界面处发生光的折射现象，致使一部分光能量损失掉。

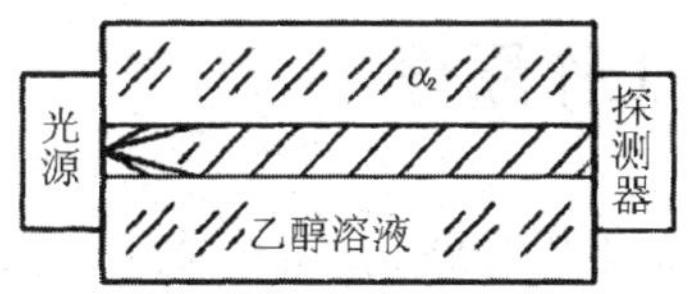

图 7-34　光纤传感器检测乙醇浓度的示意图

对于给定的光纤材料，出射光强 I 与入射光强 I_0 之间存在着如下关系：

$$I = I_0 e^{-\alpha(r\lambda\alpha_2)l} \tag{7-4}$$

式中，r 为弯曲半径；λ为入射光波长；α 为衰减系数，与光纤弯曲半径 r、入射光波长λ及液体折射率 α_2 有关；l 为弯曲光纤的长度。

对于同一种液体来说，液体的折射率与液体的浓度存在着一定的线性关系。这样，就可以证明光纤接收端光探测器所接收的信号的大小与被测液体的浓度之间也近似存在着一定的线性关系，由此可以达到检测液体浓度的目的。

7.4 激光式传感器

7.4.1 激光原理

激光是20世纪以来，继原子能、计算机、半导体之后，人类的又一重大发明，被称为“最快的刀”、“最准的尺”、“最亮的光”。它的基本原理是基于爱因斯坦的光电效应理论。激光必须依靠激光器才能产生。在正常状态下，普通光的多数原子处于稳定的低能级，在适当频率的外界光线的作用下，处于低能级的原子能吸收光子能量受激发而跃迁到高能级。相反，当处于高能级的原子跃迁到低能级时就会释放能量而发光，此现象称为受激辐射。当激光器使工作物质的多数原子反常地处于高能级(即粒子数反转分布)时，就能使受激辐射过程占优势，从而使处于跃迁频率的诱发光得到增强，并可通过平行的反射镜形成雪崩式的放大作用而产生强大的受激辐射光，简称激光。图7-35所示是典型的现代激光器射出的激光照片。

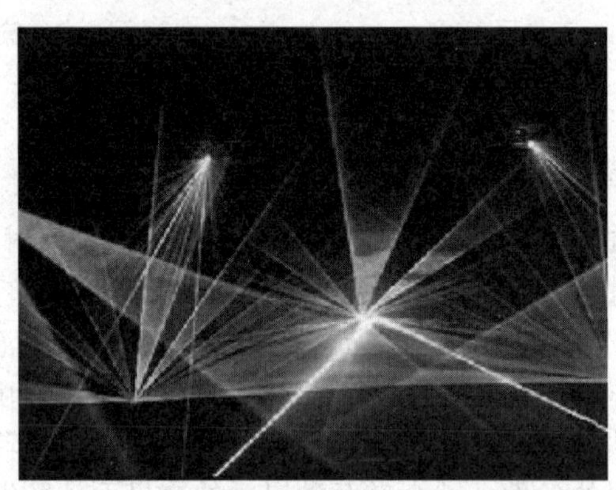

图7-35 激光

7.4.2 激光式传感器的工作原理

激光式传感器是20世纪60年代发展起来的一种新技术，虽然具有各种不同的类型，但它们工作时都是将外来的能量(电能、热能、光能等)转化为一定波长的光，并以光的形式发射出来。激光式传感器由激光发生器、激光接收器和测量电路组成。它的优点是能实现无接触远距离测量，速度快，精度高，量程大，抗光、电干扰能力强等。

激光式传感器按工作原理不同可分为三类：激光干涉传感器、激光衍射传感器和激光扫描传感器。其中以激光干涉传感器的应用居多，本节只介绍激光干涉传感器。

激光干涉传感器是以光的干涉现象为基础的。由物理学可知，波长(频率)相同、相位相关的两束光具有相干性，也就是说，当它们互相交叠时，会出现光强增强或减弱的现象，产生干涉条纹，利用干涉条纹随被测长度的变化而变化的原理可实现长度计量。例如，目前激光干涉测长技术已普遍应用于精密长度计量如磁尺、感应同步器、光栅的检定，精密机床的控制、校正，以及集成电路制作中的精确定位等方面。

7.4.3　激光式传感器的应用

利用激光的高方向性、高单色性和高亮度等特点可实现无接触远距离测量。激光传感器常用于长度、距离、振动、速度、方位等物理量的测量，还可用于探伤和大气污染物的监测等。

1. 激光长度测量

利用激光进行长度测量常用的方法有干涉法、扫描法、光强法和准直法等。本书以干涉法为例说明激光传感器的测长方式。图 7-36 所示为干涉法的两种测量方法，图 7-36(a)为迈克耳逊干涉系统，激光干涉仪就是用这个系统来测长的；图 7-36(b)为微量变形法测长。干涉法测量的精度主要取决于光的单色性的好坏，激光是最理想的光源，因为它比以往最好的单色光源(氪-86 灯)还纯 10 万倍，因此激光测长的量程大、精度高。

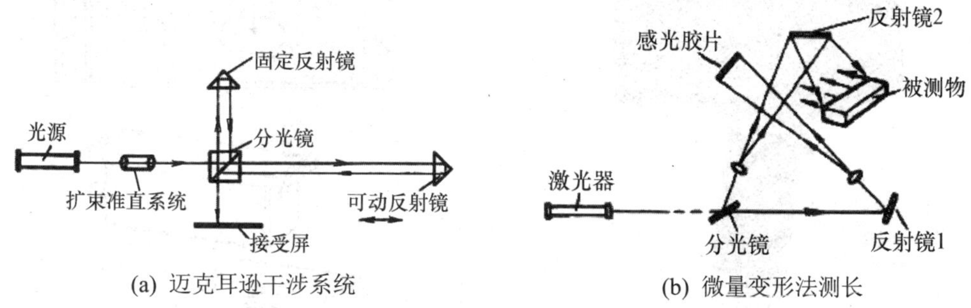

(a) 迈克耳逊干涉系统　　(b) 微量变形法测长

图 7-36　干涉法测长度

由光学原理可知，单色光的最大可测长度 L 与波长 λ 和谱线宽度 δ 之间的关系为

$$L = \frac{\lambda^2}{\delta} \tag{7-5}$$

用氪-86 灯可测最大长度为 38.5cm，对于较长物体就需分段测量而使精度降低。若用氦氖气体激光器，则最大可测几十公里。一般测量数米之内的长度时，其精度可达 0.1μm。所以激光测长在现代精密机械制造工业和光学加工工业中应用非常广泛。

2. 激光测距

我国研制的 YAG 激光测距仪如图 7-37 所示。激光测距的原理是：通过向目标发射激光信号，根据激光信号往返于检测点与目标之间所用的时间而求出距离。激光测距原理图如图 7-38 所示，具体计算公式如下：

$$D = \frac{1}{2}ct \tag{7-6}$$

式中，D 为测量距离；c 为光速(3×10^8m/s)；t 为激光往返时间。

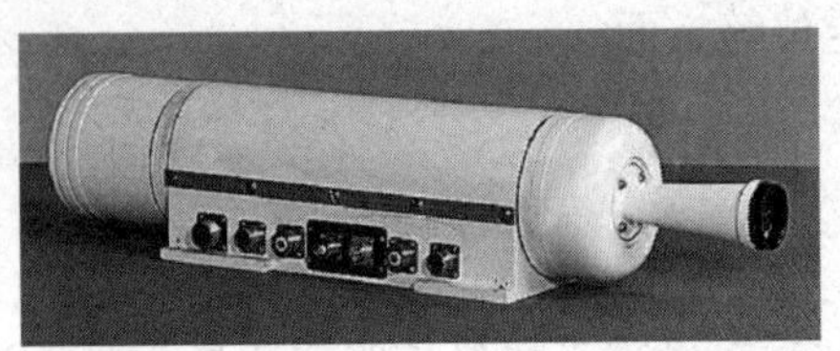

图 7-37　我国研制的 YAG 激光测距仪

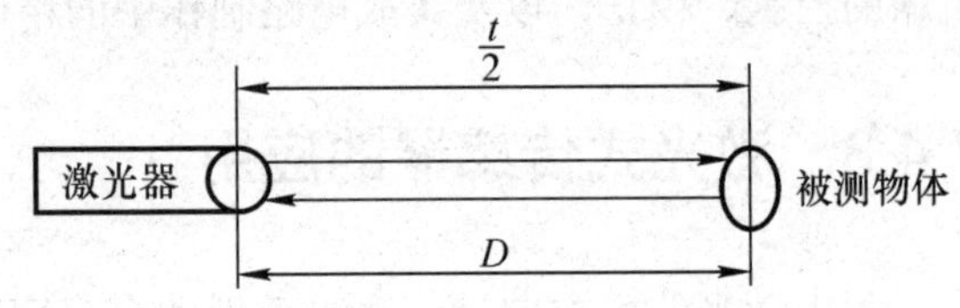

图 7-38　激光测距原理图

3. 激光测速

激光测速传感器是通过激光测量被测物运行速度的仪器，如图 7-39 所示。激光测速传感器有两个端口：一个是发射端口，发出 LED 光源；一个是摄像接收口(高速拍照端口)，实现 CCD 面积高速成像对比，通过在极短时间内的两个时间的图像对比，分辨被测物体移动的距离，结合传感器内部的算法，实时输出被测物体的速度，其原理图如图 7-40 所示。

图 7-39　激光测速仪

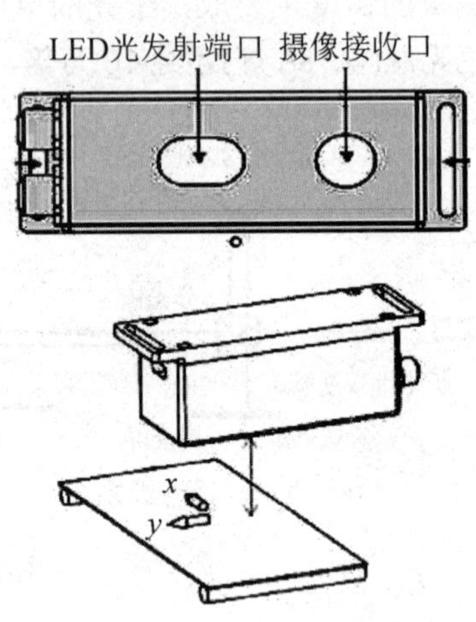

图 7-40　激光测速原理图

LED 光发射端口对着被测物发射出激光，经反射到摄像接收口，接收口接收到信号后传给信号处理器，通过算法计算出它的速度。激光测速传感器能同时测量两个方向的速度、长度，不但能觉察被测体是否停止，而且能觉察被测体的运动方向。使用时将传感器固定在稳定的支架上，确保转动物体转动过程不会产生过大的振动，从而能测出转动被测体的转角和转速。

7.5　红外传感器

7.5.1　红外辐射的基本知识

红外辐射俗称红外线，它是一种人眼看不见的光线。任何物体，只要它的温度高于热力学零度(0K 或−273℃)，就有红外线向周围空间辐射。

红外线是位于可见光中红色光以外的光线，所以被称为红外线。它的波长范围大致在

0.76～1000μm 的频谱范围之内，位于可见光和微波之间，比红光的波长更长，相对应的频率大致在 4×10^{-3}～3×10^{11}Hz 之间。红外线与可见光、紫外线、X 射线、γ 射线、微波、无线电波一起构成整个无限连续电磁波谱。从图 7-41 中可清楚地看出红外线在电磁辐射波长范围内所处的位置。

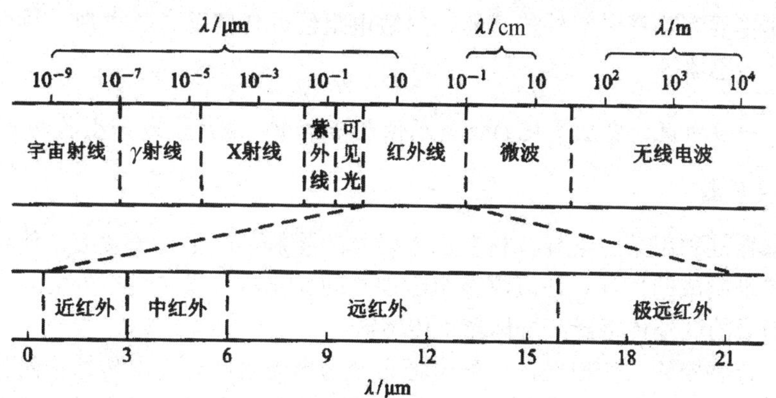

图 7-41　电磁波谱图

在红外技术中，一般把红外辐射分为四个区域：近红外(0.6～3μm)、中红外(3～6μm)、远红外(6～16μm)和极远红外(大于 16μm)。

红外辐射的物理本质是热辐射。物体的温度越高，辐射出来的红外线越多，红外辐射的能量就越强。研究发现，太阳光谱各种单色光的热效应从紫色光到红色光是逐渐增大的，而且最大的热效应出现在红外辐射的频率范围内，因此人们又将红外辐射称为热辐射或热射线。实验表明，波长为 0.1～1000μm 的电磁波被物体吸收时，可以显著地转变为热能。

红外辐射和所有电磁波一样，是以波的形式在空间直线传播的，它在真空中的传播速度等同于光速。

7.5.2　红外传感器的工作原理

红外传感器(也称为红外探测器)是以红外线为介质，将红外辐射能转换成电能的光电器件。图 7-42 所示为红外传感器。

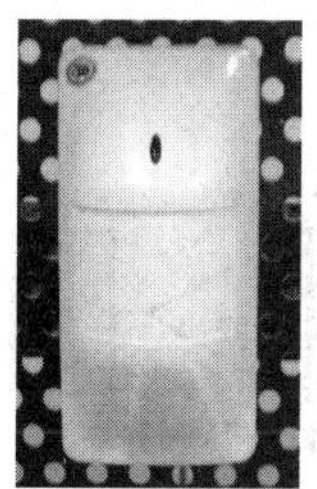

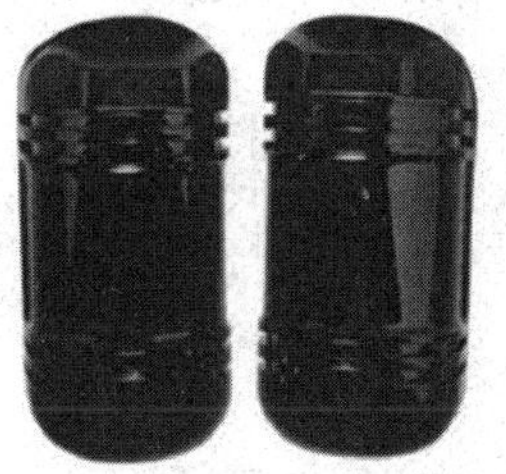

图 7-42　红外传感器

红外传感器按探测机理不同分为热传感器和光子传感器两类。

1. 热传感器

热传感器是利用探测元件吸收入射辐射而产生热、造成温升，并借助各种物理效应把温升转换成电量的原理制成的器件。红外热传感器的工作原理是：通过探测元件吸收红外辐射后温度升高而引起物质某属性发生变化，再通过测量这些属性的变化来获得辐射的大小。热传感器主要有热释电红外传感器、热敏电阻红外传感器、热电偶、热电堆红外传感器、气体红外传感器等。

提示： 一般所说的发生变化的物质属性包括体积、温度，或产生的电流、电动势等。

2. 光子传感器

光子传感器是利用某些半导体材料在入射光的照射下产生光子效应，使材料电学性质发生变化的原理制成的器件。通过测量电学性质的变化，可以知道红外辐射的强弱。利用光子效应所制成的红外传感器，统称光子传感器。

按照光子传感器的工作原理，一般可把它分为内光电和外光电传感器两种，前者又分为光电导传感器、光生伏特传感器和光磁电传感器三种。光子传感器常用于探测红外辐射和可见光。

提示： 在实际应用中，热传感器要比光子传感器应用广泛得多。因为和光子传感器相比，热传感器的光谱响应宽而平坦，响应范围可至整个红外区域，在常温下也可工作，并且使用方便。但热传感器的探测率比光子传感器的峰值探测率低，并且响应速度慢。

7.5.3 常见红外传感器

1. 红外测温仪

红外测温仪实际上是一种红外辐射计，主要是通过测定目标在某一波段内所辐射的红外能量的总和，来确定目标的表面温度。它一般用于探测目标的红外辐射和测定其辐射强度，确定目标的温度，最主要的特点是可以用非接触的方式测定温度。图 7-43 所示为红外测温仪。图 7-44 所示为目前常见的红外测温仪原理框图，它由光学系统、红外探测器、放大器、指示器等组成。

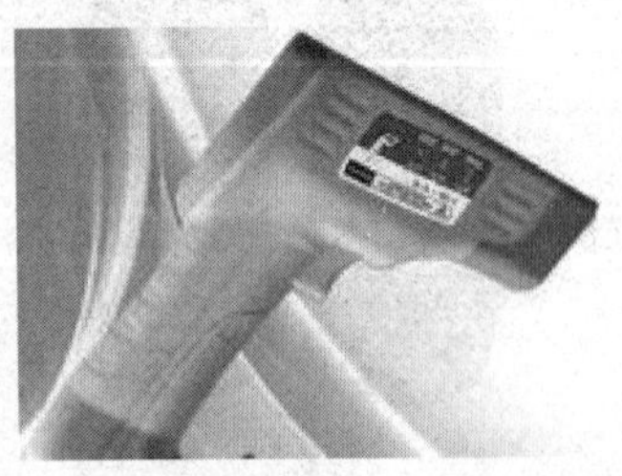

图 7-43 红外测温仪

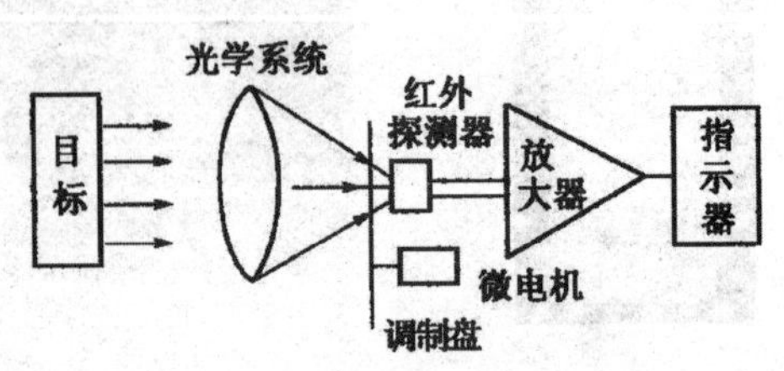

图 7-44 红外测温仪原理框图

2. 红外热像仪

红外热成像技术是将红外辐射转化成可见光进行显示的技术。红外光学机械扫描型热像仪，简称热像仪，是一种可以测量并显示目标表面温度场的红外诊断仪器。热像仪能把物体自身辐射的红外辐射变成可见图像，通过对可见图像的观察，可了解物体表面或近表面层的热状态。红外热像仪如图 7-45 所示。

图 7-45　红外热像仪

红外热成像分主动式和被动式两种。主动式红外热成像采用一红外辐射源照射被测物，然后接收被测物反射的红外辐射图像。被动式红外热成像则是利用物体自身的红外辐射来摄取物体的热辐射图像，这种成像通常称为热像，获取热像的装置称为热像仪。热像仪无须外部红外光源，使用方便，能精确地摄取反映被测物温差信息的热图像，因而已成为红外技术的一个重要发展方向。

热像仪通过各种扫描装置，逐点地将物体表面上不同部位的红外辐射会聚与成像在红外探测器上。通过红外探测器转换产生一系列与各点的红外辐射能量密度成比例的电信号，从而构成了目标温度分布场的信息。如果显示在荧光屏上，便会出现一个明暗不同的光图像，其中明亮的部分表示温度高，而较暗的部分则表示温度低。通俗地讲，红外热像仪就是用于将物体发出的不可见红外能量转变为可见的热图像，热图像上不同的颜色代表被测物体的不同温度。

7.5.4　红外传感器的应用

1. 被动式红外报警器

被动式红外报警器主要根据外界红外能量的变化来判断是否有人在移动。在室温条件下，任何物品均有辐射。温度越高的物体，红外辐射越强。人是恒温动物，红外辐射也最为稳定。被动式红外报警器本身不发射任何能量，只是被动接收、探测来自环境的红外辐射。在没有人或动物进入探测区域时，现场的红外辐射稳定不变；一旦有人体红外辐射进入，经光学系统聚焦就使热释电器件产生突变电信号，从而发出警报。红外传感器的探测波长范围是 8～14μm，人体辐射的红外峰值波长约为 10μm。被动式红外报警器形成的警戒线一般可以达到数十米。

被动式红外报警器主要由光学系统、红外传感器及报警控制器等部分组成。其核心部件是红外探测器。被动式红外报警器由于探测性能好、易于布防、价格便宜而被广泛应用于安防控制系统。

2. 机械滚轮鼠标

机械滚轮鼠标通过移动鼠标，带动胶球，胶球的滚动摩擦使鼠标内分管水平和垂直两个方向的栅轮转动。鼠标里有两个红外部件，一个是红外发光管，另一个是红外接收组件，它们分别位于栅轮的两侧。正常工作时，鼠标一移动，栅轮就跟随转动，栅轮的转动使得轮齿周期性地遮挡红外发光管发出的红外线(照射到接收组件中的两根管)，这样的变化产生的电脉冲送至鼠标内的控制芯片。控制芯片根据这两根管所输出的电脉冲判断栅轮的转速，并通过数据线向电脑传送鼠标移动信息。图 7-46 所示为机械滚轮鼠标。

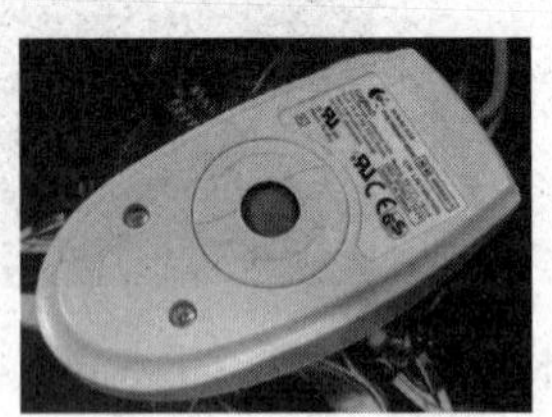
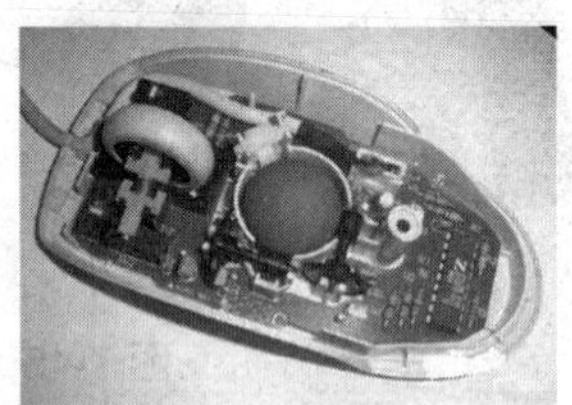

图 7-46　机械滚轮鼠标

7.6　CCD 图像传感器

电荷耦合器件(CCD)是典型的固体图像传感器，1969 年由美国贝尔实验室的物理学家韦拉德・博伊尔和乔治・史密斯发明。它是在 MOS 集成电路技术基础上发展起来的，与光敏二极管阵列集成为一体，构成具有自扫描功能的 CCD 图像传感器。

"CCD 是数码相机的电子眼，它革新了摄影术，现在光可以被电子化地记录下来，取代了胶片。这一数字形式极大地方便了对图像的处理和发送。"诺贝尔奖评选委员会称赞说，"无论是我们大海中深邃之地，还是宇宙中的遥远之处，它都能给我们带来水晶般清晰的影像。"

CCD 图像传感器能实现信息的获取、转换和视觉功能的扩展，能给出直观、真实、多层次的内容丰富的可视图像信息，被广泛应用于军事、天文、医疗、广播、电视、传真通信以及工业检测和自动控制系统。实验室用的数码相机、光学多道分析器等仪器都用了 CCD 作图像探测元件。

7.6.1　CCD 图像传感器的基本原理

CCD 图像传感器利用了 CCD 的光电转移和电荷转移的双重功能。大多数传感器是以电流或者电压作为电信号，而 CCD 是以电荷作为电信号，其基本功能是信号电荷的产生、存储、传输和检测。CCD 图像传感器也是基于光电效应的结果。当光入射到 CCD 的光敏面时，即光照射到某些物质上，能够引起物质的电性质发生变化。CCD 首先完成光电转换，根据光的强弱积聚相应的电荷，产生与光电荷量成正比的弱电压信号，经过滤波、放大处理，通过驱动电路输出一个能表示敏感物体光强弱的电信号或标准的视频信号。利用这种原理，科学家发明了一种高感光度的半导体材料，将光线照射导致的电信号变化转换成数字信号，并且可以将这些信号进行高效存储、编辑、传输。图 7-47 所示为 CCD 的基本工作原理。

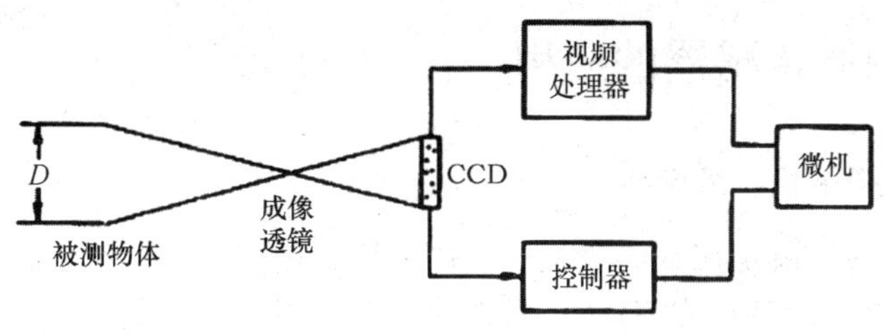

图 7-47　CCD 基本工作原理

7.6.2　CCD 图像传感器的特点

由于 CCD 图像传感器是极小型的固态集成器件，即同时具有光生电荷以及积累和转移电荷等多种功能，取消了光学扫描系统或电子束扫描，所以在很大程度上降低了再生图像的失真。CCD 图像传感器作为一种新型光电转换器现已被广泛应用于摄像、图像采集、扫描仪以及工业测量等领域。作为摄像器件，与摄像管相比，CCD 图像传感器为非接触检测，具有体积小、重量轻、分辨力高、灵敏度高、动态范围宽、光谱响应范围宽、工作电压低、功耗小、寿命长、抗震性和抗冲击性好、不受电磁场干扰和可靠性高等一系列优点。但使用时被测物体需要强光照射，容易受被测物体以外的光的影响。

7.6.3　CCD 图像传感器的分类

CCD 从功能上可分为线阵 CCD 和面阵 CCD 两大类。其中线阵 CCD 应用于影像扫描器及传真机中，而面阵 CCD 主要应用于数码相机、摄录影机、监视摄影机等多种影像输入产品上。

1. 线阵 CCD

线阵 CCD 通常将 CCD 内部电极分成数组，每组称为一相，并施加同样的时钟脉冲。所需相数由 CCD 芯片内部结构决定，结构相异的 CCD 可满足不同场合的使用要求。线阵 CCD 有单沟道和双沟道之分，其光敏区是 MOS 电容或光敏二极管结构，生产工艺相对较简单。它由光敏区阵列与移位寄存器扫描电路组成，特点是处理信息速度快，外围电路简单，易实现实时控制，但获取信息量小，不能处理复杂的图像。

2. 面阵 CCD

面阵 CCD 的结构要复杂得多，它由很多光敏区排列成一个方阵，并以一定的形式连接成一个器件，获取信息量大，能处理复杂的图像。

提示： 图像传感器根据元件的不同，可分为CCD和CMOS(金属氧化物半导体元件)两大类。它们虽然都是光电产业里的光电元件，但由于图像数据扫描方法、数字数据传送的方式等差别，所以它们在效能与应用上也有诸多差异。

7.6.4 CCD 图像传感器的应用

1. 数码相机、摄像机、摄像头

CCD最广泛的应用就是在数码照相机、摄像机、扫描仪等设备上的应用。一般的彩色数码相机是将拜尔滤镜加装在CCD上。每四个像素形成一个单元，一个负责过滤红色、一个过滤蓝色，两个过滤绿色(因为人眼对绿色比较敏感)。每个像素都接收到感光信号。在摄像机中使用的是面阵CCD，即包括X、Y两个方向用于摄取平面图像；而在扫描仪中使用的是线阵CCD，只有X一个方向，Y方向的扫描由扫描仪的机械装置来完成。CCD是应用在摄影、摄像方面的高端技术元件，它的使用让摄影、摄像的图像质量有了质的飞跃，短短的几年，数码相机就由几十万像素发展到近千万像素甚至更高。图7-48所示为一些常见的CCD数码产品。

(a) 照相机

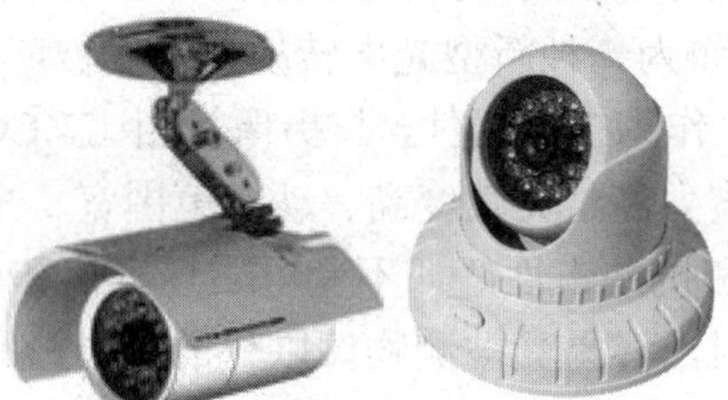

(b) 摄像头

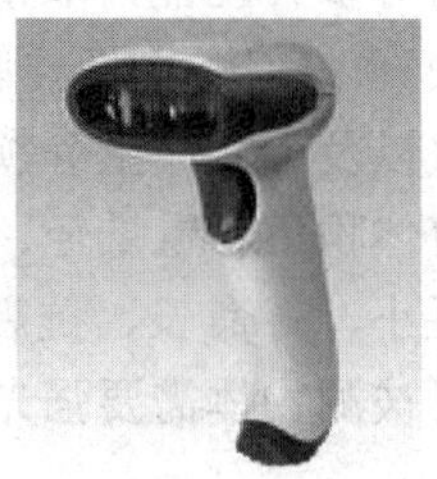

(c) 条形码扫描器

图7-48 CCD数码产品

2. 邮政编码识别

把写有邮政编码的信封放在传送带上，传感器光电阵列的排列方向与信封的运动方向垂直，光学镜头将编码的数字聚焦到光电阵列上。当信封运动时，传感器以逐行扫描的方式把数字一次读出。读出的数字经二值化等处理，与计算机中存储的数字特征比对，最后识别出数字码。再由数字码和计算机控制分类机构，最终将信件送入相应的分类箱中。邮政编码识别系统工作原理如图7-49所示。

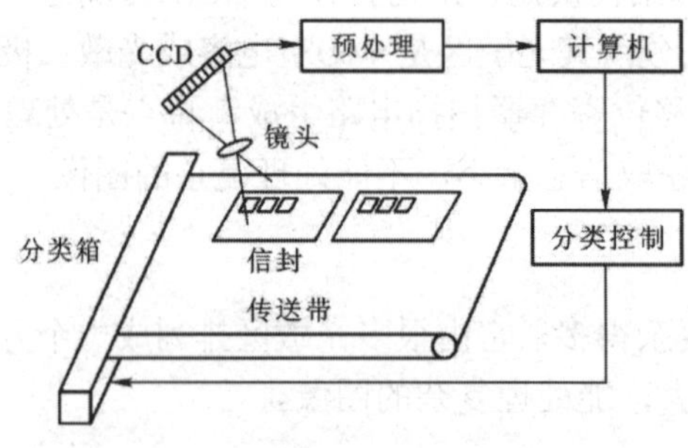

图7-49 邮政编码识别系统工作原理

3. 物体尺寸在线检测

下面以钢板长宽高尺寸的在线实时监测为例来说明物体尺寸在线检测系统的应用。这种系统通过多台面阵 CCD 摄像机获取钢板图像，后经图像采集卡数字化后输入计算机中，计算机对钢板的数字图像进行预处理，自动识别后计算出钢板的长宽尺寸。整个系统一般由 CCD 摄像系统、图像采集系统、数据处理系统和数据终端系统组成，其原理图如图 7-50 所示。CCD 摄像机安装在裁剪机前滚道的上方，摄像机数量可根据测量范围与测量精度而定。这种方式的优势是可以在不用改动原有设备的基础上进行安装。

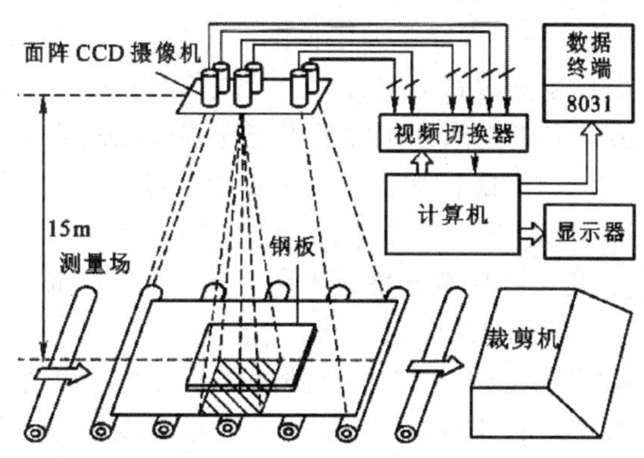

图 7-50　钢板尺寸在线检测原理图

本 章 小 结

光电式传感器是以光电器件作为转换器件，将被测非电量通过光量的变化再转换成电量的传感器。光电式传感器一般由光源、光学元件和光电器件 3 部分组成。光电器件是构成光电式传感器最主要的部件。光电传感器具有高精度、高分辨力、高可靠性、非接触、响应快和结构简单等特点，因此在自动检测、计算机和控制系统中应用非常广泛。

光电式传感器的理论基础是光电效应，光电效应分为外光电效应、内光电效应和光生伏特效应。基于光电效应的器件有：光电管、光电倍增管、光敏电阻、光敏二极管、光敏晶体管、光电池等。

光纤传感器是 20 世纪 70 年代中期发展起来的一种新型传感器，它是光纤和光通信技术迅速发展的产物。光纤是一种新型材料，它与其他材料相比有许多独特的性质。光从光纤射出时，光的特性得到调制，通过对调制光的检测，感知外界的信息，这便是光纤传感器的基本原理。光纤传感器用光而不用电作为敏感信息的载体，用光纤而不用导线作为传递信息的媒质。光纤极细，可塑性好，故能放置在小孔和缝隙等被测场点，而对被测场的扰动小。光纤的原料硅资源丰富，且价格低廉。

光纤传感器主要利用了光纤的传光和传感两种特性，目前已广泛应用于国防军事、工农业生产、环境保护、生物医药、计量测试、交通运输、自动控制和家用电器等领域。

激光是一种新型光源，具有高方向性、高亮度、高单色性和高相干性等特点。激光式传感器是一种新技术，是利用激光技术进行测量的传感器。它由激光器、激光检测器和测量电路组成。其基本原理是基于爱因斯坦的光电效应理论。激光必须依靠激光器才能产生。激光式传感器目前已在高精度、非接触、自动化及高效率等测量技术方面得到广泛的应用。

红外光的最大特点就是具有光热效应，辐射热量，它是光谱中最大的光热效应区。红外光的光热效应对不同物体各不相同，热能强度也不一样。红外技术在科学研究、军事工程和医学方面起着极其重要的作用，例如红外制导火箭、红外成像、红外遥感等。而红外辐射技术的重要工具就是红外传感器，红外传感器一般由光学系统、敏感元件、前置放大器和信号调制器组成。在实现远距离温度监测与控制方面，红外温度传感器以其优异的性能满足了多方面的要求。红外传感器已经在现代化的生产实践中发挥着巨大的作用。

电荷耦合器件(CCD)是一种高性能微型固体图像传感器，由两部分组成，即感光部分和移位寄存器。感光部分是半导体衬底上的若干个光敏单元，通常称为像素，光敏单元将光图像转换成电信号，即将光强的空间分布转换成与光强成比例的电荷空间分布；移位寄存器实现电信号的传送和输出。CCD 图像传感器主要用于摄像机、测试、传真和光学文字识别技术等方面。

CCD 具有灵敏度高、光谱响应宽、集成度高、维护方便、成本低廉等一系列优点，因此有着广泛的应用，是现代最重要的图像传感器之一。

按照光电器件的排列形式，CCD 固态图像传感器分为线阵和面阵两类。线阵 CCD 只能直接将一维光信号转换为视频信号输出，若要采集二维图像信号，则必须用扫描的方法实现；而面阵 CCD 可直接将二维图像转换为视频信号输出。

思考与练习

1. 光电效应有哪几种？与之对应的光电元件各有哪些？
2. 常用的半导体光电元件有哪些？它们的图形符号是什么？
3. 对每种半导体元件，画出一种测量电路。
4. 试比较光敏电阻、光电池、光敏二极管和光敏三极管的性能差异。
5. 光电式传感器由什么组成？被测量会影响光电式传感器的哪些部分？
6. 光纤传感器主要有哪些组成部分？
7. 光纤传感器有哪些特点？有几种类型？说明各自的工作原理。
8. 光纤传感器对光进行调制主要有哪些形式？
9. 激光传感器主要用于哪些非电量的检测？有何特点？
10. 主要的激光测速仪有哪些？
11. 红外线温度传感器有哪些主要类型？它与别的温度传感器有什么显著区别？
12. 试说明红外报警传感器的工作原理。
13. 热像仪主要由哪几部分组成？简述其作用。
14. CCD 图像传感器有几种类型？各有何特点？
15. CCD 图像传感器都应用于哪些方面？

第 8 章

热电式传感器

本章要点

- 热电式传感器的结构组成和类型
- 热电式传感器的工作原理
- 热电偶的冷端补偿方法
- 热电式传感器的应用电路
- 热电式传感器的应用实例

本章难点

- 热电式传感器的电路设计
- 热电式传感器的现场选配和应用

温度是表征物体冷热程度的物理量，它体现了物体内部分子运动状态的特征。温度的数值表示方法称为温标，它规定了温度的读数起点(即零点)以及温度的单位。各类温度计的刻度均由温标确定。目前主要使用的温标有摄氏温标、华氏温标、热力学温标和国际温标等。

温度是不能直接测量的，它只能通过物体随温度变化的某些特性(如体积、长度、电阻等)来间接测量。热电式传感器可将温度变化转换成电量(电阻、电动势等)变化，再经过相应的转换电路输出电压和电流。将温度变化转换为电阻变化的元件主要有热电阻和热敏电阻；将温度变化转换为电动势变化的传感器主要有热电偶等。随着自动化技术的发展，现在大多采用温度传感器来实现温度的自动检测和控制。

按测温方法不同，热电式传感器分为接触式和非接触式两种。

接触式测温是基于热平衡原理，即测温敏感元件必须与被测介质接触，使两者处于平衡状态，具有同一温度。接触式热电传感器如水银温度计、热敏电阻传感器、热电偶传感器等。

非接触式测温是利用热辐射原理，测温敏感元件不与被测介质接触，利用物体的热辐射随温度变化的原理测定物体温度，故又称辐射测温。非接触式热电传感器如辐射温度计、红外测温仪等。

任务一　工业锅炉蒸汽温度检测

1. 任务分析

在工业生产中，各种反应釜、液体和气体管道都要进行温度的检测与控制。锅炉是工业生产过程中必不可少的重要动力设备，它通过煤、油、天然气的燃烧释放出化学能，通过传热过程把能量传递给水，使水变成水蒸气。锅炉生产的主要任务是，安全可靠、经济有效地把燃料的化学能转化为热能(蒸汽)，生产出满足生产要求的蒸汽。工业锅炉是一种受压又直接受热的高压、高温特种设备，如果操作不合理、管理不善、处理不当，往往会引起事故。同时锅炉又是一种高能耗设备，因此确保锅炉安全运行至关重要，降低单耗也是锅炉经济运行的目标。

2. 任务实现

工业锅炉的产品是蒸汽，蒸汽温度是生产工艺确定的重要参数，其温度范围一般在385～400℃之间，蒸汽温度过高会毁坏过热器水管，对负荷设备产生不利影响，蒸汽温度过低则会影响产品质量。因此，能否有效地控制锅炉各测控点的温度，直接影响蒸汽的质量和生产成本，而对温度进行精确的测量是控制的前提，根据工业锅炉蒸汽温度的温度范围，采用具有良好线性和稳定性的 Pt100 热电阻传感器(不锈钢套管)可进行蒸汽温度检测。采用三线制温度变送器作温度信号变送，它具有精度高、温漂低等特点，可直接安装于测件接线盒上。

3. 任务小结

金属热电阻温度传感器是利用导体的电阻值随温度变化而变化的原理来实现温度测量的。热电阻主要用于工业测温，它具有灵敏度高，稳定性、互换性好，精度高的特点，适用于测低温，便于远距离、多点、集中测量和自动控制，而且测量电路也比较简单。

8.1　热电阻传感器

热电阻是利用金属导体的电阻值随温度升高而增大这一特性来测量温度的。热电阻主要用于对温度和温度有关的参数进行检测，工业上常用于中、低温度(−200～650℃)范围的温度测量。

8.1.1　热电阻的外形和结构

1. 热电阻的外形

常用热电阻的外形如图 8-1 所示。

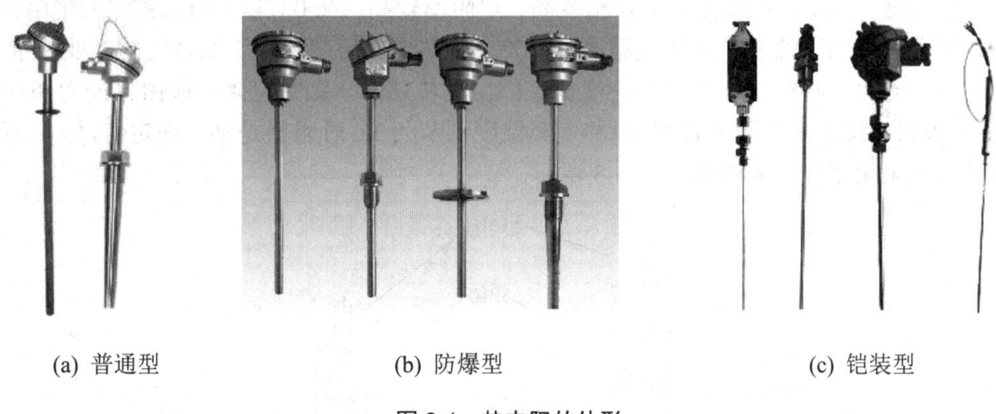

(a) 普通型　(b) 防爆型　(c) 铠装型

图 8-1　热电阻的外形

2. 热电阻的结构形式

图 8-2 所示为带有金属套管的热电阻结构图，由电阻体、保护套管、接线盒等组成。

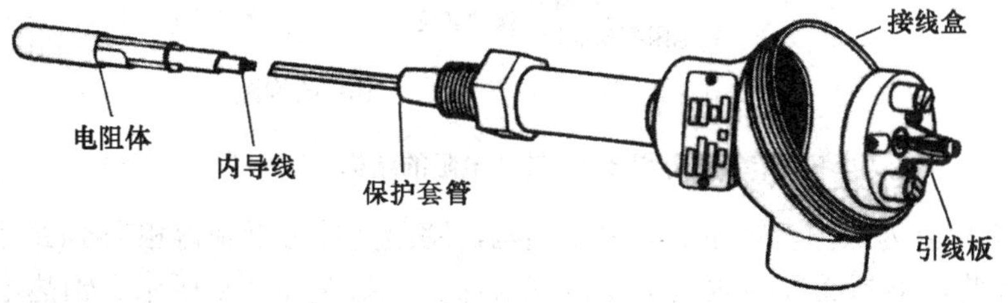

图 8-2　热电阻结构图

热电阻通常装入由金属制成的保护套管中使用，在金属套管中，随着使用环境不同、温度范围不同、抗震性能不同，热电阻可分为各种各样的类型，如装配式热电阻、铠装热电阻、端面热电阻、防爆热电阻、防腐热电阻、隔爆铂电阻等。

8.1.2 热电阻的性能

1. 热电阻材料的性能要求

(1) 在测温范围内，材料的物理、化学性能要稳定。

(2) 电阻温度系数 α 要大。α 越大，灵敏度越高。纯金属的 α 比合金要高，所以一般采用纯金属作为热电阻。

(3) 在测温范围内，α 要保持常数，便于实现电阻值变化与温度变化的线性特性。

(4) 电阻率 ρ 要大。在相同灵敏度下，ρ 越大，热电阻体积越小，热惯性越小，反应速度越快。

(5) 材料价格便宜，容易加工。

2. 常用热电阻的主要性能

1) 铂热电阻

铂的物理、化学性能稳定，测量精度高、电阻率较高；在 0℃以上时，铂丝的电阻值与温度之间有较好的线性度。除作为温度标准外，铂热电阻还广泛用于高精度的工业测量。

铂热电阻是一种精确、灵敏、性能稳定的温度传感器。铂热电阻一般由直径为 0.05～0.07mm 的铂丝绕在片形云母骨架上，并使其温度调节为 0℃时阻值是某一固定值，如 100Ω。铂丝的引线采用银线，其结构如图 8-3 所示。

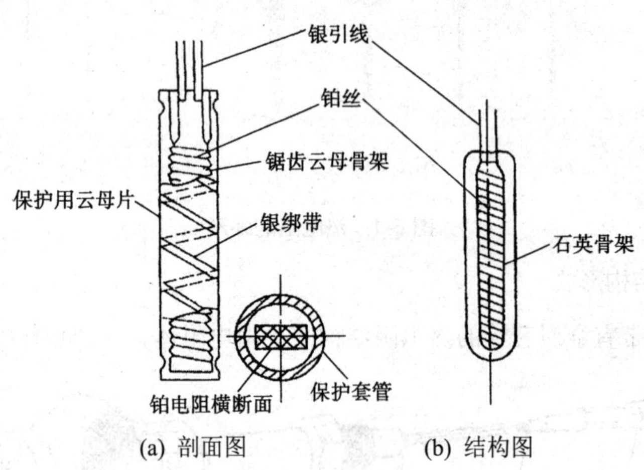

图 8-3 铂热电阻的结构

用微型陶瓷管为保护套管做成的内绕结构，感温元件可以做得相当小(最小外径可做到 ϕ1.6mm)，因此，可制成各种微型温度传感器探头，如图 8-4(a)所示。铂热电阻元件配上金属保护套管并安装固定装置(如各种螺纹接头，法兰盘等)后，就构成装配式铂热电阻，如图 8-4(b)所示。铂热电阻电气性能稳定，温度和电阻关系近于线性，精度高。

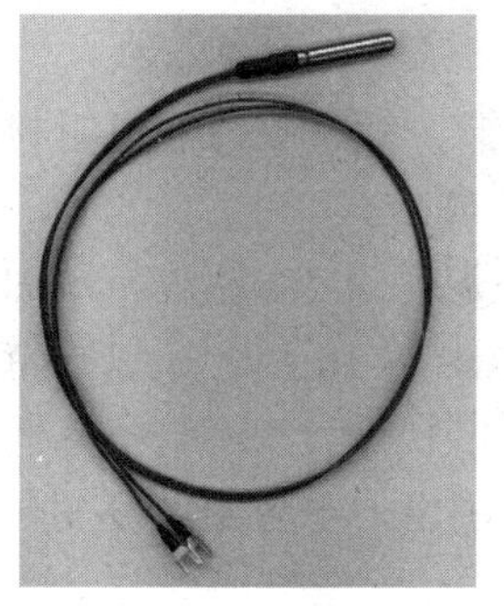

(a) Pt100 热电阻

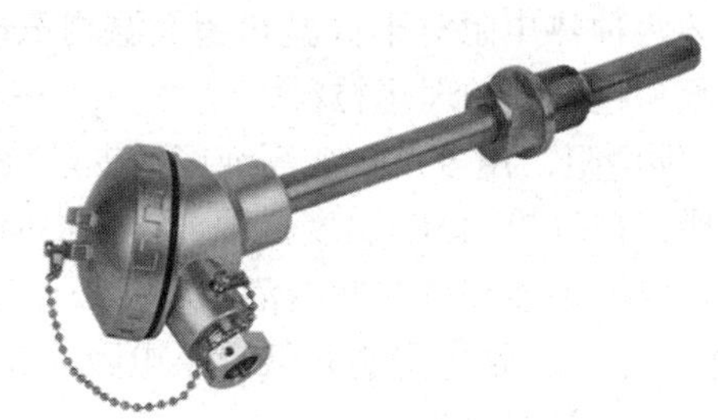

(b) 装配式铂热电阻

图 8-4 铂热电阻

2) 铜热电阻

铜热电阻的温度系数比铂热电阻大，价格低，易于提纯，但存在电阻率小、机械强度差等缺点。在测量精度要求不是很高，测量范围在-50～150℃的情况下，通常采用铜热电阻。

铜的价格低廉，电阻-温度特性的线性较好，但电阻率仅为铂的几分之一。铜热电阻所用的电阻丝细而长，机械性能较差，热惯性较大，在温度高于 100℃以上或侵蚀性介质中使用时易氧化，稳定性较差，因此只能用于低温及无侵蚀性的介质中。铜热电阻在工业中的应用现在已逐渐减少。图 8-5 所示为铜热电阻。

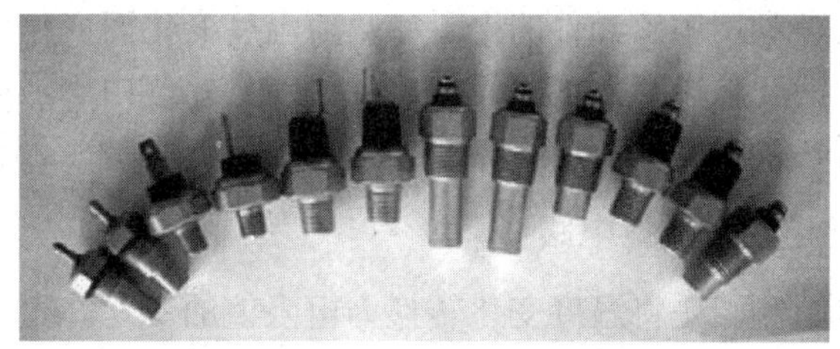

图 8-5 铜热电阻

通常利用二项式计算在温度 t 时的铜电阻值为

$$R_t = R_0[1+\alpha_0(t-t_0)]$$

式中，R_0 为在 t_0 时的电阻值；α_0 为在初始温度为 t_0 时的温度系数。

目前，工业上使用的标准化铜热电阻有分度号为 G、Cu50 和 Cu100 3 种。它们的技术特性如表 8-1 所示。

表 8-1 铜热电阻的技术特性

<table>
<tr><td>分度号</td><td>G</td><td colspan="2">Cu50</td><td>Cu100</td></tr>
<tr><td>R_0/Ω</td><td>53</td><td colspan="2">50</td><td>100</td></tr>
<tr><td>R_{100}/R_0</td><td colspan="2">1.425±0.001</td><td colspan="2">1.425±0.002</td></tr>
<tr><td>精度等级</td><td colspan="2">II</td><td colspan="2">III</td></tr>
<tr><td>R_0 允许误差/%</td><td colspan="2">±0.1</td><td colspan="2">±0.1</td></tr>
<tr><td>最大允许误差/%</td><td colspan="2">$\pm(0.3\times3.5\times10^{-3}t)$</td><td colspan="2">$\pm(0.3\times6.0\times10^{-3}t)$</td></tr>
</table>

3) 其他热电阻

上述两种热电阻对于低温和超低温测量性能不理想，而铟、锰、碳等热电阻材料却是测量低温和超低温的理想材料。

(1) 铟电阻。用 99.999%高纯度的铟丝绕成电阻，可在室温至 4.2K 温度范围内使用。实验证明，在 4.2～15K 温度范围内，铟电阻的灵敏度比铂电阻高 10 倍，所以它特别适于测量铂电阻所不能测量的低温范围。其缺点是材料软，复现性差。

(2) 锰电阻。锰电阻也是低温热电阻，在 2～63K 温度范围内，电阻随温度变化大，灵敏度高。缺点是材料脆，难拉成丝。

(3) 碳电阻。适用于液氦温域的温度测量，在 1.6～30K 之间灵敏度高，对磁场不敏感，稳定性好，热容小，复现性好，价廉。

8.1.3 热电阻传感器的工作原理及测量电路

1. 热电阻的工作原理

大多数金属导体的电阻率随温度升高而增大，具有正的温度系数，这就是热电阻测温的基础。当温度升高时，金属内部原子晶格的振动加剧，从而使金属内部的自由电子通过金属导体时的阻力增大，表现为电阻值增大。当温度升高 1℃时，电阻值增加 0.4%～0.6%。热电阻就是利用敏感元件的电磁参数随温度变化而变化这一特性来测量温度的。测温时，先将温度的变化转换为敏感元件电阻值的变化，由于阻值变化很小，因此要通过后续的测量电桥再转换成电压或电流信号，然后由这些参数的变化来检测被测对象的温度变化。

2. 热电阻的测量电路

热电阻测温是将温度变化转换为电阻值的变化，由于电阻值的变化范围很小，常采用电桥电路测量电阻值的变化，如图 8-6 所示。图中 R_1、R_2、R_3 和 R_t(或 R_q、R_M)组成电桥的 4 个桥臂，其中 R_t 是热电阻，R_q 和 R_M 分别是调零和调满度的调整电阻(电位器)。测量时先把切换开关 S 扳到 2 的位置，调节 R_q 使仪表指示为零，然后将 S 扳到 3 的位置，调节 R_M 使仪表指示到满度，作此调节后将 S 扳到 1 的位置，便可以进行温度测量了。

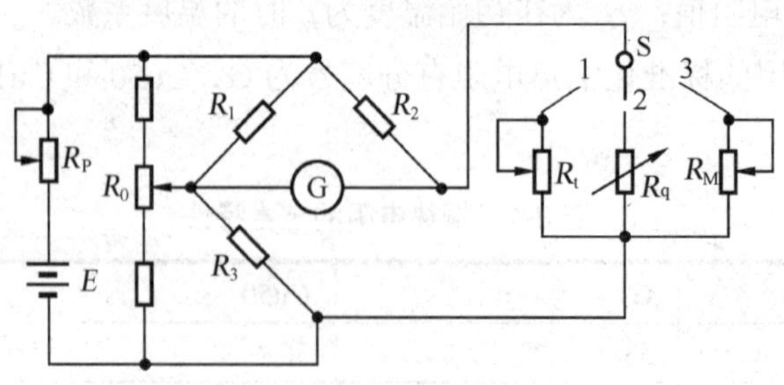

图 8-6 热电阻传感器测量电路

工业用热电阻安装在现场，感受被测介质的温度变化，测量电阻的电桥作为信号处理器或显示仪表的输入单元，随相应的仪表安装在控制室。热电阻作为电桥的一个桥臂，其连接导线也就成为桥臂电阻的一部分，并随环境温度的变化而变化。由于热电阻本身电阻值较小(通常约为 100Ω)，离控制室较远，因此，热电阻的引线对测量有较大影响。当电阻和电桥配合使用时，为消除引线电阻的影响，提高测量精度，可采用以下两种连接方法。

1) 三线制连接

图 8-7 所示是测温电桥三线连接法的原理图。图中，G 为检流计，R_1、R_2、R_3 为固定电阻，R_P 为调零电阻。热电阻 R_t 通过电阻为 r_1、r_2、r_3 的 3 根导线和电桥连接。阻值为 r_1、r_2 的导线分别接在相邻的两臂内，当温度变化时，只要它们的长度和电阻的温度系数相等，它们的电阻变化就不会影响电桥而产生误差。此接法中，可调电阻 R_P 的触点、热电阻和桥臂的电阻相连，可能导致电桥的不稳定。

2) 四线制连接

在电阻体的两端各连接两根引线称为四线制，如图 8-8 所示。调零电阻 R_P 和检流计 G 串联，这样，热电阻的不稳定不会破坏电桥的平衡和正常工作状态。这种引线方式不仅消除了连接线电阻的影响，而且可以消除测量电路中寄生电动势引起的误差。这种引线方式主要用于高精度温度测量，测量电路常配用双电桥或电位差计。

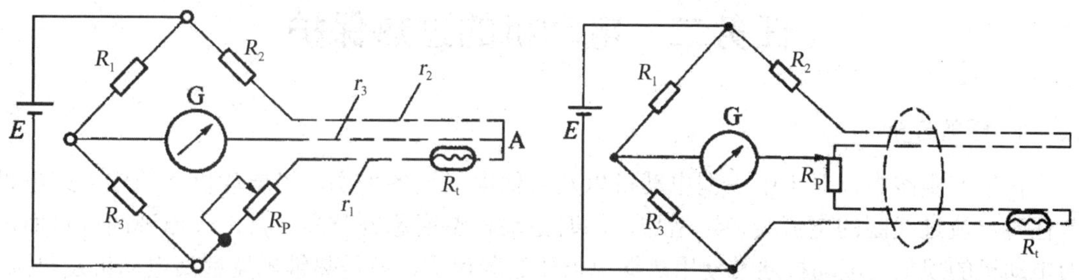

图 8-7　测温电桥三线连接法原理图　　　图 8-8　测温电桥四线连接法原理图

为了减小或消除引线电阻误差，工业上多采用三线制，实验室多采用四线制测量热电阻。

提示： *在设计电桥时，为了避免热电阻中流过电流的加热效应，要使流过热电阻的电流尽量小，一般应小于 10mA。*

8.1.4　热电阻式流量计

利用热电阻上的热量消耗和介质流速的关系还可以测量流量、流速、风速等。图 8-9 所示即为利用铂热电阻测量气体流量的一个例子。

图 8-9 中热电阻探头 R_{t1} 放置在气体流路中央位置，它所耗散的热量与被测介质的平均流速成正比；另一个热电阻 R_{t2} 放置在不受流动气体干扰的平静室内，它们分别接在电桥的两个相邻桥臂上。测量电路在流体静止时处于平衡状态，桥路输出为零。当气体流动时，介质会把热量带走，从而使 R_{t1} 和 R_{t2} 的散热情况不一样，导致 R_{t1} 的阻值发生相应的变化，使电桥失去平衡，产生一个与流量变化相对应的不平衡电信号，并通过检流计 G 显示出来，检流计的刻度值如果做成和气体流量相应的数值，就可以直接从检流计上读出流量。

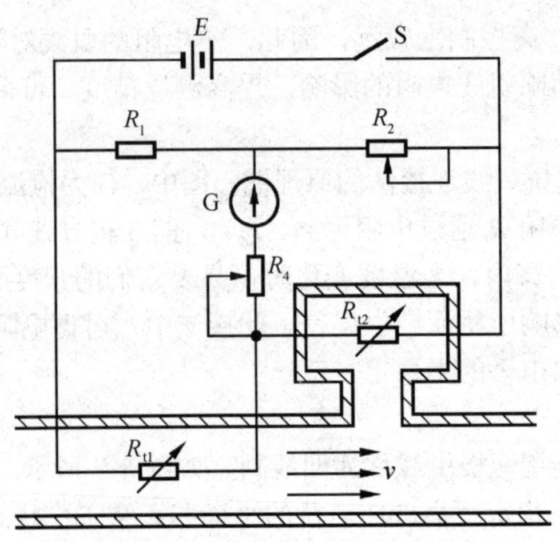

图 8-9　热电阻式流量计电路原理图

任务二　电动机的过热保护

1. 任务分析

在生产实践中，对于中小型电动机以及其他电气设备来说，当电动机负载较大或电机卡住时，流过线圈的电流会快速增加，同时电动机温度急剧升高，常常会出现因过热而烧毁电动机的现象。电动机通常使用热继电器作过载保护，但是热继电器远离电动机发热源，不能准确地反映电动机内部温升，易产生误动作或动作滞后，有时电动机已经烧坏，而热继电器并不动作，同样会烧毁设备。如果能够在电动机线圈中串接热敏电阻，则会在电动机过载时提供及时的保护功能，避免电动机被烧毁。

2. 任务实现

过热保护分直接保护和间接保护。对小电流场合，可把热敏电阻直接串接在负载中，防止过热损坏；对大电流场合，可通过继电器、晶体管电路等进行保护。不论哪种情况，热敏电阻都与被保护器件紧密地结合在一起，充分进行热量交换，一旦过热，起到保护作用。

图 8-10 所示为采用热敏电阻的电动机过载保护控制电路图。 图中 R_{t1}、R_{t2}、R_{t3} 是特性相同的负突变型(CTR)热敏电阻，分别放在电动机的三个绕组中。正常运行时，温度较低，热敏电阻值较大，三极管 VT 截止，KA 不动作。当电动机过载、断相或一相接地时，电动机温度急剧升高，使 R_t 阻值急剧减小，到一定值时，VT 导通，KA 得电吸合，断开电机主控制电路，从而实现保护电动机的作用。

3. 任务小结

热敏电阻的特点是电阻随温度变化而显著变化，能直接将温度的变化转换为电量的变化。由于热敏电阻能直接反映电动机内部的发热情况，因此，自从半导体热敏电阻问世以来，人们就逐渐地将它用于电动机保护上。热敏电阻通常被置于线圈的附近，这样热敏电阻更易于感受温度，使保护更加迅速有效。

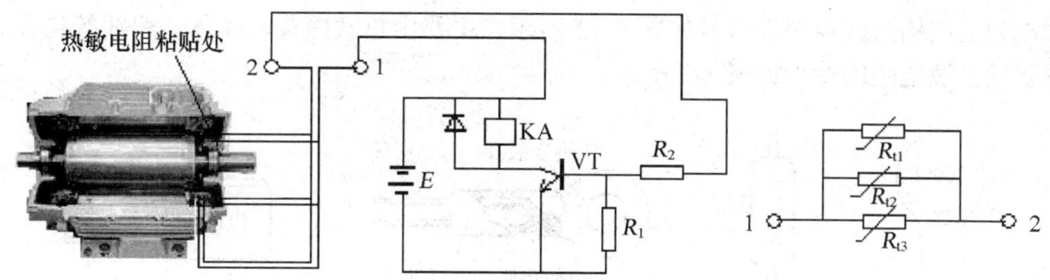

图 8-10　采用热敏电阻的电动机过载保护控制电路图

8.2　热 敏 电 阻

热敏电阻是利用半导体材料的电阻率随温度变化而变化的性质制成的一种敏感元件，其测温范围为-40～350℃。它具有电阻温度系数大、灵敏度高、结构简单、体积小、电阻率高、热惯性小的优点，存在阻值与温度变化呈非线性、稳定性和互换性较差等缺点。在温度传感器中，热敏电阻发展最快，性能得到不断改进，稳定性也大为提高，因此得到广泛应用，尤其是在远距离测量和控制中。

8.2.1　热敏电阻的外形及结构

1. 热敏电阻的外形

大部分半导体热敏电阻是由各种金属氧化物(如钴 Co、锰 Mn、镍 Ni 等)采用不同的比例配方，经高温烧结，然后采用不同的封装形式制成各种形状。常用热敏电阻如图 8-11 所示。

(a) MF12 型 NTC 热敏电阻

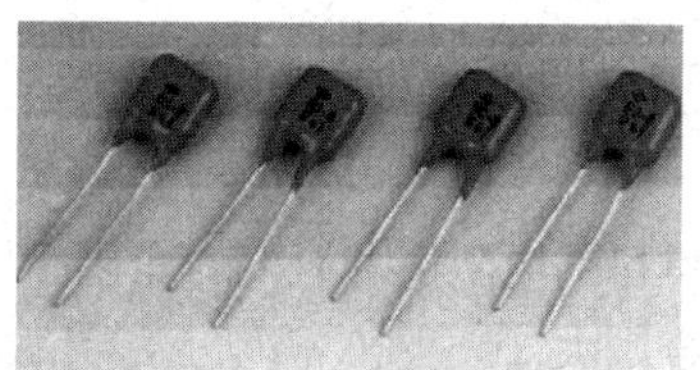

(b) 聚酯塑料封装热敏电阻

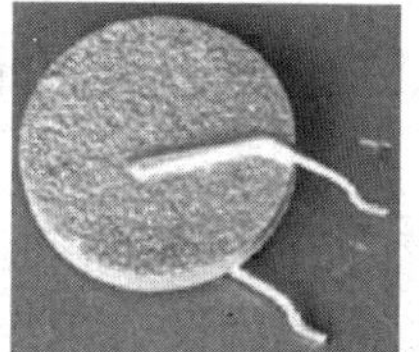

(c) 大功率 PTC 热敏电阻

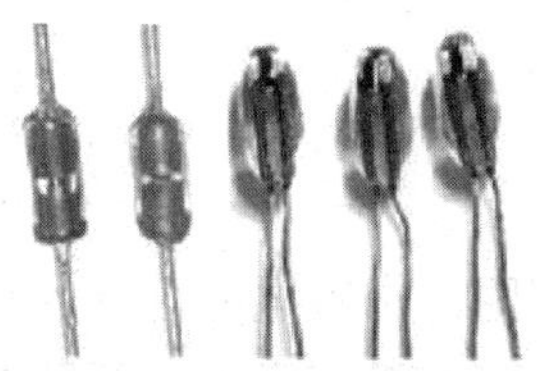

(d) 玻璃封装 NTC 热敏电阻

(e) 贴片式 NTC 热敏电阻

(f) 非标热敏电阻

图 8-11　常用热敏电阻

2. 热敏电阻的结构及特点

根据不同的使用要求，可以把热敏电阻做成不同形状，有珠状、片状、柱状等。各种热敏电阻的结构形式及图形符号如图 8-12 所示，主要由热敏探头、壳体、引线等构成。不同形状的热敏电阻的特点如表 8-2 所示。

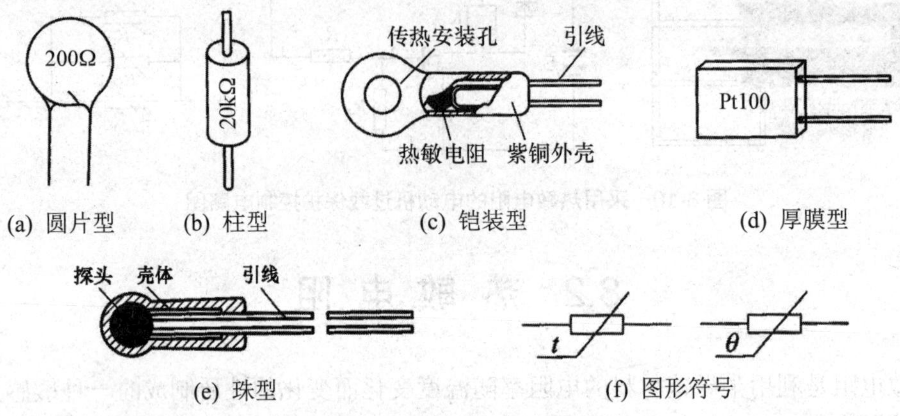

图 8-12　热敏电阻的结构形式及图形符号

表 8-2　不同形状的热敏电阻的特点

结构形式	工作温度	特　点
圆片型	150℃以下温度补偿	适用于对响应时间要求不高的场合
柱型	高温	稳定性好，可靠性高
原膜型	200℃以下	一致性、互换性好
珠型	200℃以上	体积小，响应快，精度高

8.2.2　热敏电阻的工作原理

热敏电阻是利用半导体材料的电阻值随温度的变化而显著变化的特性制成的测温传感器。热敏电阻的温度系数比一般金属大 10～100 倍以上，灵敏度高，能检测出-(1～6)～60%/℃范围内的各种温度变化。

8.2.3　热敏电阻的分类

热敏电阻的种类很多，分类方法也不相同。按温度系数的不同，热敏电阻可分为负温度系数热敏电阻(NTC)和正温度系数热敏电阻(PTC)两大类。其中，NTC 又分为负指数型和负突变型(CTR)两类，CTR 一般在某一温度范围内，电阻值会发生急剧变化。PTC 又分为线性型和突变型两类。热敏电阻的温度特性曲线如图 8-13 所示。

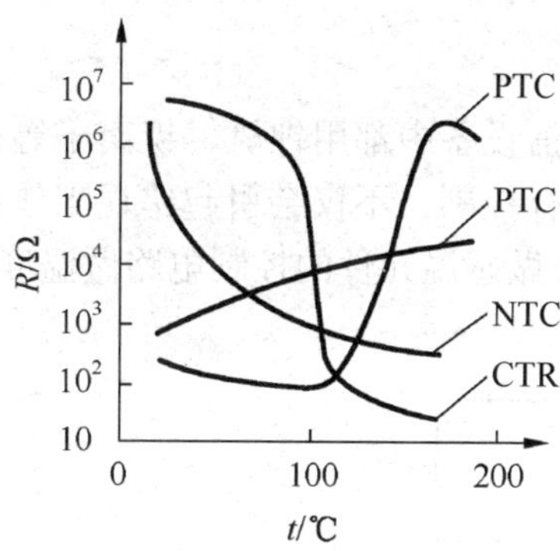

图 8-13　热敏电阻温度特性曲线

1. 正温度系数热敏电阻

正温度系数热敏电阻(PTC)具有当温度超过某一数值时，电阻值随温度升高而快速增大的特性。其主要材料是掺杂的 $BaTiO_3$ 半导体陶瓷。它是一种新型的测温器件，温度变化与电阻率变化之间呈线性关系。PTC 主要用于各种电气设备的过热保护和发热源的定温控制，也可作为限流元件使用。

2. 负温度系数热敏电阻

负温度系数热敏电阻(NTC)具有电阻值随温度升高而均匀下降的特性。它的材料主要是一些过渡金属氧化物半导体陶瓷。其测温范围一般为-50～350℃，温度系数为-(1～6)%/℃。NTC 主要用于自动控制及电子线路的温度测量和热补偿。

3. 突变型负温度系数热敏电阻

突变型负温度系数热敏电阻(CTR)的电阻值在某特定温度范围内可随温度升高而降低 3～4 个数量级，即具有很大的负温度系数。其主要材料是 VO_2 并添加一些金属氧化物。它具有开关特性，适用于在某一较窄温度范围内做温度控制开关或监测使用。

8.2.4　热敏电阻传感器的应用

PTC、CTR 主要用于检测元件、电路保护元件，例如用做温度补偿元件、限流开关、温度报警及定温加热器等。目前，热敏电阻被广泛用于军事、通信、航空航天、医疗、自动化设施的温度计、控温仪等装置。

1. 温度补偿

热敏电阻用于温度补偿是其应用的一个重要方面。温度补偿原理是利用热敏电阻的电阻温度特性补偿电路中某些温度特性相反的元件，以改善电路对环境温度变化的适应能力。如图 8-14 所示，利用负温度系数的热敏电阻补偿晶体管的温度特性。热敏电阻 R_t 接入晶体管电路中，根据晶体三极管特性，当环境温度升高时，其集电极电流 I_c 上升，这等效于三极管等效电阻下降，U_{sc} 会增大。若要使 U_{sc} 维持不变，则需提高基极 b 点电位，减少三极管基流。选择 NTC 热敏电阻可达到补偿的目的。

2. 电池温度控制

在笔记本电脑、手机等通信设备中都用锂氢、镍离子等充电电池，在充电过程中电池急剧发热，如果不对其温度进行控制，不仅会引起错误工作状态，也可能引起电池发烟等危险。如图 8-15 所示，用 NTC 做感温元件的控制电路做温度控制，就可以保证充电速度和确保电池最终充满电。

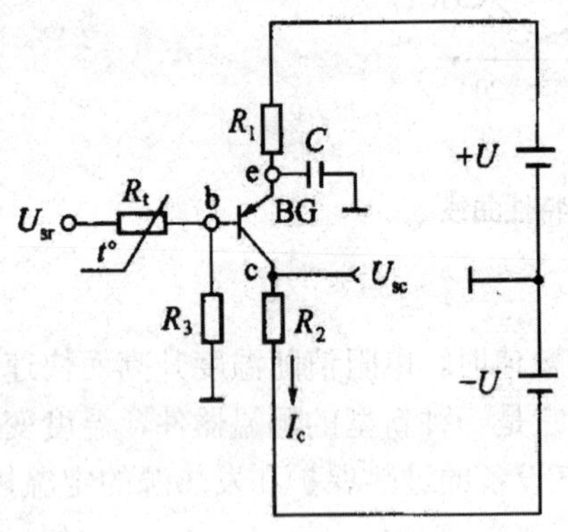

图 8-14 晶体管温度补偿电路

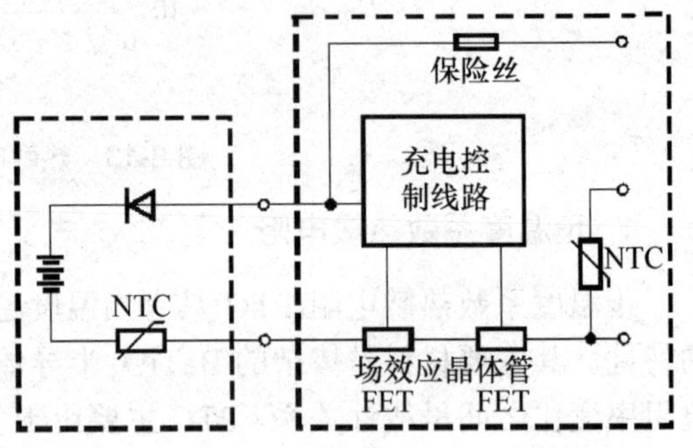

图 8-15 电池温度控制电路

3. 热敏电阻湿度计

图 8-16 所示为热敏电阻制成的湿度计。图中 R_1 为感湿用的热敏电阻，R_2 为补偿用的密封型热敏电阻。R_3 和 R_4 为温度系数很小的普通电阻。由于开放型的感湿热敏电阻 R_1 与密封型的热敏电阻 R_2 处于两种温度环境中，因此不平衡电桥就会输出一个和环境湿度有一定关系的信号，通过检测这个信号，就可以直接得知环境的湿度值。

4. 热敏电阻体温表

图 8-17 所示为热敏电阻体温表。图中由 R_t、R_2、R_3、R_4 构成四臂桥测温电路，R_{P1} 是调零电位器，R_{P2} 是调满度电位器。对于体温计而言，默认 32℃为零度，所以在测温前，必须对体温计进行标定。也就是将绝缘的热敏电阻(表头)放入 32℃的温水中，待热稳定后，调节 R_{P1}，使指针指在 32℃上，再将水温升至 45℃后，调节 R_{P2}，使指针指在 45℃上，并检测水温在 32～45℃之间体温计分度的准确度。这样就可以使用体温计进行测温了。

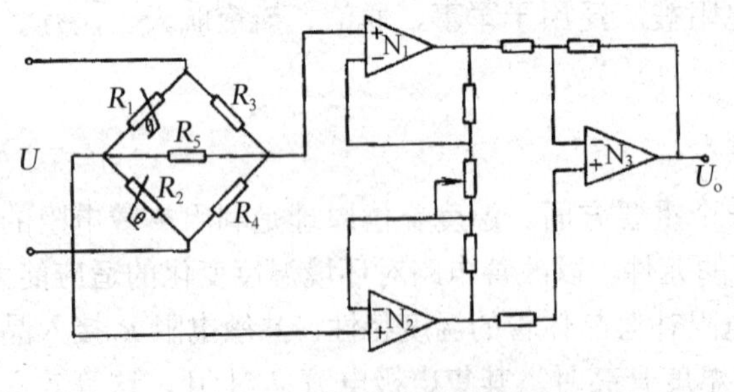

图 8-16 热敏电阻湿度计

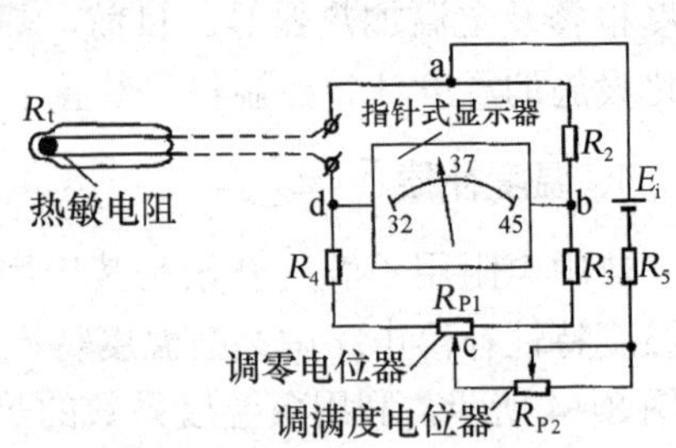

图 8-17 热敏电阻体温表

任务三　热电偶测量炉温

1. 任务分析

温度是工业生产过程中最常见的物理量之一。温度控制是工业生产过程中的一个重要环节，它对安全生产、质量控制、生产效率、节约能源有重大意义。在工业生产中，很多行业需要用到加热设备，如用于热处理的加热炉、用于熔化金属的坩埚炉，以及各种不同用途的加热炉、反应炉等。这使得温度控制在自动控制中成为不可缺少的重要控制对象。

热电偶是目前温度测量中使用最普遍的传感元件之一。它具有结构简单、测量范围宽、准确度高、热惯性小、输出信号为电信号便于远传或信号转换等优点，可以用来测量流体温度、固体以及固体壁面的温度，微型热电偶还可用于快速及动态温度的测量。基于热电偶的这些特点，在炉温的检测和控制中选用热电偶。

2. 任务实现

如图 8-18 所示，由毫伏定值器给出设定温度的相应毫伏值，炉温经热电偶转化成的热电动势与定值器的输出值进行比对，如有偏差，则说明炉温偏离给定，此偏差经放大器送入调节器，再经过晶闸管触发器去推动晶闸管执行器，从而调整炉丝的加热功率，消除偏差，达到温控的目的。本系统选用镍铬-镍硅(K 型)热电偶，测量范围 0～500℃，显示精度 1℃。

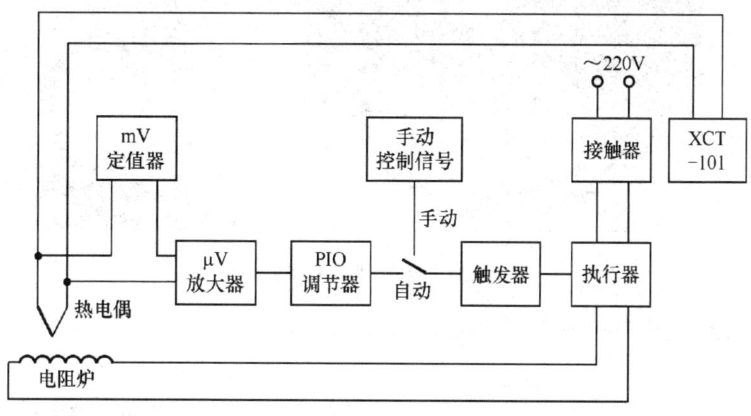

图 8-18　热电偶测量炉温

3. 任务小结

热电偶传感器是利用热电效应，将温度变化转换为热电动势，并通过测量放大电路转换、显示仪表将温度显示出来的测温设备。热电偶是工程上应用最广泛的温度传感器。它构造简单，使用方便，具有较高的准确度、稳定性及复现性，温度测量范围宽，在温度测量中占有重要的地位。

8.3 热电偶传感器

8.3.1 热电偶的外形、结构、分类和特性

1. 常用热电偶的外形

各种普通装配型热电偶的外形如图 8-19 所示。

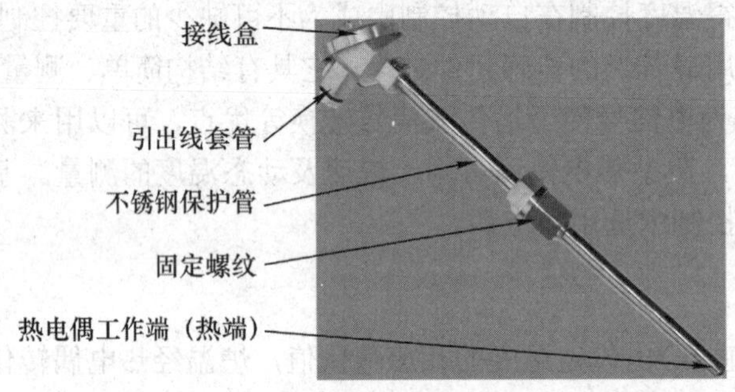

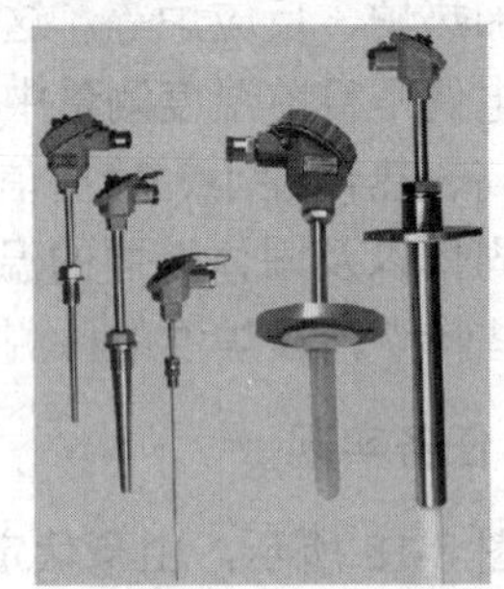

图 8-19 普通装配型热电偶的外形

各种铠装型热电偶的外形如图 8-20 所示。

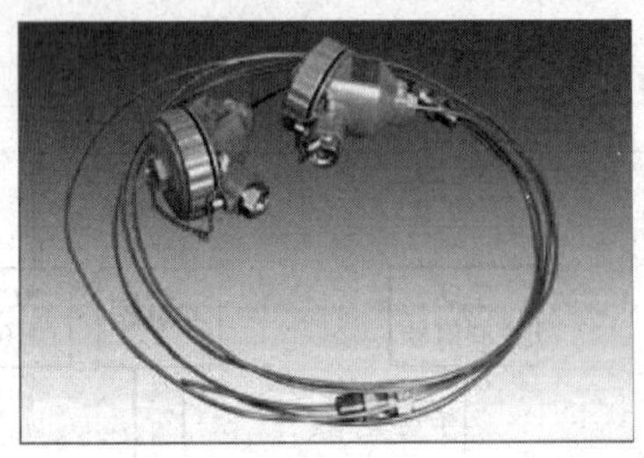

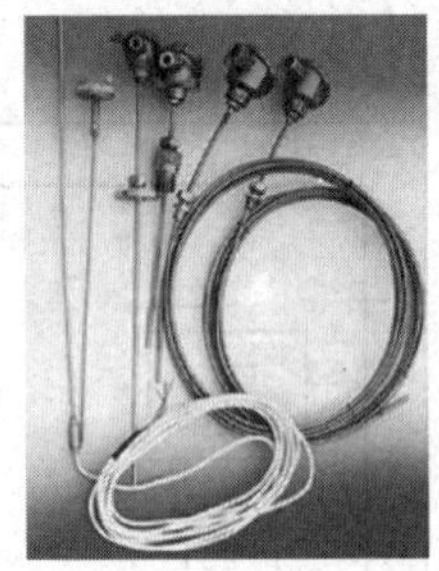

图 8-20 铠装型热电偶的外形

各种防爆型热电偶的外形如图 8-21 所示。

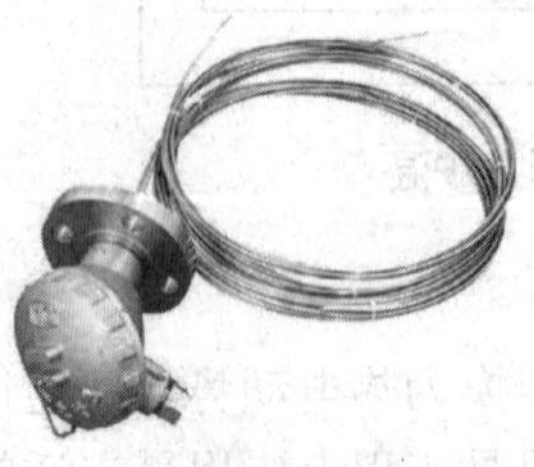

(a) 多点防爆热电偶

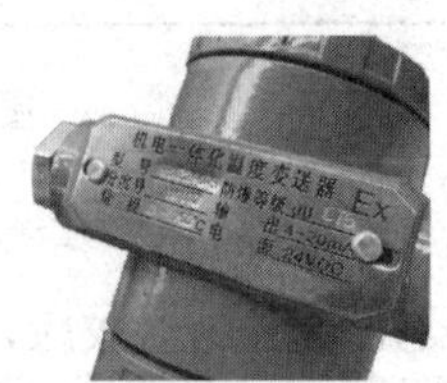

(b) 带温度变送器的防爆热电偶

图 8-21 防爆型热电偶的外形

2. 热电偶的结构

热电偶的结构如图 8-22 所示。

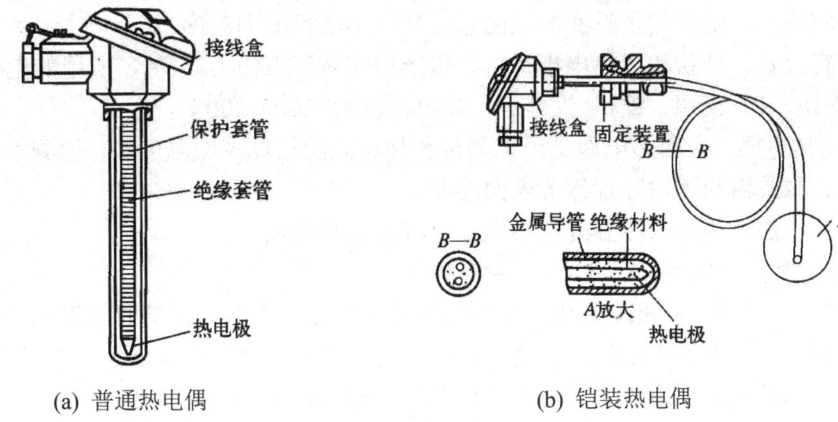

(a) 普通热电偶　　(b) 铠装热电偶

图 8-22　热电偶的结构

1) 热电极

热电极又称偶丝，是热电偶的基本组成部分。贵金属热电偶的热电极，直径一般为0.35～0.65mm，它不仅保证了必要的强度，而且整个热电偶的阻值不会太大。普通金属的热电极，直径一般是 0.5～3.2mm。热电极的长度由安装条件，特别是工作端在介质中的插入深度来决定，通常为 350～2000mm，最长可达 3500mm。

2) 绝缘套管

绝缘套管又称绝缘子，用来防止热电偶的两个电极之间短路。绝缘材料种类很多，应根据测量范围来选择。室温下，绝缘管的绝缘电阻应在 5 MΩ 以上。

3) 保护套管

保护套管是用来保护热电偶感温元件免受被测介质化学腐蚀和机械损伤的装置。保护套管采用的材料根据各种热电偶的类型和使用现场情况而定。

4) 接线盒

热电偶接线盒是用来固定接线座和连接补偿导线的装置。它一般采用铝合金制成，可防止灰尘及有害气体进入内部。

3. 热电偶的分类

1) 按热电偶的结构形式进行分类

根据热电偶的结构形式不同，热电偶可分为普通热电偶、铠装热电偶、薄膜热电偶及表面热电偶等。

(1) 普通热电偶。普通热电偶将热电极安装在用绝缘管进行电气隔离的保护套管里使用，一般由热电极、绝缘套管、保护套管和接线盒等几部分组成，常用于测量气体、蒸汽和各种液体等介质的温度。

(2) 铠装热电偶。铠装热电偶又称套管热电偶，此种热电偶是将热电极、绝缘材料连同保护管一起拉制成型，经焊接、密封和装配等工艺制成的坚实的组合体。其外径细、温度响应快；柔软性强，可弯曲；机械强度高，结实可靠，耐振动、耐冲击。

(3) 薄膜热电偶。薄膜热电偶是用真空蒸镀(或真空溅射)、化学涂层等工艺，将热电极材料沉积在绝缘基板上而形成的。热电偶测量端既小又薄(厚度可达 0.01～0.1μm)，因而热惯性小，反应快，可用于测量瞬变的表面温度和微小面积上的温度。

其结构有片状、针状和把热电极材料直接蒸镀在被测表面上 3 种，所用的电极类型有铁-康铜、铁镍、铜-康铜、镍铬-镍硅等，测温范围为-200～300℃。

(4) 表面热电偶。表面热电偶是用来测量各种状态的固体表面温度的，如测量轧辊、金属块、炉壁、橡胶筒和涡轮叶片等的表面温度。

除此之外，还有测量气流温度的热电偶、浸入式热电偶等。

2) 按热电偶标准与否进行分类

(1) 标准型热电偶。标准型热电偶是指国家标准规定了其热电动势与温度的关系、允许误差，并有相应分度表的热电偶。理论上讲，任何两种不同材料的导体都可以组成热电偶，但为了准确可靠地测量温度，必须对热电偶的材料进行严格的选择。国际电工委员会(IEC)向世界各国推荐了 8 种标准化热电偶。我国生产的符合 IEC 标准的热电偶有 6 种。表 8-3 所示为它们的基本特性。

表 8-3 我国生产的标准型热电偶及其基本特性

热电偶名称	分度号	测温范围	特 点
铂铑$_{30}$-铂铑$_{6}$	B	0～1700℃	测温上限高，精度高，性能稳定，热电动势小，价格贵，适用于冶金反应、钢水测量等高温领域
铂铑$_{10}$-铂铑	S	0～1600℃	热电性能稳定，精度高，抗氧化性强，价格贵，常用作标准热电偶或用于高温测量
镍铬-镍硅	K	-200～1300℃	测温范围宽，热电动势与温度关系近似线性，性能稳定，热电动势大，价格低，应用最广，抗辐射性能较差
镍铬-康铜	E	-200～900℃	线性好，热电动势较其他常用热电偶大，价格便宜，适宜在氧化性或惰性气体中工作
铁-康铜	J	-200～750℃	价格便宜，热电动势较大，仅次于 E 型热电偶，缺点是铁极易氧化
铜-康铜	T	-200～400℃	精度高，在-200～0℃范围内可制成标准型热电偶，缺点是易氧化，一般用于不超过 300℃的低温测量

目前工业上常用的有四种标准化热电偶，即铂铑$_{30}$-铂铑$_{6}$(B)、铂铑$_{10}$-铂(S)、镍铬-镍硅(K)和镍铬-铜镍(或康铜)(E)。

(2) 非标准型热电偶。非标准型热电偶的复现性差，没有统一的分度表，主要用于扩展高温和低温的测量以及特殊场合的测量。非标准型热电偶包括铱铑系及钨铼系热电偶等。

铱铑系，如铱铑$_{40}$-铱、铱铑$_{60}$-铱等，其热电动势与温度线性关系好，长期使用温度在 2100℃以下。钨铼系，如钨铼$_{3}$-钨铼$_{25}$、钨铼$_{5}$-钨铼$_{20}$等，可以使用到 2600℃，主要用于钢水连续测温、反应堆测温等场合。

8.3.2 热电偶的工作原理

热电偶的基本工作原理是热电效应，即将温度变化转换为热电动势变化。

1. 热电效应

两种不同的导体或半导体 A 和 B 组合成一个闭合回路，当闭合回路的两个接点分别置于不同的温度场中，回路中产生一个方向和大小与导体的材料及两接点的温度有关的电动势，这种效应称为“热电效应”，或称温差电效应。由于这种效应是 1821 年德国物理学家赛贝克首先发现的，故又称为赛贝克效应。热电偶回路如图 8-23 所示。

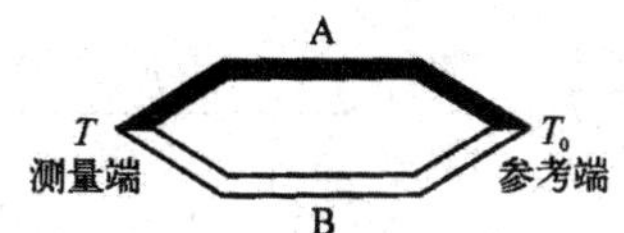

图 8-23 热电偶回路

热电效应涉及的相关概念如下。

(1) 热电极：闭合回路中的导体或半导体 A 和 B。

(2) 热电偶：导体或半导体 A、B 组成的闭合回路。

(3) 测量端：两个接点中温度高的一端，又称为工作端或热端。

(4) 参考端：两个接点中温度低的一端，又称为自由端或冷端。

(5) 热电动势：两导体的接触电动势和单一导体的温差电动势之和。

2. 热电动势的组成

1) 接触电动势

如图 8-24(a)所示，接触电动势是由于两种不同导体的自由电子密度不同而在接触处形成的电动势。

两种导体接触时，自由电子由密度大的导体向密度小的导体扩散，在接触处失去电子的一侧带正电，得到电子的一侧带负电，形成稳定的接触电动势。接触电动势的数值取决于两种不同导体的性质和接触点的温度。两接点的接触电动势 $E_{AB}(T)$和 $E_{AB}(T_0)$可表示为

$$E_{AB}(T)=\frac{KT}{e}\ln\frac{N_{AT}}{N_{BT}} \tag{8-1}$$

$$E_{AB}(T_0)=\frac{KT_0}{e}\ln\frac{N_{AT_0}}{N_{BT_0}} \tag{8-2}$$

式中，K 为波尔兹曼常数；e 为单位电荷电量；N_{AT}、N_{BT} 和 N_{AT_0}、N_{BT_0} 分别为温度为 T 和 T_0 时导体 A、B 的电子密度。

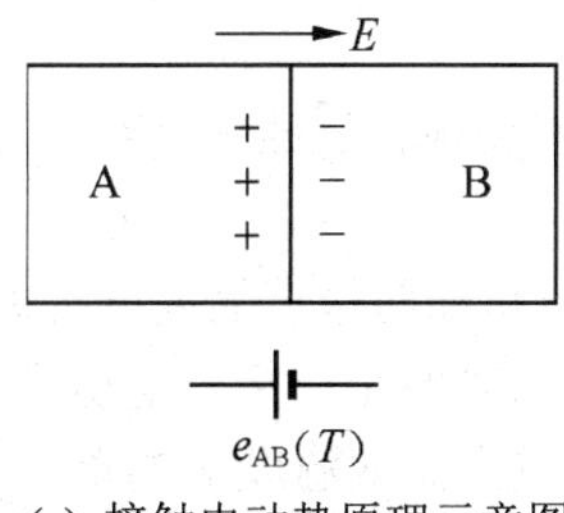

(a) 接触电动势原理示意图

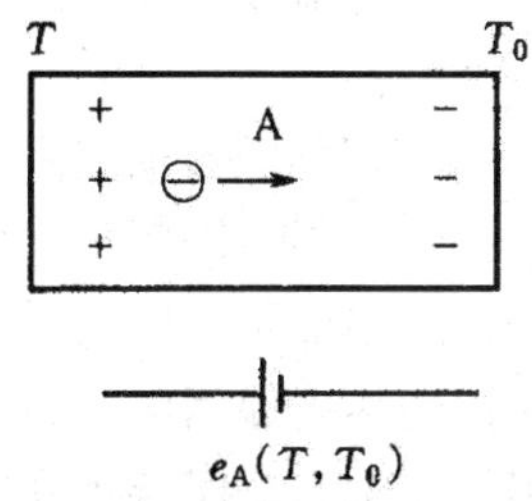

(b) 温差电动势原理示意图

图 8-24 热电偶电动势原理图

2) 温差电动势

如图 8-24(b)所示，温差电动势是同一导体的两端因其温度不同而产生的一种热电动势。

同一导体的两端温度不同时，高温端的电子能量要比低温端的电子能量大，因而从高温端跑到低温端的电子数要比从低温端跑到高温端的多，结果高温端因失去电子而带正电，低温端因获得多余的电子而带负电，因此，在导体两端便形成接触电动势，其大小由下面公式给出：

$$E_{\mathrm{A}}(T,T_0)=\frac{K}{e}\int_{T_0}^{T}\frac{1}{N_{\mathrm{AT}}}\cdot\frac{\mathrm{d}(N_{\mathrm{AT}}\cdot t)}{\mathrm{d}t}\mathrm{d}t \tag{8-3}$$

$$E_{\mathrm{B}}(T,T_0)=\frac{K}{e}\int_{T_0}^{T}\frac{1}{N_{\mathrm{BT}}}\cdot\frac{\mathrm{d}(N_{\mathrm{BT}}\cdot t)}{\mathrm{d}t}\mathrm{d}t \tag{8-4}$$

式中，N_{AT} 和 N_{BT} 分别为 A 导体和 B 导体的电子密度，是温度的函数。

3) 总热电动势

回路总热电动势如图 8-25 所示。

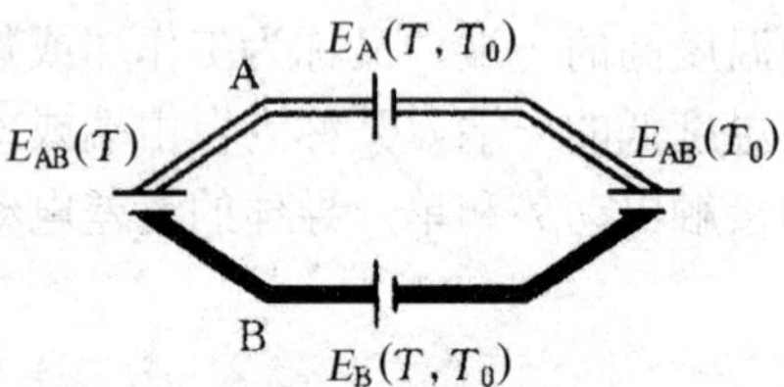

图 8-25　回路总热电动势

设导体 A、B 组成热电偶的两接点温度分别为 T 和 T_0，则热电偶回路中产生的总热电动势为

$$E_{\mathrm{AB}}(T,T_0)=E_{\mathrm{AB}}(T)+E_{\mathrm{B}}(T,T_0)-E_{\mathrm{AB}}(T_0)-E_{\mathrm{A}}(T,T_0) \tag{8-5}$$

在总热电动势中，温差电动势比接触电动势小很多，可忽略不计，热电偶的热电动势可表示为

$$E_{\mathrm{AB}}(T,T_0)=E_{\mathrm{AB}}(T)-E_{\mathrm{AB}}(T_0) \tag{8-6}$$

对于已选定的热电偶，当参考端温度 T_0 恒定时，$E_{\mathrm{AB}}(T_0)$为常数，则总的热电动势就只与温度 T 成单值函数关系，即

$$E_{\mathrm{AB}}(T,T_0)=f(T)-C=\psi(T) \tag{8-7}$$

从式(8-7)可看出，热电偶产生的热电动势只随热端(测量端)温度的变化而变化，即一定的热电动势对应一定的温度，测得热电动势就能测得温度了。

结论：

(1) 如果热电偶两材料相同，则无论接点处的温度如何，总热电动势为 0。

(2) 如果两接点处的温度相同，尽管 A、B 材料不同，总热电动势为 0。

(3) 热电偶热电动势的大小，只与组成热电偶的材料和两接点的温度有关，而与热电偶的形状尺寸无关，当热电偶两电极材料固定后，热电动势便是两接点电动势差。

(4) 如果使冷端温度 T_0 保持不变，则热电动势便成为热端温度 T 的单一函数。

不同材料组成的热电偶，热电动势 E_{AB} 与 T 的函数关系是不同的，它由实验法求取，并用分度表列出。

8.3.3　热电偶的基本定律

1. 中间导体定律

在热电偶 A、B 回路中，接入第三种导体 C，如图 8-26 所示，只要第三种导体的两接点温度相同，则回路中总的电动势不变。

由于温差电动势可忽略不计，则回路中的总热电动势等于各接点的接触电动势之和。即

$$E_{\mathrm{ABC}}(T,T_0)=E_{\mathrm{AB}}(T)+E_{\mathrm{BC}}(T_0)+E_{\mathrm{CA}}(T_0) \tag{8-8}$$

当 $T=T_0$ 时，则回路总电动势为零，即

$$E_{\mathrm{ABC}}(T,T_0)=E_{\mathrm{AB}}(T)+E_{\mathrm{BC}}(T_0)+E_{\mathrm{CA}}(T_0)=0 \tag{8-9}$$

$$E_{\mathrm{BC}}(T_0)+E_{\mathrm{CA}}(T_0)=-E_{\mathrm{AB}}(T_0) \tag{8-10}$$

得

$$E_{\mathrm{ABC}}(T,T_0)=E_{\mathrm{AB}}(T)-E_{\mathrm{AB}}(T_0)=E_{\mathrm{AB}}(T,T_0) \tag{8-11}$$

同理，在回路中接入各种仪表，或接入第四、第五种导体后，只要加入的导体两端温度相等，同样不影响回路中的总热电动势。

提示： 在回路中接入各种仪表，不影响回路的电动势。

2. 中间温度定律

中间温度定律指出，在热电偶回路中，如果热电极 A、B 分别与连接导线 A′、B′ 相连接，那么回路热电动势 $E_{\mathrm{AB}}(T,T_0)$等于热电偶 AB 在接点温度(T,T_n)和(T_n,T_0)时的相应热电动势的代数和，如图 8-27 所示。

$$E_{\mathrm{AB}}(T,T_0)=E_{\mathrm{AB}}(T,T_\mathrm{n})+E_{\mathrm{AB}}(T_\mathrm{n}+T_0) \tag{8-12}$$

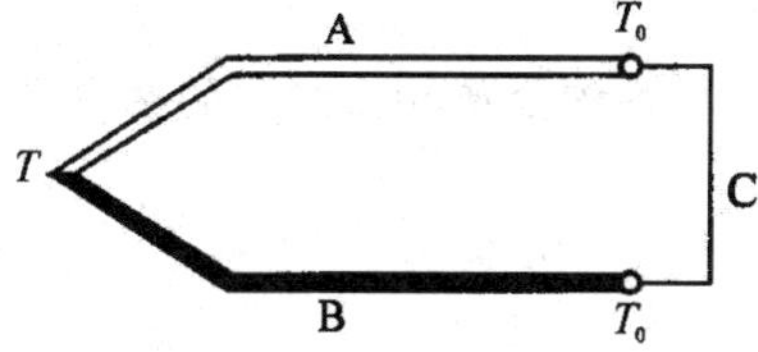

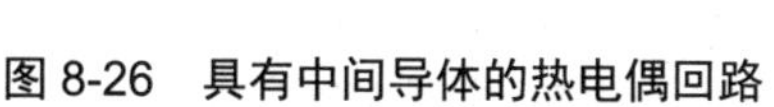
图 8-26　具有中间导体的热电偶回路

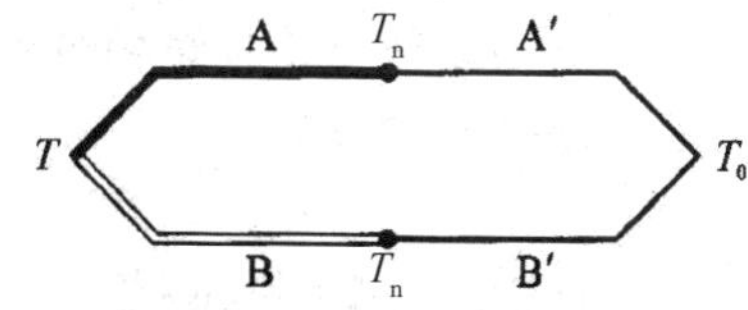

图 8-27　具有延长导线的热电偶

同一种热电偶，当两接点温度 T、T_n 不同，其产生的热电动势也不同。要将对应各种(T,T_n)温度的热电动势-温度关系都列成图表是不现实的。中间温度定律为热电偶制定分度表提供了理论依据。根据这一定律，只要列出参考温度为 0℃时的热电动势-温度关系，那么参考温度不等于 0℃的热电动势都可按式(8-12)求出。

提示： 利用热电偶这一性质，可对参考端温度不为 0℃的热电动势进行修正。

3. 均质导体定律

在热电极 A、B 由一种均质导体组成的闭合回路中，不论导体的截面和长度如何以及各处的温度分布如何，都不能产生热电动势。这说明热电偶必须由两种不同性质的均质材料

构成。

提示：用它可检查热电极成分是否相同。

4. 标准电极定律

热电偶由 A，B 两种导体制成，若将 A，B 两种导体分别与第三种导体 C 制成如图 8-28 所示的热电偶，且三个热电偶的热端和冷端温度相同(T,T_0)，则 A 和 B 热电偶的热电动势 $E_{AB}(T,T_0)$等于 A 和 C 热电偶热电动势 $E_{AC}(T,T_0)$与 B 和 C 热电偶热电动势 $E_{BC}(T,T_0)$之差，这称为标准电极定律。公式为

$$E_{AB}(T,T_0)=E_{AC}(T,T_0)-E_{BC}(T,T_0) \tag{8-13}$$

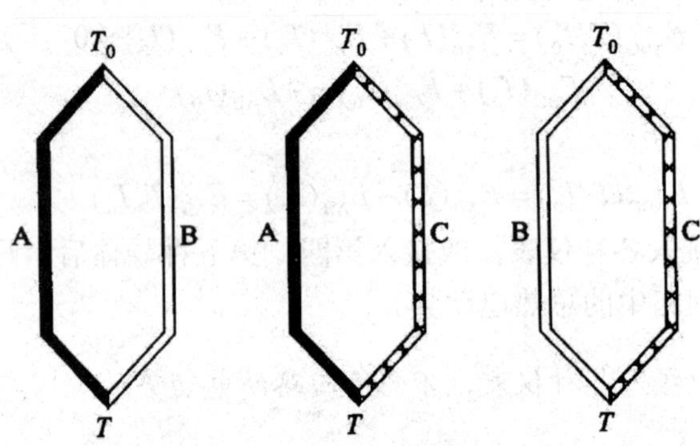

图 8-28　三种导体分别组成的热电偶

由于纯铂丝的物理化学性能稳定，熔点较高，易提纯，所以目前常用纯铂丝作为标准电极。该定律大大简化了热电偶的选配工作。只要获得有关热电极与标准铂电极配对的热电动势，那么由这两种热电极配对组成热电偶的热电动势便可按式(8-13)求得，而不需逐个进行测定。

提示：测得各种金属与纯铂组成的热电动势，则各种金属相互组成的热电偶的热电动势也可知了。

8.3.4　热电偶的冷端补偿

对于特定分度的热电偶，只有使冷端的温度恒定，热电动势才是热端温度的单值函数。用热电偶的分度表查毫伏-温度时，必须满足 T_0=0 的条件。而在实际测温中，冷端温度通常随环境温度而变化，这样 T_0 不但不是 0℃，而且也不恒定，将产生误差。因此要采用一些措施进行补偿或者修正。

1. 补偿导线法

补偿导线法的目的是使冷端远离工作端，和测量仪表一起放到恒温或温度波动小的地方。当测温仪表与测量点距离较近时，冷端温度会受到被测物温度和周围环境温度的影响而波动，为使冷端温度稳定，又节省热电偶的材料，通常采用补偿导线来延长热电偶的冷端，使之远离高温区。这种方法称为补偿导线法。

补偿导线是由两种不同性质的廉价金属材料制成，要求在 0～150℃范围内与配接的热电偶具有一致的热电特性，如表 8-4 所示。

表 8-4　常用的补偿导线

补偿导线型号	配用热电偶型号	补偿导线		绝缘层颜色	
		正　极	负　极	正　极	负　极
SC	S	SPC(铜)	SNC(铜镍)	红	绿
KC	K	KPC(铜)	KNC(康铜)	红	蓝
KX	K	KPX(镍铬)	KNX(镍硅)	红	黑
EX	E	EPX(镍铬)	ENX(铜镍)	红	棕

提示： ① 两根补偿导线与两个热电极的接点必须有相同的温度。
② 补偿导线只能与相应型号的热电偶配用，极性不能接反。

2. 计算修正法

采用补偿导线修正冷端温度可使热电偶的冷端延伸到温度比较稳定的地方，但只要冷端温度不等于 0℃，就需要用计算的方式对热电偶回路的电动势值加以修正。例如，冷端温度高于 0℃，但恒定于 T_0，则测得的热电偶的热电动势要小于该热电偶的分度值，修正值为 $E_{AB}(T_0, 0)$，可用下式进行修正：

$$E(T,T_0)=E(T,T_0)+E(T_0,0) \tag{8-14}$$

经修正后的实际热电动势，可由分度表中查出被测实际温度值。

【例 8-1】用镍铬-镍硅热电偶测某一水池内水的温度，测出的热电动势为 2.436mV，再用温度计测出环境温度为 30℃(且恒定)，求池水的真实温度。

解：由镍铬-镍硅热电偶分度表查出

$$E(30,0) = 1.203\text{mV}$$

所以

$$\begin{aligned}E(T,0) &= E(T,30)+E(30,0)\\ &= 2.436\text{mV}+1.203\text{mV}=3.639\text{mV}\end{aligned}$$

查分度表知其对应的实际温度为 T=88℃，即池水的真实温度是 88℃。

3. 0℃恒温法

把热电偶冷端放入冰水混合物的容器中，使冷端温度保持 0℃，这种方法又称冰浴法。此时热电偶的热电动势与分度表一致。这种方法精度较高，适用于实验室或精密测量中。

4. 自动补偿法(补偿电桥法)

补偿电桥法是利用不平衡电桥产生的不平衡电压作为补偿信号，来自动补偿热电偶测量过程中因参考端温度不为 0℃或变化而引起热电动势的变化值。

如图 8-29 所示，不平衡电桥由三个电阻温度系数较小的锰铜丝绕制的电阻 R_1、R_2、R_3，以及电阻温度系数较大的铜丝绕制的电阻 R_{Cu} 和稳压电源组成。

补偿电桥与热电偶参考端处在同一环境温度，但由于 R_{Cu} 的阻值随环境温度变化而变化，如果适当选择桥臂电阻和桥路电流，就可以使电桥产生的不平衡电压 U_{AB} 补偿由于参考端温度变化引起的热电动势 $E_{AB}(t, t_0)$变化量，从而达到自动补偿的目的。

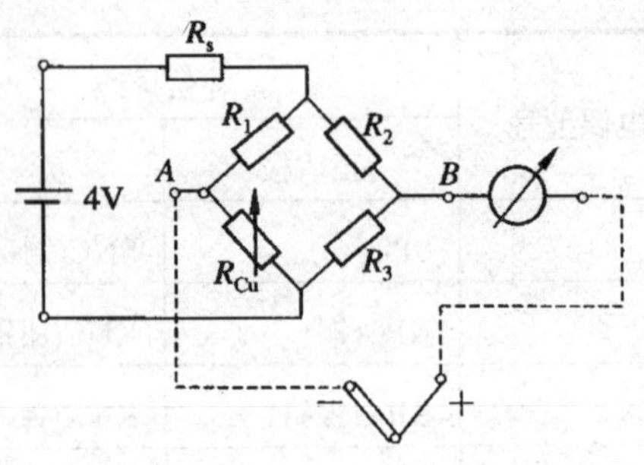

图 8-29　电桥补偿法

5. 显示仪表零位调整法

当热电偶通过补偿导线连接显示仪表时，如果热电偶冷端温度已知且恒定，可预先将有零位调整器的显示仪表的指针从刻度的初始值调至已知的冷端温度值上，这时显示仪表的示值即为被测量的实际值。

6. 软件处理法

对计算机处理系统，可以应用软件进行热电偶冷端处理。例如对于冷端温度恒定但不为 0℃的情况，只需在采样后加一个与冷端温度对应的常数即可。

对于 T_0 经常波动的情况，可利用热敏电阻或其他传感器把 T_0 信号输入计算机，按照运算公式设计一些程序，便能自动修正。

8.3.5　热电偶测温电路

1. 热电偶测温系统

热电偶测温时，可以直接与显示仪表(如电子电位差计、数字表等)配套使用，也可与温度变送器配套，转换成标准电流信号。

典型的热电偶测温系统结构框图如图 8-30 所示，图 8-30(a)为普通测温结构，图 8-30(b)为带有补偿器的测温结构，图 8-30(c)为带有温度变送器的测温结构，图 8-30(d)为带有一体化温度变送器的测温结构。

2. 热电偶的连接

特殊情况下，热电偶还可以串联或并联使用，但只能是同一分度号的热电偶，且参考端应在同一温度下。正向串联的热电偶，可获得较大的热电动势输出和较高的灵敏度；在测量两点温差时，可采用热电偶反向串联；并联可以测量平均温度。热电偶串、并联线路如图 8-31 所示。

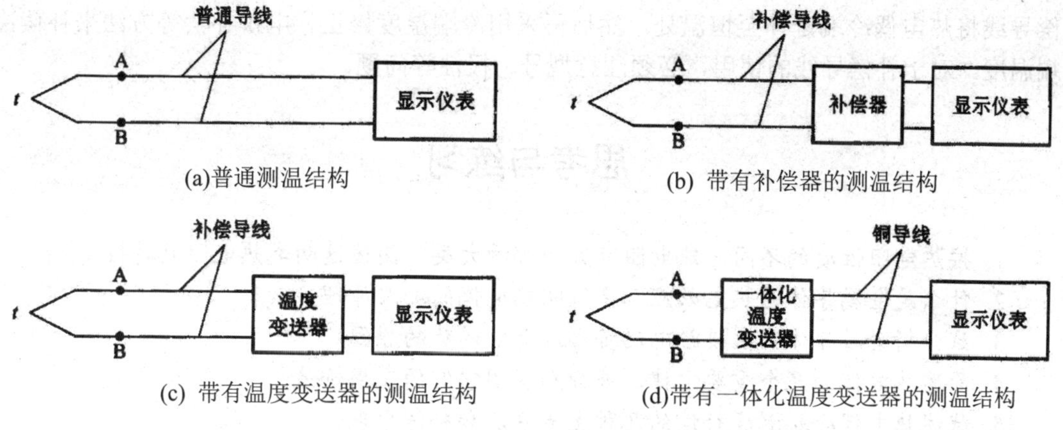

(a)普通测温结构　　(b) 带有补偿器的测温结构

(c) 带有温度变送器的测温结构　　(d)带有一体化温度变送器的测温结构

图 8-30　典型的热电偶测温系统结构框图

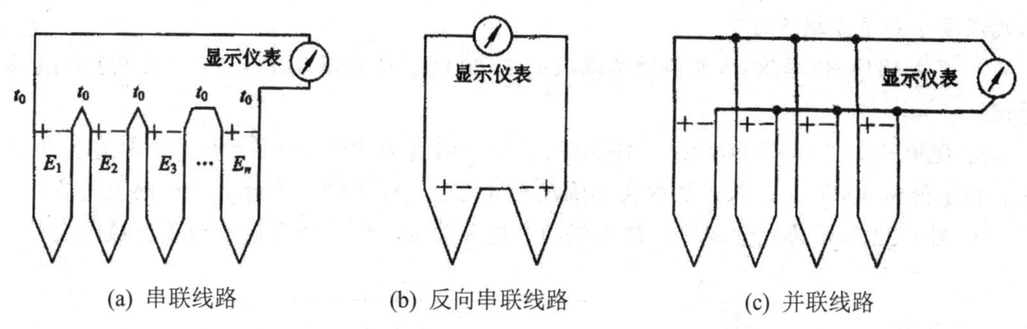

(a) 串联线路　　(b) 反向串联线路　　(c) 并联线路

图 8-31　热电偶串、并联线路

本 章 小 结

热电式传感器是一种将温度变化转换为电量变化的装置。它利用传感元件的电磁参数随温度变化的特征来达到测量的目的。通常将被测温度转换为敏感元件的电阻、磁导或电动势的变化，通过适当的测量电路，就可由电压、电流这些电参数的变化来表达所测温度的变化。其中将温度转换为电阻值大小的热电式传感器称为热电阻；将温度转换为电动势大小的热电式传感器称为热电偶。热电偶、金属热电阻的测量温度范围宽，且可用于高温度测量。热敏电阻测量温度范围较小，测量温度的上限较热电偶和金属热电阻低得多。

热电阻利用导体或半导体材料的电阻随温度而变化的原理来测量温度。常用的金属热电阻主要有铂热电阻和铜热电阻，它们的温度系数较小，适用于低温、中温测量场合；而半导体热敏电阻主要采用 NTC，其灵敏度较高，但目前测温范围大都在 300℃以下，仅适合于点温、表面温度及快速变化温度的测量。

热电偶是利用热电效应，将温度变化转换为热电动势的测温设备。热电偶测量精度高，测量范围广。各种型号的标准型热电偶在冷端温度为 0℃时热电动势与热端温度之间的对应关系已制成分度表，测出热电动势后通过查分度表即可知道热端温度。在实际使用过程中，冷端温度一般不为 0℃甚至会随环境而波动，因此为获取准确的温度测量值，需要先利用补偿导线将热电偶冷端延伸至恒温处，然后再采用冷端温度修正、电桥补偿等方法来补偿冷端温度。对于补偿导线的使用，必须注意型号、极性等问题。

思考与练习

1. 按热电阻性质的不同，热电阻可分为哪两大类？简述这两类热电阻的特性。

2. 什么是金属导体的热电效应？试说明热电偶的测温原理。

3. 试分析金属导体产生接触电动势和温差电动势的原因。

4. 简述热电偶的几个重要定律，并分别说明它们的实用价值。

5. 试述热电偶冷端温度补偿的几种主要方法和补偿原理。

6. 已知铂铑$_{10}$-铂(S)热电偶的冷端温度T_0=25℃，现测得热电动势$E(T,T_0)$=11.712mV，求热端温度T是多少摄氏度？

7. 已知镍铬-镍硅(K)热电偶的热端温度T=800℃，冷端温度T_0=25℃，求$E(T,T_0)$是多少毫伏？

8. 现用一支镍铬-康铜(E)热电偶测温，其冷端温度为30℃，而显示仪表机械零位为0℃，这时指示值为400℃，若认为热端实际温度为430℃，对不对，为什么？正确值是多少？

9. 图8-32所示为测量回路，热电偶的分度号为K，仪表的示值应为多少摄氏度？

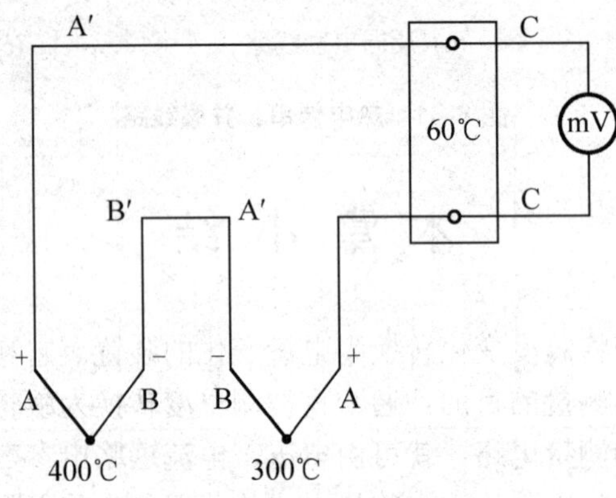

图8-32　测量回路

第9章

波式和射线式传感器

本章要点

- 超声波的概念及传播特性
- 超声波传感器的工作原理
- 微波式传感器的基本知识和特性
- 射线式传感器的物理基础及组成

本章难点

- 超声波传感器的工作原理
- 波式和射线式传感器的选用原则

由于科学技术的发展，相关领域中的一些技术也已经应用到检测技术中来，如超声波、微波、射线等，而且它们的应用范围在不断地扩大，特别是在环境条件恶劣或非接触测量的许多场合，这些检测方法就更显示出它们的优越性。

本章主要讲述超声波传感器、微波式传感器、射线式传感器的基本知识、作用、地位、发展方向及其组成、分类和基本特性，以及这类传感器的选用原则及应用。

任务　超声波金属材料探伤

1. 任务分析

人们在使用各种材料，尤其是金属材料的长期实践中，观察到大量的变形、气泡甚至断裂现象，它曾给人类带来许多灾难性的事故，涉及船舶、飞机、铁路交通、机械制造、压力容器、宇航器、核设备等。

工业用材料存在着大量微观和宏观的缺陷。微观缺陷如杂质原子、晶格错位、晶界等；宏观缺陷则是材料和构件在冶炼、铸造、锻造、焊接、轧制和热处理等加工过程中产生的，例如气孔、夹渣、裂纹和未焊透、未熔合等。这些微观和宏观缺陷大大降低了材料和构件的强度。

无损探伤以不损坏被检验对象为前提，可以在设备运行过程中进行不间断监测。超声波检测和探伤是目前应用十分广泛的无损探伤手段。它能够快速、便捷、无损伤、精确地进行工件内部多种缺陷(裂纹、疏松、气孔、夹杂等)的检测、定位、评估和诊断。它既可检测材料表面的缺陷，又可检测内部几米深的缺陷，这是其他探伤方法达不到的深度。超声波探伤是无损探伤技术中的一种主要检测手段。它主要用于检测板材、锻件和焊接缝等材料中的缺陷。

提示： 超声波无损探伤只针对钢铁、铝合金、铜合金、塑料、陶瓷等材料。

2. 任务实现

超声波反射法是目前应用于金属探伤最多的一种方法。它采用超声双晶直探头，超声波频率一般选择在 1～10MHz 范围内。检测时将探头放置在被测工件上，并在工件表面来回移动进行检测。探头发射出超声波，以垂直方向在工件内部传播。如果传播路径上没有缺陷，超声波到达工件底部反射回来形成一个反射波，被接收探头接收，一般称为底波 B，荧光屏上出现始波脉冲 T 和底波脉冲 B，如图 9-1(a)所示。如果工件有缺陷，一部分脉冲将会在缺陷处产生反射，形成缺陷波 F；另一部分则连续传播到达工件底部产生反射，因而在荧光屏上除始波脉冲 T 和底波脉冲 B 外，还出现缺陷波脉冲 F，如图 9-1(b)所示。荧光屏上水平亮线为扫描线(时间基准)，事先调整其长度，使长度与工件的厚度成正比，根据缺陷波脉冲在扫描时基线上的位置便可确定缺陷在工件中的深度。

3. 任务小结

反射法是基于超声在通过不同介质界面时会发生较强反射的原理工作的。声波在从一种介质传播到另外一种介质时，在其分界面处会发生反射，而且介质之间的差别越大，反射就会越大。对被测工件发射一个穿透力强、能够直线传播的超声波，若有缺陷则部分被反射，其余波则到达底部反射回来。探头对反射回来的超声波进行接收，并转换为高频电脉冲，经放大、检波等，判断出该被测物体是否有缺陷以及缺陷位置。

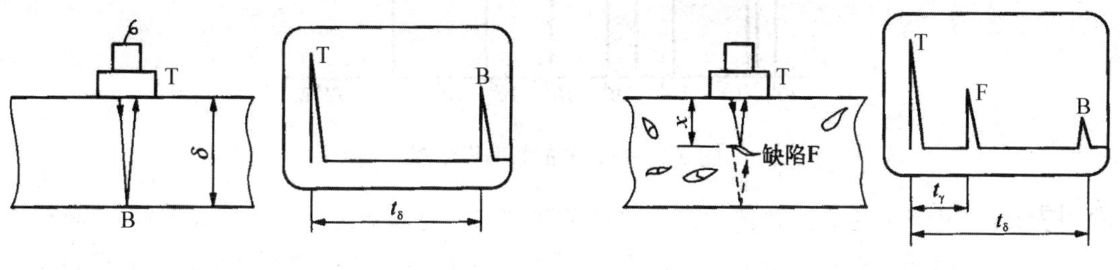

(a) 无缺陷的反射和显示波形　　(b) 有缺陷的反射和显示波形

图 9-1　超声波探伤示意图

超声检测是一种无损检测。在工业中广泛用于金属构件、混凝土制品、塑料制品、陶瓷制品的探伤及厚度检测，此外，在物位、液位、流量、流速、防盗报警以及在日常生活中的其他许多领域，超声波的应用也越来越广泛。

9.1　超声波传感器

超声波是一种机械波，它方向性好，穿透力强，遇到杂质或分界面会产生显著的反射。超声波传感器就是利用超声波的特性，将非电量转换为电量的测量元件。

超声之所以得到广泛的应用，一则是因为极强的超声波比较容易得到；二则是因为超声的波长很短，很容易做成细束的形状，必要时还可以像光线一样地聚焦。

9.1.1　超声波的基本概念

1. 超声波的概念及其波型

机械振动在弹性介质内的传播称为波动，简称为波。声波是一种能在气体、液体和固体中传播的机械波，根据声波振动频率的范围，可分为次声波、声波、超声波和特超声波。人耳能听到的声波频率范围是 20Hz～20kHz。一般人说话的频率范围为 100Hz～8kHz。频率超过 20kHz 的声波称为超声波。频率在 3×10^{8}～3×10^{11}Hz 之间的波，称为微波。声波频率的界限划分如图 9-2 所示。

质点的振动方向与波在介质中的传播方向的不同形成不同的声波波型。通常有以下几种类型。

(1) 纵波：质点的振动方向与波的传播方向一致的波，能在固体、液体和气体介质中传播。

(2) 横波：质点的振动方向与波的传播方向垂直的波，只能在固体介质中传播。

(3) 表面波：质点的振动方式介于横波与纵波之间，沿着介质表面传播，轨迹是椭圆形，椭圆的长轴垂直于传播方向，短轴平行于传播方向，其振幅随深度的增加而迅速衰减。

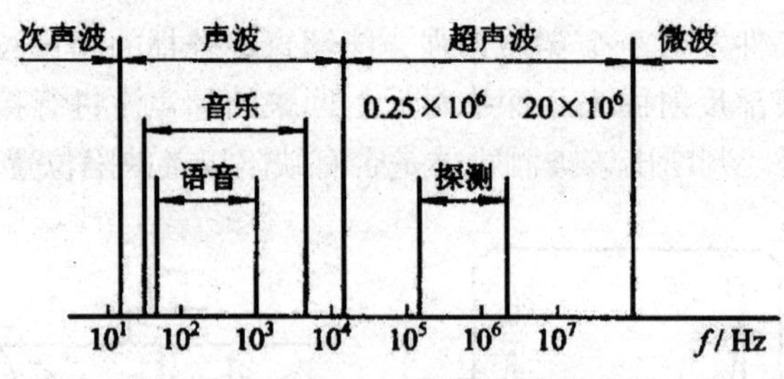

图 9-2　机械波的频率界限图

提示： 超声波为直线传播方式，它的频率越高，越接近光学的某些特性(如绕射能力越弱，反射、折射能力越强)。为此，利用超声波的这种性质就可制成超声波传感器。

2. 超声波的传播性质

1) 传播速度

超声波的传播速度取决于介质的密度和弹性常数。在气体和液体中传播时，由于不存在剪切应力，所以仅有纵波的传播，其传播速度 c 为

$$c=\sqrt{\frac{1}{\rho B_{\mathrm{a}}}} \tag{9-1}$$

式中，ρ 为介质的密度；B_{a} 为绝对压缩系数。

2) 超声波的反射和折射

当超声波以一定的入射角α从一种介质传播到另一种介质时，在两种介质的分界面上，一部分能量反射回原介质，称为反射波；另一部分发生折射，透射过界面，在另一种介质内部继续传播，称为折射波，如图 9-3 所示。

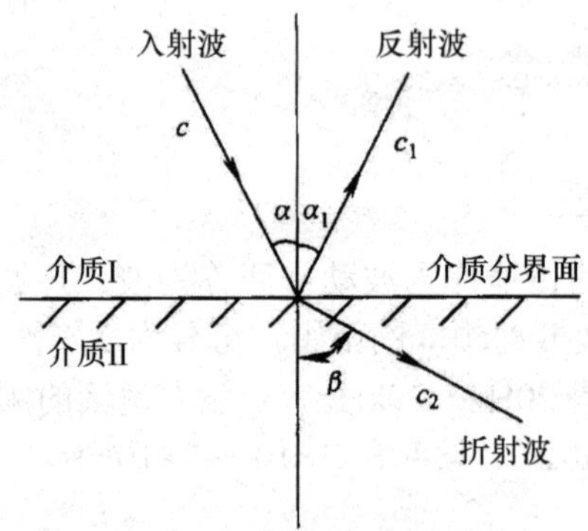

图 9-3　超声波的反射与折射图

(1) 反射定律。入射角α和反射角α_1 的正弦之比等于入射波和反射波在介质 I 中的速度之比，即

$$\frac{\sin\alpha}{\sin\alpha_1}=\frac{c}{c_1} \tag{9-2}$$

式中，c 为入射波在介质中的速度；c_1 为反射波在介质中的速度。当入射波和反射波波型相

同、波速相同时，入射角α等于反射角α_1。

(2) 折射定律。入射角α和折射角β的正弦之比等于入射波在介质 I 中的波速 c 与折射波在介质 II 中的波速 c_2 之比，即

$$\frac{\sin\alpha}{\sin\beta}=\frac{c}{c_2} \tag{9-3}$$

3) 超声波在介质中的衰减

当超声波通过同种介质时，随着传播距离的增加，其强度因介质吸收能量而衰减。

介质的吸收程度与介质密度和频率有关。气体的密度最小，因此衰减最快，频率较高时衰减更快。因此，超声波仪器主要用于固体和液体中。

提示： 当超声波通过两种不同的介质时，产生反射和折射现象。但当它由气体传播到液体或固体中，或由固体、液体传播到气体中时，由于介质密度相差太大而几乎全部发生反射。

9.1.2　超声波传感器的外形、结构和特性

1. 超声波传感器的外形

超声波传感器的外形如图 9-4 所示。

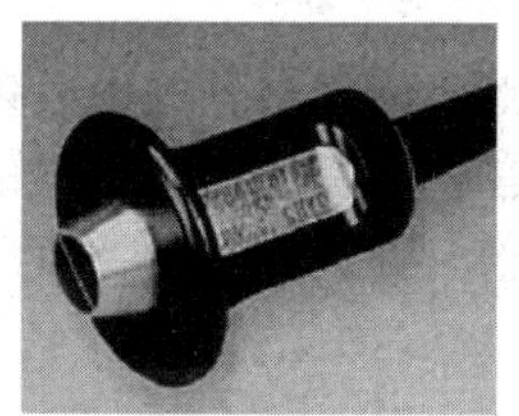

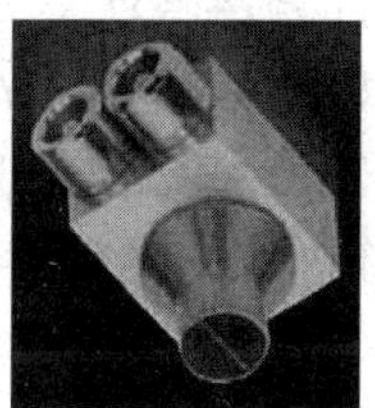

图 9-4　超声波传感器的外形

2. 超声波传感器的结构和符号

如图 9-5 所示，压电式超声波传感器主要由压电陶瓷晶片、锥形共振盘、底座、引脚、金属网和外壳等组成。其中，压电陶瓷晶片是传感器的核心，锥形共振盘使发射和接收的超声波能量集中，并使传感器有一定的指向角。金属外壳和金属网可防止外界力量对压电陶瓷晶片及锥形共振盘的损害，还能防止超声波向其他方向散射。

超声波传感器的外形示意图和符号如图 9-6 所示。

提示： 超声波传感器一般采用双压电陶瓷晶片制成。这样需用的压电材料较少，价格低廉，检测精度高。

3. 超声波传感器的性能指标

1) 工作频率

工作频率是指压电晶片的共振频率。当交流电压的频率和晶片的共振频率相等时，输出的能量最大，灵敏度也最高。

2) 工作温度

由于压电材料的居里点一般比较高，特别是诊断用超声波探头使用功率较小，因此其工作温度比较低，可以长时间工作而不失效。当超声探头的温度比较高时，需要单独的制冷设备。

3) 灵敏度

灵敏度主要取决于制造晶片本身。机电耦合系数大，灵敏度高；反之，灵敏度低。

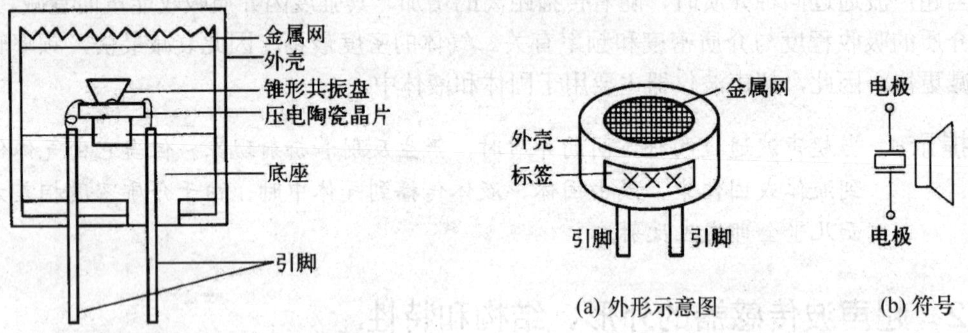

图 9-5　压电式超声波传感器内部结构　　图 9-6　超声波传感器外形示意图和符号

4. 超声波传感器的基本特性

1) 频率特性

如图 9-7 所示，f_0 为超声波发射器的中心频率，在 f_0 处产生的超声声压能级最高。曲线在 f_0 处最尖锐，输出电信号的幅度最大，即在 f_0 处发射灵敏度最高。因此，超声波发射器具有很好的频率选择特性，在构成遥控系统时一般不再设置选频电路。

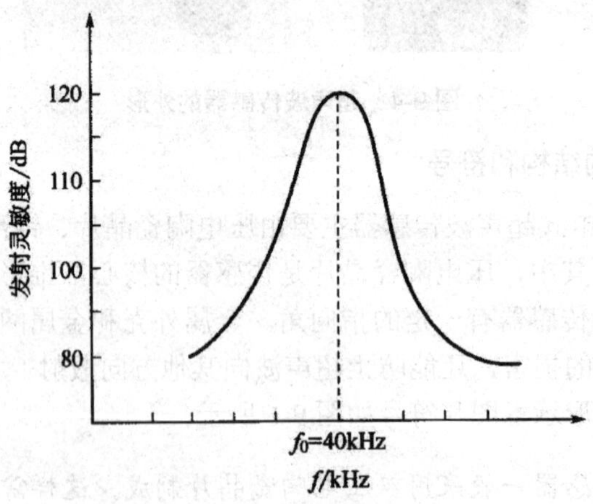

图 9-7　超声波发射器的频率特性曲线

如图 9-8 所示，超声波接收器的频率特性曲线和输出端外接电阻 R 有很大关系，如果 R>100 kΩ，频率特性呈现尖锐共振，并且在这个共振频率上灵敏度很高。如果 R<10 kΩ，频率特性曲线变得平滑，同时灵敏度也随之降低，并且最大灵敏度向稍低的频率移动。因此，超声波接收器应与输入阻抗高的前置放大器配合使用，才能有较高的接收灵敏度。

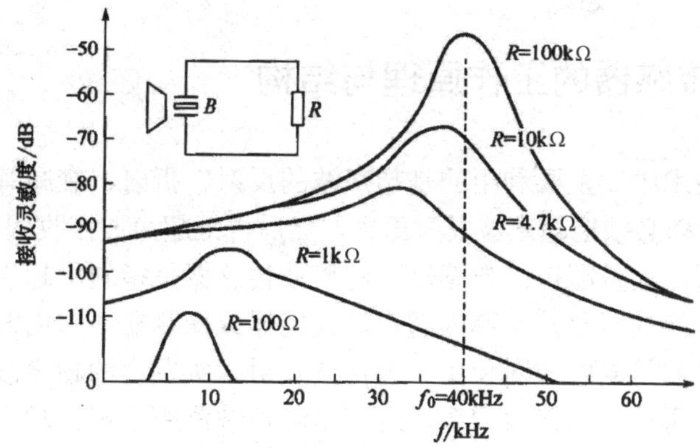

图 9-8　超声波接收器的频率特性

2) 指向特性

如图 9-9 所示，实际的超声波传感器中，压电晶片是一个小圆片，把表面上的每个点看成一个振荡源，辐射出一个半球面波(子波)，这些子波没有指向性。但离开超声波传感器的空间某一点的声压是这些子波叠加的结果(衍射)，却有指向性。指向特性用指向图表示。

(a) 冲击振动传感器用压电晶片

(b) 无损检测传感器用压电片

图 9-9　超声波传感器用压电晶片

超声波传感器的指向图是由一个主瓣和几个副瓣构成，如图 9-10 所示。超声波声源发出的超声波束以一定的角度逐渐向外扩散，当θ=0° 时声压最大，超声波最强，且随着扩散角度的增大而减小。超声波传感器的指向角一般为 40°～80°。

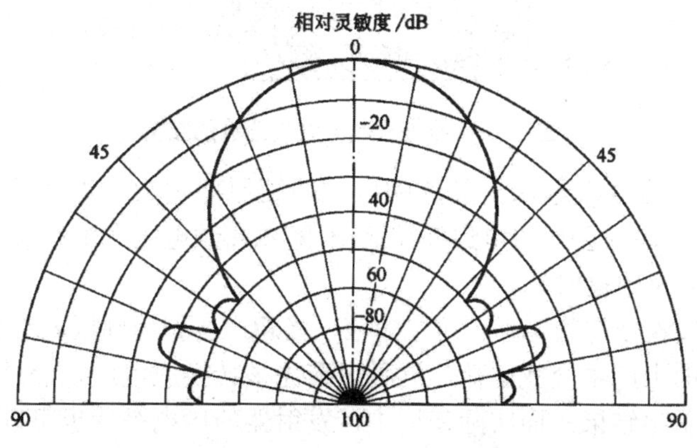

图 9-10　超声波传感器的指向图

9.1.3 超声波传感器的工作原理与结构

在超声波检测技术中，主要利用的是超声波的反射、折射、衰减等物理性质。不管是哪一种超声波仪器，都必须把超声波发射出去，然后再把超声波接收回来，变换成电信号，完成这一工作的装置，就是超声波传感器。超声波传感器是指利用超声波在超声场中的物理特性而实现信息转换的装置，又称为超声波换能器或探测器。它由发射探头和接收探头两部分组成，在超声波检测中成对使用。超声波发射探头发出的超声波脉冲在介质中传到其界面经过反射后，再返回到接收探头，这就是超声波测距原理。超声波传感器按其工作原理又可分为压电式、磁致伸缩式等，其中压电式最为常用。

1. 压电式超声波传感器

压电式超声波传感器的敏感元件多采用压电晶体和压电陶瓷，利用压电效应进行工作。发射探头利用了逆压电效应，将高频电振动转换成高频机械振动，形成超声波发射；接收探头利用正压电效应，将超声波振动转换成电信号，即接收超声波。

压电式超声波传感器的结构如图 9-11 所示，它由压电晶片、阻尼吸收块、保护膜等组成。压电材料的固有频率与压电晶片的厚度成反比，晶片两面镀银，作为导电极板。阻尼吸收块的作用是吸收声能量，提高分辨力。

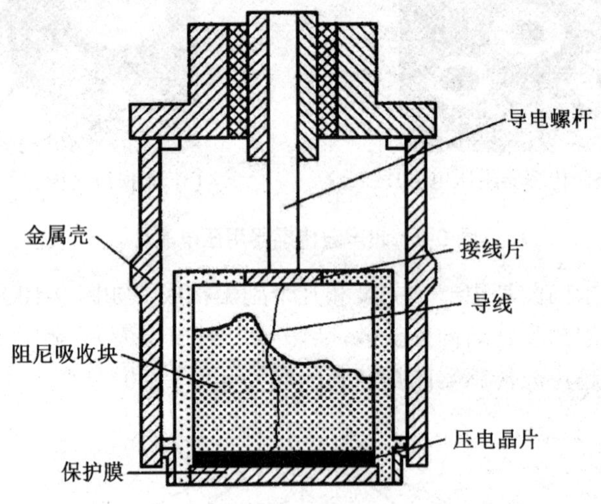

图 9-11 压电式超声波传感器的结构

压电式超声波发射器根据压电晶片的电致伸缩原理制成。当在压电晶片上加频率为 40kHz 的高频电压时，晶片会产生电致伸缩运动，随着高频电压产生伸长和缩短的机械变形，从而产生超声波并向空中辐射。

压电式超声波接收器是利用了正压电效应，当超声波作用到压电晶片上时，晶片伸缩，则在晶片的两个界面上产生交变电荷，这种电荷先被转换成电压，经过放大后送到测量电路，最后记录或显示出结果。而实际使用中，发射器的压电晶片也可以用做接收器的压电晶片。

2. 磁致伸缩式超声波传感器

磁致伸缩式超声波传感器是根据铁磁物质的磁致伸缩效应原理制成的。磁致伸缩效应是指铁磁性物质在交变的磁场中，在顺着磁场的方向产生伸缩的现象。

磁致伸缩式超声波发射器是用厚度为 0.1～0.4mm 的镍片叠加而成的，片间绝缘以减少涡流电流损失。其结构形状有矩形、窗形等，如图 9-12 所示。

磁致伸缩式超声波发射器把铁磁材料置于交变磁场中，使它产生机械尺寸的交替变化，即产生机械振动，从而产生超声波。

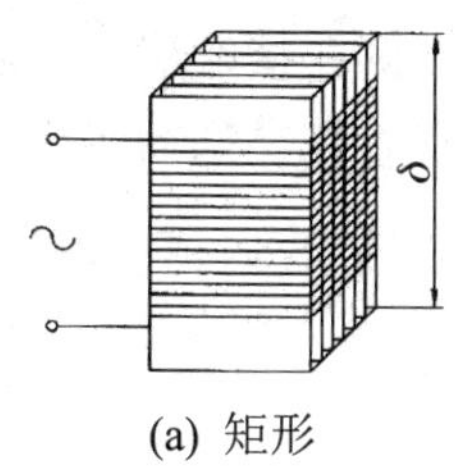

(a) 矩形

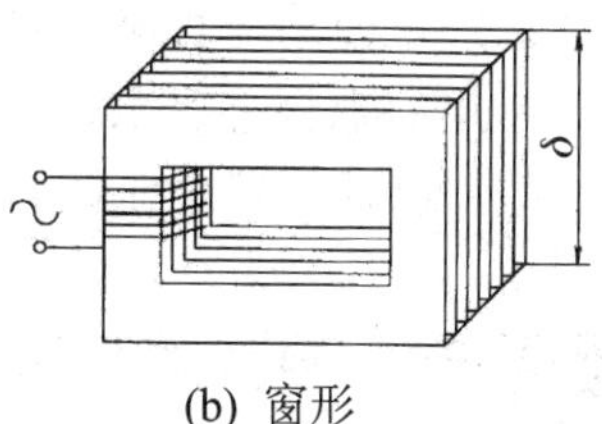

(b) 窗形

图 9-12　磁致伸缩式超声波发射器

磁致伸缩式超声波接收器的工作原理是，当超声波作用到磁致伸缩材料上时，使磁致材料伸缩引起内部磁场变化，根据电磁感应，磁致伸缩材料上所绕的线圈获得感应电动势，再将此感应电动势送到测量电路及记录显示设备。

提示： 磁致伸缩式超声波发射器产生的频率只能在几万赫以内，但声强可达几千瓦每平方厘米。与压电式超声波发射器比较，它所产生的超声波的频率较低，而强度则大许多。

9.1.4　超声波探头及耦合技术

按不同结构，换能器分为直探头、斜探头、双探头、表面波探头、聚焦探头、冲水探头、水浸探头、空气传导探头以及其他专用探头等。

1. 以固体为传导介质的探头

单晶直探头的压电晶片用压电陶瓷材料制作，外壳用金属制作，保护膜用于防止压电晶片磨损，改善耦合条件，阻尼吸收块用于吸收压电晶片背面的超声脉冲能量，防止杂乱反射波的产生。

双晶直探头由两个单晶直探头组合而成，装配在同一壳体内。两个探头之间用一块吸声性强、绝缘性能好的薄片加以隔离，并在压电晶片下方增设延迟块，使超声波的发射和接收互不干扰。在双探头中，一只压电晶片担任发射超声脉冲的任务，而另一只担任接收超声脉冲的任务。

斜探头使超声波倾斜入射到被测介质中。压电晶片粘贴在与底面成一定角度(如 30°、45°等)的有机玻璃斜楔块上，压电晶片的上方用吸声性强的阻尼块覆盖。当斜楔块与不同材料的被测介质(试件)接触时，超声波产生一定角度的折射，倾斜入射到试件中去，折射角可通过计算求得。

2. 耦合剂

无论是直探头还是斜探头，为减小磨损，一般不能直接将其放在被测介质表面来回移动。更重要的是，由于超声探头与被测物体接触时，探头与被测物体表面间存在一层空气薄层，将引起三个界面间强烈的杂乱反射波，造成干扰；而且空气的密度很小，将对超声波造成很大的衰减。为此，必须将接触面之间的空气排挤掉，使超声波能顺利地入射到被测介质中。

在工业中，经常使用一种称为耦合剂的液体物质，使之充满在接触层中，起到传递超声波的作用。常用的耦合剂有水、机油、甘油、水玻璃、胶水、化学糨糊等。耦合剂的厚度应尽量薄一些，以减小耦合损耗。

9.1.5 超声波传感器的应用

1. 超声波测厚

超声波测量厚度的方法很多，最常用的方法是利用超声波脉冲回波法进行厚度测量，如图 9-13 所示。超声波换能器与被测物体表面接触。主控制器产生一定频率的脉冲信号，送往发射电路，经电流放大后激励压电式探头，以产生重复的超声波脉冲。脉冲波传到被测工件后，被底面反射回来，并由同一探头接收。接收到的脉冲信号经放大器加至示波器的垂直偏转板上。标记发生器输出一定时间间隔的标记脉冲信号，也加到示波器的垂直偏转板上。扫描电压加到示波器的水平偏转板上。这时，示波器上显示出发射脉冲和接收脉冲信号。根据横轴上的标记信号，测量出脉冲波从发射到接收的时间间隔 t，如果超声波在工件中的声速为 c，工件厚度 δ 可用下式求出：

$$\delta=\frac{1}{2}ct \tag{9-4}$$

由式(9-4)可知，只要测量出超声波脉冲通过工件的时间 t，经过信号处理电路就可以直接读出工件的厚度 δ。

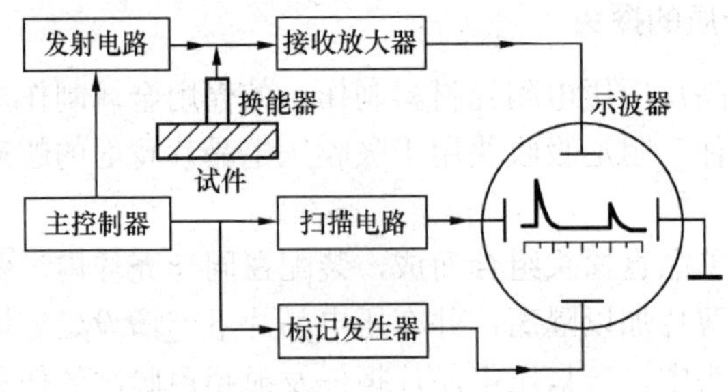

图 9-13　超声波脉冲回波法测厚框图

2. 超声波液位传感器

超声波测量液位是利用回声原理，由超声波在两种介质分界面上的反射特性进行的。根据发射和接收换能器的功能，传感器又可分为单换能器和双换能器。单换能器的传感器中，发射和接收超声波均使用同一个换能器；而双换能器的传感器中，发射和接收超声波各使用一个换能器。

超声波发射和接收换能器可设置于水中，如图 9-14(a)所示，让超声波在液体中传播。由于超声波在液体中衰减比较小，所以即使发生的超声脉冲幅度较小也可以传播。超声波发射和接收换能器也可以安装在液面的上方，如图 9-14(b)所示，让超声波在空气中传播。这种方式便于安装和维修，但超声波在空气中的衰减比较严重。

当超声波探头向液面发射短促的超声脉冲时，经过时间 t 后，探头接收到从液面反射回来的回音脉冲。因此探头到液面的距离 L 可由下式求出：

$$L=\frac{1}{2}vt \tag{9-5}$$

式中，v 为超声波在被测介质中的传播速度；t 为超声波发生器发出超声波到接收到超声波的时间。

从式(9-5)中可以看出，只要测量出发射波和接收波之间的时间间隔，就可以求出分界面的位置，利用这种方法即可对液位进行测量。超声波液位传感器具有精度高和使用寿命长的特点，但若液体中有气泡或液面发生波动，便会有较大的误差。在一般使用条件下，它的测量误差为±0.1%，检测液位的范围为 10^2～10^4m。

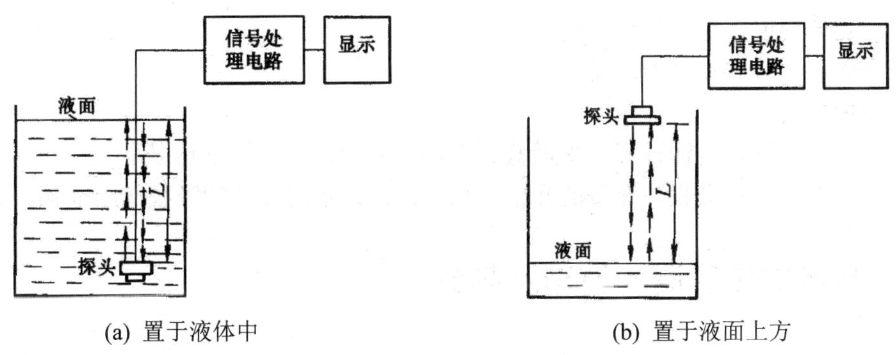

(a) 置于液体中　　(b) 置于液面上方

图 9-14　超声波测量液位示意图

提示： 如果液面晃动，就会有反射波散射，造成接收困难，此时可用直管将超声传播路径限制在一定范围内进行测量，如图 9-15 所示。

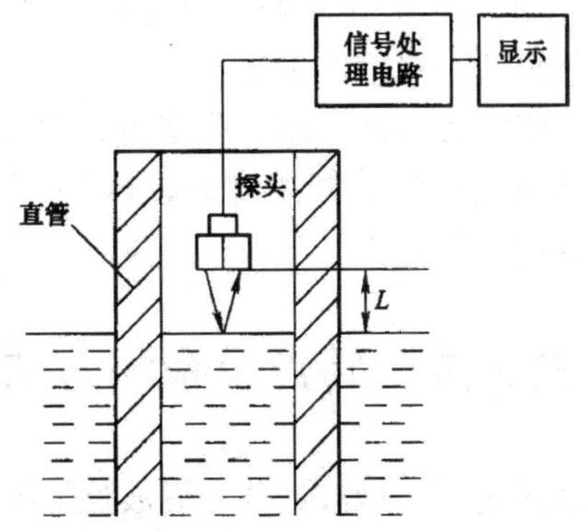

图 9-15　带直管的超声波测量液位示意图

9.2 微波式传感器

微波检测是继超声波、激光、红外、射线等检测方法后的又一种新型的非接触式检测技术，可应用于工业、农业、地质勘探、能源、材料、国防、公安、生物医学、环境保护、科学研究等方面。

9.2.1 微波的性质与特点

微波是波长为1mm～1m的电磁波，分为分米波、厘米波、毫米波。微波在电磁谱中介于无线电的短波与红外之间，它既有电磁波的特性，又与普通的无线电波及光波不同，是一种相对波长较长的电磁波。

微波的基本性质通常呈现为穿透、反射和吸收三个特性。对于玻璃、塑料和瓷器，微波几乎是穿透而不被吸收；而水和食物等会吸收微波使自身发热；金属类则会反射微波。

微波具有以下特点。

(1) 可定向辐射，空间直线传输。

(2) 遇到各种障碍物易于反射。

(3) 绕射能力差。

(4) 传输特性好，传输过程中受烟雾、火焰、灰尘、强光等影响很小。

(5) 介质对微波的吸收与介质的介电常数成比例，水对微波的吸收作用最强。

9.2.2 微波式传感器的原理及其分类

微波式传感器是利用微波特性来检测某些物理量的器件或装置，由发射天线发出微波，遇到被测物体时将被吸收或反射，使微波功率发生变化，利用接收天线接收通过被测物或由被测物反射回来的微波，并将它转换成电信号，再经过测量电路处理，即可显示出被测量，从而实现微波检测过程。微波式传感器可分为发射式和遮断式两类。

(1) 反射式微波传感器。反射式微波传感器是通过检测被测物反射回来的微波功率或经过的时间间隔来测量被测物的位置、厚度等参数。

(2) 遮断式微波传感器。遮断式微波传感器是通过检测接收天线接收到的微波功率大小，来判断发射天线与接收天线之间有无被测物或被测物的位置与含水量等参数，如微波水分仪、微波液位计、微波式物位计等。

9.2.3 微波式传感器的组成、特点及检测方法

微波式传感器主要由微波振荡器、微波天线和微波检测器组成。

1. 组成

1) 微波振荡器和微波天线

微波振荡器是产生微波的装置。由于微波的波长很短，而频率又很高(3×10^8～3×10^{11}Hz)，要求振荡电路中具有非常微小的电感和电容，因此不能用普通的电子管与晶体管构成微波振荡器。构成微波振荡器的器件有速调管、磁控管或某些固体元件。小型微波振荡器也可以采用体效应管。

由微波振荡器产生的振荡信号需用波导管传输，并通过天线发射出去。为了使发射的微波具有一致的方向性，天线应具有特殊的构造和形状。常用的微波天线如图 9-16 所示，有喇叭形天线、抛物面天线、介质线与隙缝天线等。

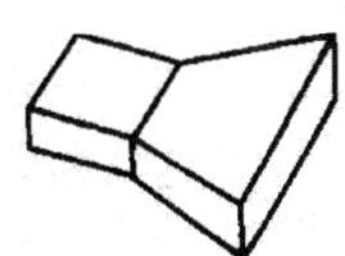
(a) 扇形喇叭天线

(b) 圆锥喇叭天线

(c) 旋转抛物面天线

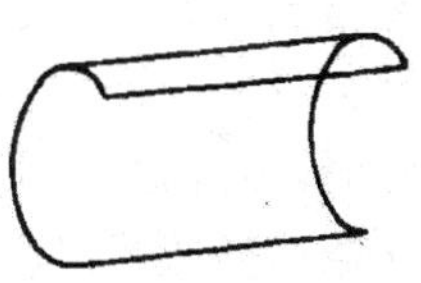
(d) 抛物柱面天线

图 9-16　常用的微波天线

提示： 由微波振荡器产生的振荡信号，当波长超过 10cm 时，可用同轴电缆传输。

喇叭形天线结构简单，制造方便，它可以看做是波导管的延续。喇叭形天线在波导管与敞开的空间之间起匹配作用，可以获得最大能量输出。抛物面天线好像凹面镜产生平行光，因此使微波发射的方向性得到改善。

2) 微波检测器

电磁波作为空间的微小电场变动而传播，所以常用电流-电压特性呈非线性的电子元件作为微波检测器的敏感探头。

2. 特点

(1) 极宽的频谱，可根据被测对象的特点选择不同的测量频率。

(2) 传输特性好，如烟雾、粉尘、水汽、化学气氛、高低温环境对检测信号的传播影响极小。

(3) 时间常数小，反应速度快，可以进行动态检测与实时处理，便于自动控制。

(4) 信号本身就是电信号，简化了传感器与微处理器间的接口，无须进行非电量的转换测量，便于遥测和遥控。

(5) 微波无显著辐射公害。

(6) 零点漂移和标定尚未得到很好的解决。

(7) 外界环境因素影响较多，如温度、气压、取样位置等。

3. 微波的检测方法

(1) 将微波变化为电流的视频变化方式。

(2) 与本机振荡器并用而变化为频率比微波低的外差法。

9.2.4 微波式传感器的应用

1. 微波温度传感器

微波温度传感器的应用中最有价值的是微波遥测。将微波温度传感器装在航天器上，可遥测大气对流层的状况，进行大地测量与探矿；可以遥测水质污染程度；确定水域范围；判断土地肥沃程度；判断植物品种等。

此外，利用微波可探测人体中的癌变组织。癌变组织与周围正常组织之间存在着一个微小的温度差。早期癌变组织比正常组织高 0.1℃，癌瘤组织比正常组织偏高 1℃。如果能精确测量出 0.1℃的温差，就可以发现早期癌变，及时治疗。

任何物体，当它的温度高于环境温度时，都能向外辐射热量。当辐射热到达接收机输入端口时，若仍然高于基准温度(或室温)，在接收机的输出端将有信号输出，这就是辐射计或噪声温度接收机的基本原理。

微波频段的辐射计就是一个微波温度传感器。图 9-17 所示为微波温度传感器的原理框图。其中 T_{in} 为输入温度(被测温度)，T_c 为基准温度，C 为环行器，BPF 为带通滤波器，LNA 为低噪声放大器，IFA 为中频放大器，M 为混频器，LO 为本机振荡器。这个传感器的关键部件是低噪声放大器，它决定了传感器的灵敏度。

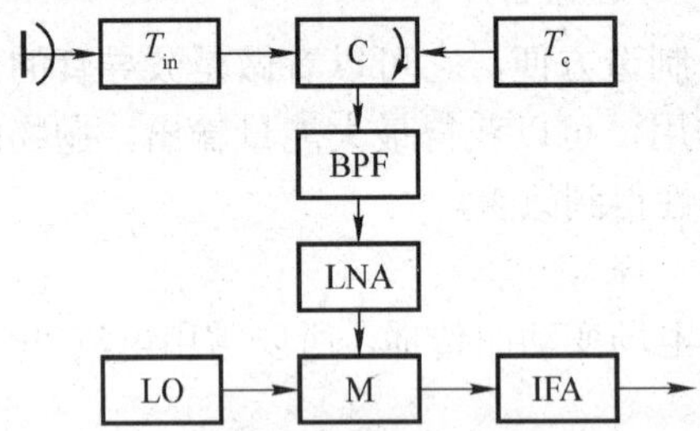

图 9-17　微波温度传感器原理框图

2. 微波湿度(水分)传感器

微波水分传感器如图 9-18 所示。水分子是极性分子，常态下成偶极子形式杂乱无章地分布着。在外电场作用下，偶极子会形成定向排列。当微波场中有水分子时，偶极子受场的作用而反复取向，不断从电场中得到能量(储能)，又不断释放能量，前者表现为微波信号的相移，后者表现为微波衰减。使用微波传感器，测量干燥物体与含一定水分的潮湿物体所引起的微波信号的相移与衰减量，将它们之间的相位差与衰减差换算成物体的含水量，可达到水分测量的目的。目前已经研制成土壤、煤、石油、矿砂、酒精、玉米、稻谷、塑料、皮革等一批含水量测量仪器。

3. 微波测厚仪

微波测厚仪是利用微波在传播过程中遇到被测物金属表面被反射，且反射波的波长与速度都不变的特性进行厚度测量的。

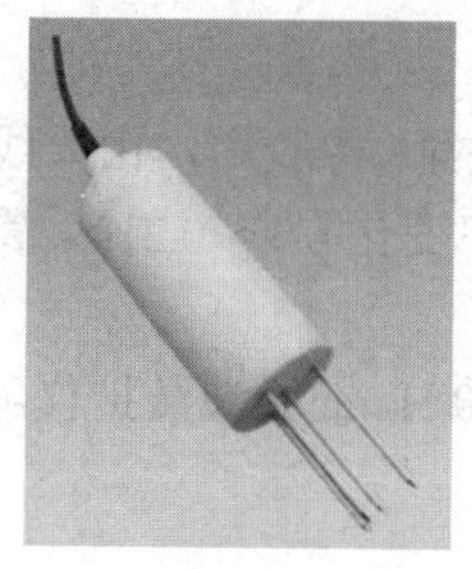

图 9-18　微波水分传感器

如图 9-19 所示，在被测金属物体上下两表面各安装一个终端器。微波信号源发出的微波，经过环形器 A 及上传输波导管传输到上终端器，由上终端器发射到被测体上表面，微波在被测体上表面全反射后又回到上终端器，再经上传输波导管、环形器 A、下传输波导管传送到下终端器。由下终端器发射到被测体下表面的微波，经全反射后又回到下终端器，再经过下传输波导管回到环形器 A。因此被测体的厚度与微波传输过程中的行程长度有密切关系。当被测体厚度增加时，微波传输的行程长度便减小。

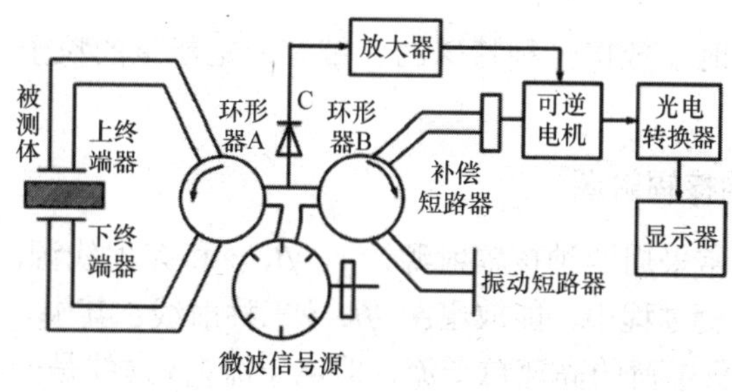

图 9-19　微波测厚仪原理图

一般情况下，微波传输过程的行程长度的变化非常微小。为了精确地测量出这一微小行程的变化，通常采用微波自动平衡电桥法。前面讨论的微波传输行程作为测量臂，而完全模拟测量臂微波的传输过程设置一个参考臂(见图 9-19 右部)。若测量臂与参考臂行程完全相同，则反向叠加的微波经检波器 C 检波后，输出为零；若两臂行程长度不同，则反射回来的微波的相位角不同，经反射叠加后不相互抵消，经检波器后便有不平衡信号输出。此不平衡差值信号经过放大后控制可逆电机旋转，带动补偿短路器产生位移，改变补偿短路器的长度，直到两臂行程长度完全相同，放电器输出为零，可逆电机停止转动为止。补偿短路器的位移为

$$\Delta s = L_{\rm B} - (L_{\rm A} - \Delta L_{\rm A}) = L_{\rm B} - (L_{\rm B} - \Delta h) = \Delta h \tag{9-6}$$

式中，$L_{\rm A}$ 为电桥平衡时测量臂行程长度(m)；$L_{\rm B}$ 为电桥平衡时参考臂行程长度(m)；Δh 为被测体厚度变化值(m)；$\Delta L_{\rm A}$ 为被测体厚度变化Δh 后引起测量臂行程长度变化的值(m)。

由式(9-6)可知，补偿短路器位移值Δs 等于被测体厚度变化值Δh。

4. 微波救护仪

微波的一个应用技术是寻找被各种灾害(如地震、滑坡、建筑物倒塌等)掩埋的生命。微波救护仪对微小的运动以及标示生命体征的呼吸运动等信息很敏感，即使是失去意识的生

命，也能探测到。

微波救护仪用微波双锥形天线，中间馈入同轴线，插入橡胶中，由天线发出的场被周围的物体和受害者反射，受害者的呼吸运动使反射波频率变化 0.1～0.3Hz，胃肠的蠕动使反射波频率变化 0.7～3.0Hz，反射波由接收天线测到。

法国自然和工程探测国家安全部的研究表明，0.5～10 Hz 的微波救护仪可以有效地探测到呼吸运动。

9.3 射线式传感器

射线式传感器也称核辐射传感器，它是利用放射性同位素，根据被测物质对放射线的吸收、反射或射线对被测物质的电离激发而进行检测工作的。

9.3.1 核辐射的特性

放射性同位素衰变时，放出一种特殊的、带有一定能量的粒子或射线，这种现象称为核辐射。

1. 测量技术常用的核辐射源

在测量技术中，经常采用四种核辐射源，α、β、γ和 X 射线源。

放射性同位素在衰变过程中，能放出α、β、γ三种射线。其中，α射线是带正电荷的高速粒子流；β射线是带负电荷的高速粒子流，即电子流；γ射线是一种光子流，不带电，以光速运动，由原子核内放射出，γ射线在物质中的穿透能力很强，能穿透几十厘米厚的固体物质，在气体中射程达数百米。因此，γ射线广泛用于金属探伤；X 射线是由原子核外的内层电子被激发而发射出来的电磁波能量。

2. 核辐射强度

通常以单位时间内发生衰变的次数来表示放射性的强弱，称为核辐射强度。核辐射强度随时间按指数规律减小，即

$$J = J_0 e^{-\lambda t} \tag{9-7}$$

式中，J_0、J 分别为初始时与经过 t 秒后的核辐射强度，单位为居里(Ci)。1Ci 等于放射性源每秒钟发生 3.7×10 次核衰变。在实际应用中，Ci 单位太大，常用它的千分之一来表示，称为毫居里(mCi)。

3. 核辐射与物质间的相互作用

核辐射与物质的相互作用主要是电离、吸收与反射。

1) 电离作用

电离作用是带电粒子和物质互相作用的主要形式。当具有一定能量的带电粒子穿透物质时会产生电离作用，在它们经过的路程上形成许多离子对。α粒子(射线)由于能量大、质量和带电量大，电离作用能量最强，但射程较短。β粒子质量小，电离作用比同样能量的α粒

子弱，由于β粒子易于散射，所以其行程是弯曲的。γ粒子没有直接电离作用。

2) 辐射的吸收与反射

α、β与γ射线在穿透过物质的过程中，由于电磁场作用，原子中的电子会产生共振。振动的电子形成向四面八方散射的电磁波源，使粒子和射线的能量被吸收而衰减。α射线的穿透能力最弱，β射线次之，γ射线最强。而β射线在穿行时容易改变运动方向而产生散射现象，当产生反向散射时即形成反射。

核辐射与物质间的相互作用是进行核探测的物理基础。例如，用α射线可实现气体分析、气体压力流量测量；用β射线可进行带材厚度、密度等的检测；用γ射线可探测材料的缺陷，进行位置、密度与厚度的测量等。

9.3.2　测量中常用的同位素

具有相同核电荷数，而有不同质量数的原子所构成的元素，在元素周期表中占同一位置，称为同位素。当没有外因作用时，同位素的原子核会自动产生结构变化，称为核衰变。同位素的原子在自动衰变过程中会放出射线，这种同位素就称为放射性同位素。其放射性衰减规律为

$$\alpha = \alpha_0 e^{-\lambda t} \tag{9-8}$$

式中，α_0为t=0 时的原子核数；α为t时刻的原子核数；λ为衰减常数(不同放射性同位素的λ值不同)。

式(9-8)表明，放射性同位素的原子核按指数规律随时间衰减，其衰减速度通常用半衰期表示。半衰期是指放射性同位素的原子核数衰减到一半时所需要的时间。一般将半衰期作为同位素的寿命。

提示： 放射性同位素的特点是在没有外力的作用下能自动发生衰变，并释放出α、β或γ射线。

9.3.3　射线式传感器的组成及工作原理

射线式传感器是利用核辐射检测技术，将感受的被测量转换成可用输出信号的传感器，即是利用放射性同位素来进行测量的传感器，又称放射性同位素传感器。它一般由放射源、探测器以及电信号转换电路所组成。它是根据被测物质对射线的吸收、反散射或射线对被测物质的电离激发作用而进行工作的，是核辐射式检测仪表的重要组成部分，用于检测厚度、液位、物位等参数。

1. 核辐射传感器的组成

1) 放射源

利用射线式传感器进行测量时，必须有发射出α、β或γ射线的辐射源。为避免经常更换辐射源，要求采用的同位素有较长的半衰期及合适的放射强度。尽管放射性同位素种类很多，但能用于射线式传感器的只有 20 种左右，最常用的有 ^{60}Co、^{137}Cs、^{241}Am 及

^{90}Sr 等。

放射源的结构应使射线从测量方向射出，而其他方向则必须使射线射出的剂量尽可能小，以减少射线对人体的危害。一般为圆盘状(β 射线源)、丝状、圆柱状或圆片状(γ 射线源)。图 9-20 所示为β厚度计辐射源容器，射线出口处装有耐辐射薄膜，以防灰尘侵入，并能防止放射源受到意外损伤而造成污染。容器是铅制的，铅抵抗放射线穿透的性能极强。

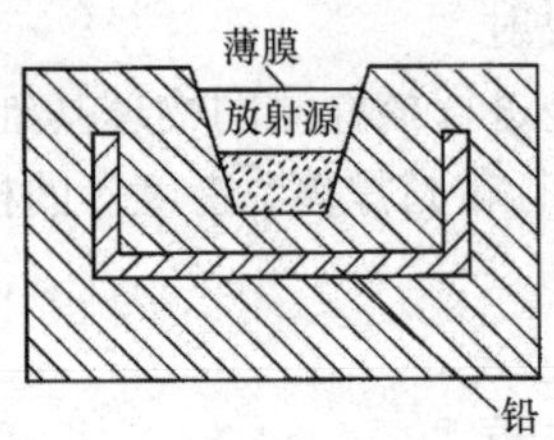

图 9-20 β 厚度计辐射源容器

2) 探测器

探测器又称接收器，是通过射线和物质相互作用来探测射线的存在和强弱的器件。探测器一般是根据某些物质在核辐射作用下产生发光效应或气体电离效应来工作的。常用的探测器有电离室、闪烁计数管和盖格计数管三种。

(1) 电离室。如图 9-21 所示，在空气中设置一个平行极板电容器，对其施加上几百伏的极化电压，使两极板间形成电场。当粒子或射线射向两极板之间的空气时，两极板间的气体被电离，形成正离子和电子，正离子趋向负极板，而电子趋向正极板。带电粒子在电场作用下定向运动产生电离电流，在外接电阻 R 上便形成压降。电离电流与气体电离程度成正比，电离程度又正比于射线辐射强度，因此，测量电阻 R 上的电压值就可得到核辐射强度。

电离室主要用于探测α、β射线，它具有成本低、寿命长等优点，但其输出电流较小。电离室的窗口直径约 100mm 左右。γ射线的电离室同α、β的电离室不太一样，由于γ射线不直接产生电离，因而只能利用它的反射电子和通过增加室内气压来提高γ光子与物质作用的有效性，因此，γ射线的电离室必须密闭。

提示： 探测α、β或γ的电离室不能相互通用。

(2) 闪烁计数器。闪烁计数器如图 9-22 所示。它由闪烁晶体和光电倍增管组成。当核辐射照射入闪烁晶体时，闪烁晶体的原子受激发出微弱的闪光。光透过闪烁晶体射到光电倍增管的阴极上，打出电子并在倍增管中倍增，在阳极上形成脉冲电流，最后由电子仪器显示或记录下来。闪烁计数器分辨时间短、效率高，还可根据电信号的大小测定粒子的能量。

闪烁晶体是一种受激发光物质，有固态、液态、气态三种，又分为有机和无机两大类。无机闪烁晶体，常见的有用铊(Tl)激活的碘化钠 NaI(Tl)和碘化铯 CsI(Tl)晶体，它们对电子、γ辐射灵敏，发光效率高，因此探测率高，但光衰减时间较长，常用于γ射线探测。有机闪烁晶体的特点是光衰减时间短(2～3ns)，只有用分辨力较高的光电倍增管配合时，才能获得 10^{-11}s 的分辨时间，并且制成体积较大，常用于β粒子探测。

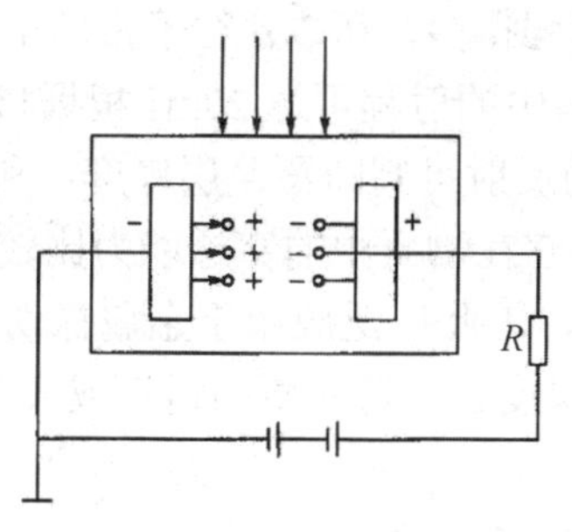

图 9-21　电离室工作原理

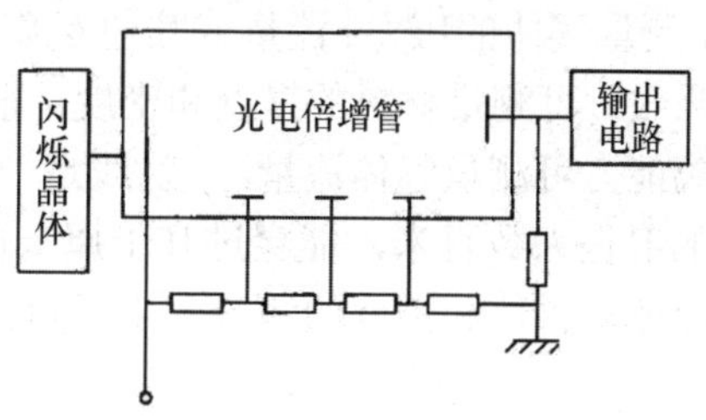

图 9-22　闪烁计数器

提示： 由于闪烁晶体的闪光很微弱，必须使用光电倍增管才会有光电流输出。

(3) 盖格计数管。盖格计数管也称气体放电计数管，其结构如图 9-23 所示。它是一个密封玻璃管，其中心有一根与管子绝缘的金属丝作为阳极，管壳内壁涂有导电金属层作为阴极。管内抽空后充气，充气气体为两种，一种主要是惰性气体如氩、氖等；另一种为少量有机分子蒸汽或卤族气体，充进有机物蒸汽的为有机物计数管，充进卤素的为卤素计数管。由于卤素计数管寿命长，工作电压低，所以应用较为广泛。

在两极间加上适当电压，当射线进入计数管内后，管内气体被电离。当电子在外电场的作用下向阳极运动时，由于碰撞气体产生次级电子，次极电子又碰撞气体分子，产生新的次级电子，这样次级电子急剧倍增，发生“雪崩”现象，该雪崩马上引起沿着阳极整条线上的雪崩，使阳极放电。

盖格计数管的特性曲线如图 9-24 所示。图中 V 为加在计数管上的电压，J 为入射的核辐射强度，N 为计数率(输出脉冲数)。由曲线可知，当加到计数管上的电压一定时，辐射强度越大，则输出脉冲数也越大，如图中 J_1 大于 J_2，相应的输出脉冲数 N_1 也大于 N_2。盖格计数管常用于探测β粒子与γ射线。

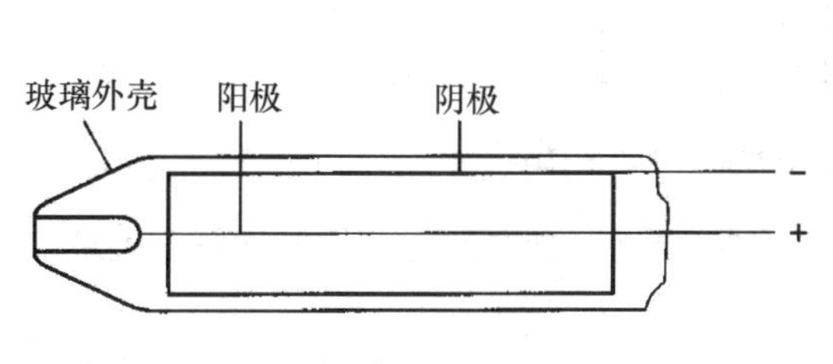

图 9-23　盖格计数管结构

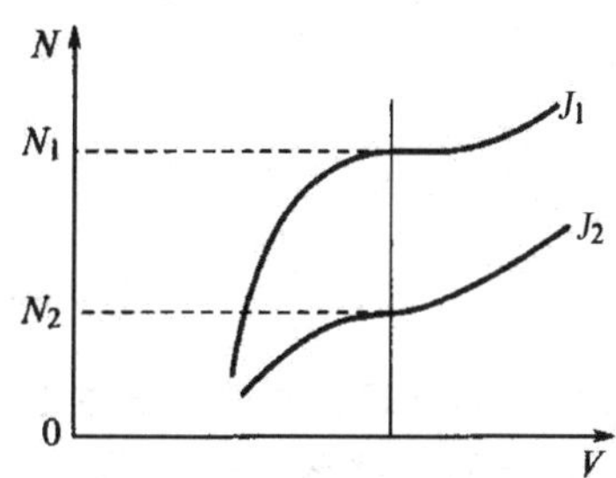

图 9-24　盖格计数管特性曲线

2. 核辐射传感器的工作原理

核辐射传感器的工作原理是基于射线通过物质时产生的电离作用，或利用射线使某些物质产生荧光，再配以光电元件，将光信号转变为电信号。可作为核辐射传感器的有：电离室和比例计数器、气体放电计数器、闪烁计数器、半导体检测器。

放射性同位素在衰变过程中放出带有一定能量的粒子(或称射线)，包括α粒子、β粒子、

γ射线和中子射线。用α粒子使气体电离比用其他辐射强得多，所以α粒子常用于气体成分分析，测量气体的压力、流量或其他参数。β粒子在气体中的射程可达 20m。根据材料对β辐射的吸收，可测量材料的厚度和密度；根据对β辐射的反射可判断覆盖层厚度；利用β粒子的电离能力可测量气体流量。γ射线是一种电磁辐射，它在物质中的穿透能力比较强，在气体中的射程为数百米，能穿过几十厘米厚的固体物质，因此广泛应用于金属探伤、测厚，以及流速、料位和密度的测量。中子射线常用于测量湿度、含氢介质的料位或成分。

9.3.4 射线式传感器的应用

射线式传感器应用很广泛，除了用于核辐射的测量外，也能用于气体分析、流量、物位、重量、温度、探伤以及医学等方面。

1. 核辐射气体流量计

核辐射流量计可以检测气体和液体在管道中的流量。核辐射气体流量计示意图如图 9-25 所示，在气流管壁上装两个电位不同的电探头，其中再放置一放射源，它放射出的射线可以使气体电离，这种工作状况相当于一个电离室。当被测气体流经两电极间时，由于核辐射使被测气体电离，产生电离电流；一部分电离子被流动的气体带出电离室，电离电流减小。随着气流速度的增加，带出电离室的离子数增加，电离电流也随之减小。当外加电场一定，辐射强度恒定时，离子迁移率基本是固定的，因此，由电流的变化可以比较准确地测量气流的流速和流量。

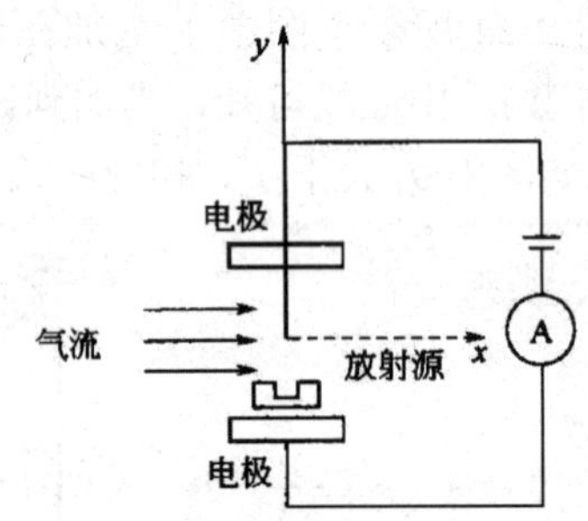

图 9-25 核辐射气体流量计示意图

提示：(1) 若在流动的液体中掺入少量放射性物质，就可以运用放射性同位素跟踪法求取液体流量。

(2) 由于辐射强度等因素会影响电离电流，为了提高测量准确度，可采用差动测量方法。

2. 核辐射测厚仪

核辐射测厚仪是利用射线的散射与物体厚度的关系来测量物体厚度的。图 9-26 所示为利用差动和平衡变换原理测量镀锡钢带镀锡层的核辐射测厚仪。

图 9-26 中两个电离室外壳加上极性相反的电压，形成相反的栅极电流，使电阻 R 上的压降正比于两电离室辐射强度的差值。电离室 1 的辐射强度取决于放射源的放射线经镀锡

钢带镀锡层后的反向散射。电离室 2 的辐射强度取决于辅助放射源的辐射线经挡板位置的调制程度。R 上的电压经过放大后，可控制电机转动，以此带动挡板位移，使电极电流相等。用检测仪表测出挡板的位移量，即可得到镀锡层的厚度。

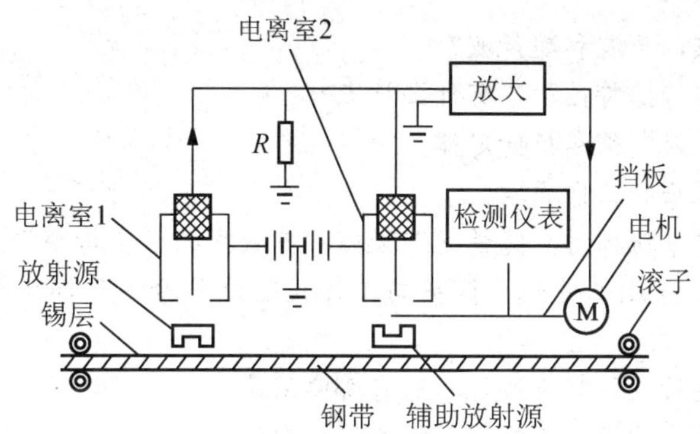

图 9-26　核辐射测厚仪

本 章 小 结

超声波技术是一门以物理、电子、机械及材料学为基础的，各行各业都使用的通用技术。它是通过超声波产生、传播以及接收这个物理过程来完成检测的。超声波是一种振动频率高于声波的机械波，由换能晶片在电压的激励下发生振动而产生，具有频率高、波长短、绕射现象小，特别是方向性好、能够成为射线而定向传播等特点。超声波在液体、固体中衰减很小，穿透能力强，尤其是在不透明的固体中，可穿透几十米的深度。当超声波碰到杂质或分界面时，由于在两种介质中的传播速度不同，在介质面上会产生反射、折射和波形转换等现象。完成这种发送或接收超声波功能的装置就是超声波传感器，习惯上称为超声换能器，或者超声探头。超声波的这些特性使它在检测技术中获得了广泛的应用，如超声波无损探伤、厚度测量、流速测量、超声显微镜及超声成像等。因此超声波检测广泛应用在工业、国防、生物医学等方面。

微波是波长为 1mm～1m 的电磁波，分为分米波、厘米波、毫米波。微波在电磁谱中介于无线电的短波与红外之间，它既有电磁波的特性，又与普通的无线电波及光波不同，是一种相对波长较长的电磁波。微波的基本性质通常呈现为穿透、反射和吸收三个特性。

微波式传感器是利用微波特性来检测某些物理量的器件或装置，主要由微波振荡器、微波天线和微波检测器组成。微波振荡器是产生微波的装置。构成微波振荡器的器件有速调管、磁控管或某些固体元件。由微波振荡器产生的振荡信号用波导管传输，并通过天线发射出去。由发射天线发出微波，遇到被测物体时将被吸收或反射，使微波功率发生变化，利用接收天线接收通过被测物体或由被测物反射回来的微波，并将它转换成电信号，再由测量电路处理，就实现了微波检测。

射线式传感器是利用核辐射粒子的电离作用和穿透能力以及物体对射线的吸收、散射和反射等物理特性工作的传感器。它主要由放射源、探测器等组成，可用来测量物质的密度、厚度，分析气体成分，探测物体内部结构等，是现代检测技术的重要部分。

思考与练习

1. 什么是次声波、声波和超声波？

2. 超声波有哪些传播特性？各有什么特点？

3. 试述声波的反射定律和折射定律。

4. 试述超声波探头的工作原理。

5. 超声波在介质中传播时，能量逐渐衰减，其衰减的程度与哪些因素有关？

6. 超声波传感器探测工件时，探头与工件接触处要涂一层耦合剂，耦合剂的作用是什么？

7. 超声波有哪些特点？超声波传感器有哪些用途？

8. 试设计一个超声波探伤装置，并简要说明它的工作过程。

9. 试述微波的性质及特点。

10. 微波式传感器有哪些类型？工作原理是什么？

11. 简述微波测厚原理。

12. 试设计一个土壤水分传感器，并简要说明它的工作过程。

13. 什么是同位素？核辐射的特性是什么？

14. 试述核辐射传感器的组成及工作原理。

15. 简述汽车倒车探测器的工作过程。

第 10 章

数字式传感器

本章要点

- 光栅的基本原理和分类
- 莫尔条纹的基本原理、结构和作用
- 绝对式和增量式光电编码器的工作原理及结构形式
- 感应同步器的结构、测量原理及应用

本章难点

- 莫尔条纹的基本原理
- 光栅式传感器的变相原理和细分技术

数字式传感器是一种能把被测模拟量直接转换成数字量的输出装置。数字式传感器与模拟式传感器相比有以下特点：测量的精度和分辨力更高，抗干扰能力更强，稳定性更好，易于与微机接口，便于信号处理和实现自动化测量等。

数字式位置传感器一方面应用于测量工具中，使传统的游标卡尺、千分尺、高度尺等实现了数显化，使读数过程变得既方便、又准确；另一方面，数字式位置传感器还广泛应用于数控机床中，通过测量机床工作台、刀架等运动部件的位移，进行位置伺服控制。

任务一　加工中心位移量的检测

1. 任务分析

加工中心是高度机电一体化的产品，如图 10-1 所示。它具有高精度、高速度、高效率及高安全性的特点，在现代机械加工中，尤其是数控加工行业应用广泛。数控机床是机电一体化的典型产品，它是机、电、气、液、光等多学科的综合，技术涉及机械制造、传感器、信息处理、计算机、自动控制、伺服驱动等多个领域。其中传感器在数控机床中具有重要地位，它监视和测量着数控机床工作过程的每一步。

位置检测装置是数控系统的重要组成部分，在闭环数控系统中，必须利用位置检测装置把机床运动部件的实际位移量随时检测出来，与给定的控制值(指令信号)进行比较，从而控制驱动元件正确运转，使工作台(或刀具)按规定的轨迹和坐标移动。数控机床加工中的位置精度，主要取决于数控机床驱动元件和位置检测装置的精度，因此，位置检测传感器是数控机床的关键部件之一，它对提高数控机床的加工精度有决定性的作用。

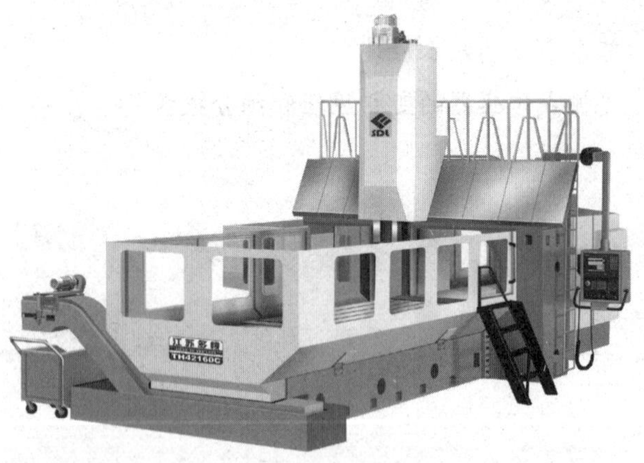

图 10-1　TH42 系列定梁龙门加工中心(数控镗铣床)

2. 任务实现

加工中心位移量的控制，采用直线光栅进行位移的精确检测。直线光栅位移传感器由光栅尺和数字显示器组成，光栅尺包括主尺与分度尺(即扫描头)，主尺(指示光栅)固定在导轨上，扫描头(主光栅)安装在机床的运动部件上，可往复移动。由红外线发光管产生光源，经两光栅尺形成莫尔条纹，该莫尔条纹随光栅以一定的速度移动，由光敏晶体管感光并将光信号变换成电流信号，再经 4 倍电子细分电路产生高分辨力的信号，并通过扫描头输入数字显示器，直接显示被测位移的大小。常用的直线光栅在机床的安装位置如图 10-2 所示。

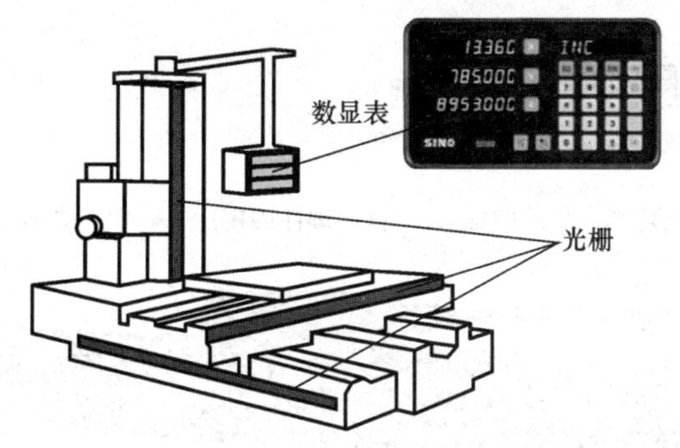

图 10-2　直线光栅在机床上的安装位置

在进给驱动中，直线光栅固定在机床床身上，其产生的脉冲信号直接反映了拖板的实际位置。用光栅检测工作台位置的伺服系统是全闭环控制系统。

3. 任务小结

直线光栅传感器是利用光的透射和反射现象制作而成的，一般用于位移测量，分辨力较高，测量精度比光电编码器高，适用于动态测量。它是通过对位移量的反馈信息来对电机进行控制从而完成位移量的精确检测。在高精度数控机床上，目前大量使用计量光栅作为位置检测装置。

提示： 光栅主尺要求对导轨安装面的平行度允差为 0.3mm，扫描头安装面对导轨的平行度应控制在 0.01mm 内。扫描头装上后，高速扫描头与指示光栅的间距，应使其保持测量全长的值为 1.5 ± 0.3mm 之内。当导轨直线误差较大时，应对光栅尺进行长度校正。校正的方法是，首先将扫描头输出接头与数字显示器相连，把扫描头移至测量起点，将激光干涉仪置于工作台上并将其清零，然后将扫描头全程移动，转动校正螺钉，使其在任意位置上数字显示器上读数与激光干涉仪上读数均相符。

10.1　光栅式传感器

光栅式传感器是利用光栅的莫尔条纹现象进行几何量测量的装置。它是利用光栅的相对移动，使透射光的强度呈周期性变化，再把这种光强信号用光电器件变为周期性变化的电信号，对此电信号进行一系列的处理，即可获得光栅的相对移动量。这种传感器的优点是量程大、精度高、分辨力高和高动态范围等，被广泛应用于静态测量、动态测量和自动化控制等领域。光栅式传感器应用在程控、数控机床和三坐标测量机构中，可测量静、动态的直线位移和整圆角位移，它在机械振动测量、变形测量等领域也有应用。

10.1.1　光栅式传感器的外形与光栅的分类及结构

1. 直线光栅位移传感器的外形

直线光栅位移传感器的外形如图 10-3 所示。

图 10-3　直线光栅位移传感器

2. 光栅的类型与结构

1) 光栅的分类

光栅按原理和用途可分为物理光栅和计量光栅。物理光栅主要是利用光的衍射现象，常用于光谱分析和光波波长等参数的测量；计量光栅在几何量的计量中使用，它利用莫尔现象实现对长度、角度、速度、加速度、振动等几何量的测量。

光栅按其透射形式可分为透射式光栅和反射式光栅。透射式光栅采用玻璃材料，反射式光栅采用金属材料。

按应用分类，光栅可分为长光栅和圆光栅。长光栅又称为光栅尺，用于测量长度或线位移；圆光栅用于测量角度或角位移。长光栅有透射式和反射式。圆光栅只有透射式。

2) 光栅的结构

光栅式传感器中使用的光栅为计量光栅。透射式光栅用光学玻璃作基体，在基体上类似于刻线标尺或度盘那样均匀地刻画出等间距、等宽度的细小条纹，如图 10-4 所示，刻画的地方为黑，不透光；没有刻画的地方为白，透光，形成连续的透光区和不透光区。而反射式光栅是用不锈钢作基体，用化学方法制作出黑白相间的条纹，形成强反光区和不反光区。简单地说，由大量等宽等间距的平行狭缝所组成的光学器件称为光栅。

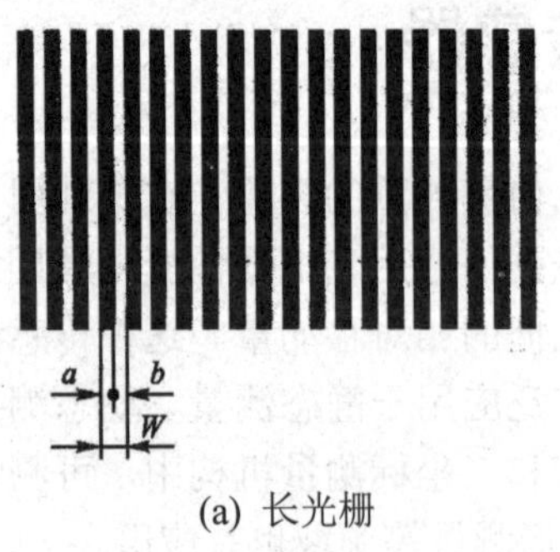

(a) 长光栅

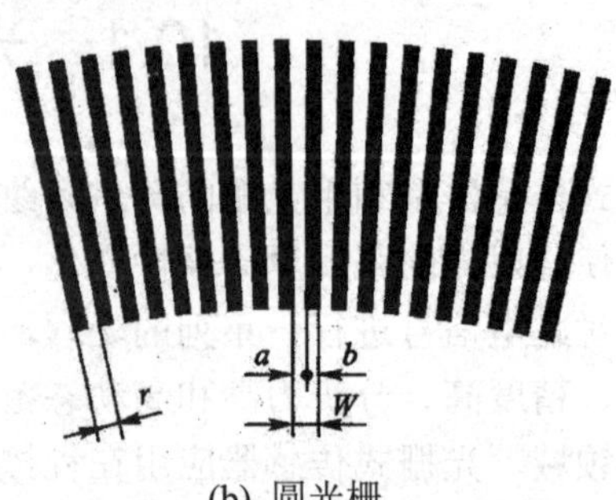

(b) 圆光栅

图 10-4　光栅条纹

光栅上的刻画线称为栅线，栅线的宽度为 a，缝隙的宽度为 b，一般取 $a=b$，而 $W=a+b$ 称为栅距，也称为光栅常数或光栅节距，是光栅的一个重要参数，用每毫米内栅线数表示栅线密度，如 100 线/mm，250 线/mm。圆光栅整圆内的栅线数一般为 100～21600 线，它还有一个参数，称为栅距角 r 或称节距角，它是指圆光栅上相邻两条栅线的夹角，如图 10-4(b) 所示。

10.1.2　莫尔条纹

1. 莫尔条纹的形成

在透射式长光栅中，如图 10-5 所示，把两片具有相同栅距的光栅(标尺光栅和指示光栅)重叠在一起，中间留有小间隙，并使两组栅线之间错开一个很小的角度θ；在两光栅的刻线重合处，光从缝隙透过，形成亮带；在两光栅刻线错开处，由于相互挡光作用形成暗带。因此在接近垂直栅线的方向出现明暗相间的条纹，这种条纹称为莫尔条纹。

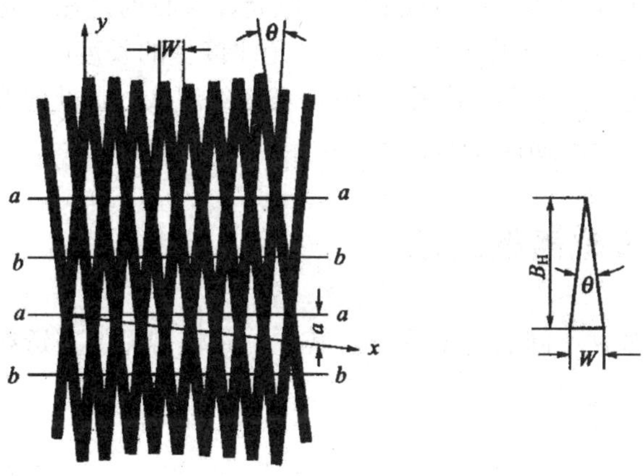

图 10-5　莫尔条纹的形成示意图

由图 10-5 可以看出，在 a-a 线上，由于标尺光栅与指示光栅的栅线彼此重合，光线从缝隙中通过，形成亮带；在 b-b 线上，由于标尺光栅与指示光栅的栅线彼此错开，挡住光线通过，形成暗带。

两条亮纹或两条暗纹之间的距离称为莫尔条纹的间距。则条纹宽度和光栅栅距之间的关系可表示为

$$B_H = \frac{W}{2\sin\theta} \approx \frac{W}{\theta} \tag{10-1}$$

式中，B_H为莫尔条纹之间的距离；W为光栅的栅距；θ为两光栅栅线的夹角。

由上式可知，莫尔条纹间距 B_H由 W 与θ决定。对于给定 W，夹角θ越小，B_H越大，所以可通过调整θ角，获得条纹宽度值。

提示： 不同的光栅栅距可以不同，但是一般情况下，应用的光栅栅距都是相同的，即 $W_1=W_2=W$。

2. 莫尔条纹的特征

1) 放大作用

由于θ 角度非常小，因此莫尔条纹间距 B_H 要比栅距 W 大得多。如 W=0.01mm，即光栅的线纹为每毫米 100 条，此栅距人们无法用肉眼分辨。如果θ =0.01rad，则 B_H=1mm，相当于把栅距放大 100 倍，1mm 宽的莫尔条纹是可见的。

2) 对应关系

当主光栅沿栅线垂直方向(假设水平方向)做相对移动时，莫尔条纹则做上、下移动。并且光栅每移动一个栅距 W，莫尔条纹就准确地移动一个条纹间距 B_H；通过光电元件接收移过莫尔条纹的数目，就可以知道光栅移动了多少个栅距，经电路处理后计数器计数可得主光栅移动的距离。

由上可见，如果沿着莫尔条纹方向安装两组距离相差 $B_H/4$ 的光电元件，就可以测量光栅的移动距离和方向。

3) 平均效应

莫尔条纹是由许多光栅线纹所组成的，光电元件接收的是在一定长度范围内所有刻线产生的条纹，而不是固定一点的条纹。若光电元件接受的长度(即纹距)为 10mm，在栅距 W=0.01mm 时，光电元件所接受的信号由 1000 条线纹组成，因此对光栅的刻线误差具有平均作用，从而可以消除短周期误差的影响。

10.1.3 光栅式传感器的组成

光栅式传感器有多种不同的光学系统，其中，比较常见的有透射式和反射式两种，如图 10-6 所示。

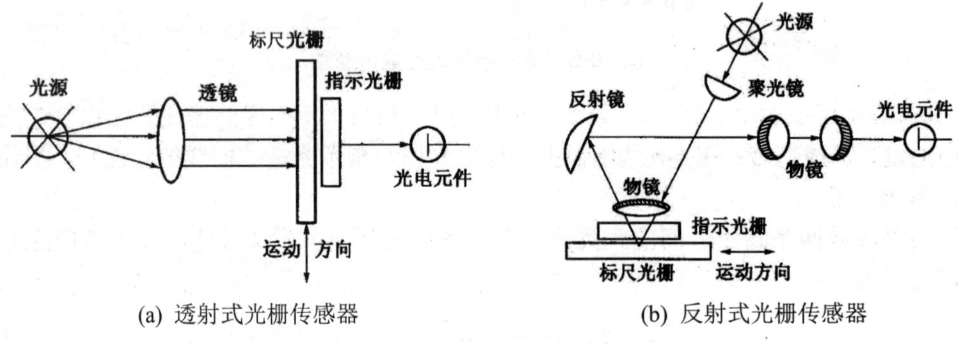

(a) 透射式光栅传感器　　(b) 反射式光栅传感器

图 10-6 光栅传感器结构示意图

1. 透射式光栅传感器

透射式光栅传感器由光源、透镜、标尺光栅(又称主光栅)、指示光栅和光电元件组成，如图 10-6(a)所示。

1) 光源

(1) 钨丝灯泡。钨丝灯泡有较大的输出功率，较宽的工作范围(−40～130℃)，与光电元件相组合的转换效率低，使用寿命短。

(2) 半导体发光器件。半导体发光器件常用砷化镓发光二极管，输出功率比钨丝灯泡低，工作范围为-60～100℃，它发出的光近似红外光，与硅光电三极管组合时，脉冲响应速度快，可以减小热功耗。转换效率高达 30%左右，使用寿命长。

2) 光栅副

光栅副由栅距相等的标尺光栅和指示光栅组成，它们互相重叠，又不完全重合，两个栅线之间错开一个小角度，以便得到莫尔条纹。标尺光栅固定在被测体上，指示光栅与光电元件固定在一起。

3) 光电器件

光电元件一般采用光电晶体管或光电池。在光电器件的输出端常接有放大器，对信号进行放大，以提高抗干扰能力。光电器件通过感测随主光栅的移动而产生的莫尔条纹的移动，来测定位移量。

2. 反射式光栅传感器

如图 10-6(b)所示，光源发射的光经过透镜聚光后，形成一束平行光束以一定角度穿过指示光栅射向标尺光栅，标尺光栅不透光，光在标尺光栅上产生反射后与指示光栅形成莫尔条纹，莫尔条纹光再经反射镜反射，透镜聚焦后，射到光电元件上，实现位移的测量。

提示： 反射式光栅传感器一般用在数控机床上，主光栅常为金属光栅，它坚固耐用，而且线膨胀系数与机床基体的线膨胀系数接近，能减小温度误差。

10.1.4　光栅式传感器测量位移的原理

将长度与测量范围一致的标尺光栅固定在运动零件上，随零件一起运动，短的指示光栅与光电器件固定不动，如图 10-7 所示。当两块光栅相对移动时，可以观测到莫尔条纹的光强的变化。设初始位置为接收亮带信号，随着光栅的移动，光强的变化如图 10-8 所示，由亮进入半亮半暗、全暗、半暗半亮、全亮，光栅移动了一个栅距，莫尔条纹也经历了一个周期，移动了一个条纹间距。光强的变化近似正弦变化。

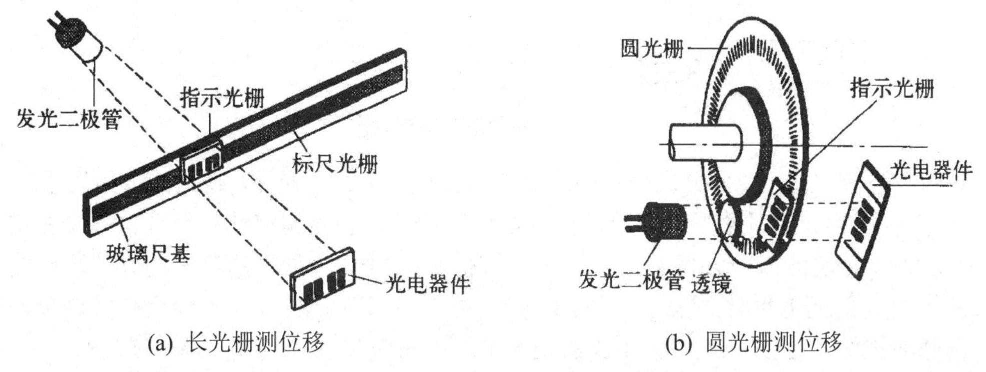

(a) 长光栅测位移　　(b) 圆光栅测位移

图 10-7　光栅式传感器位移测量结构示意图

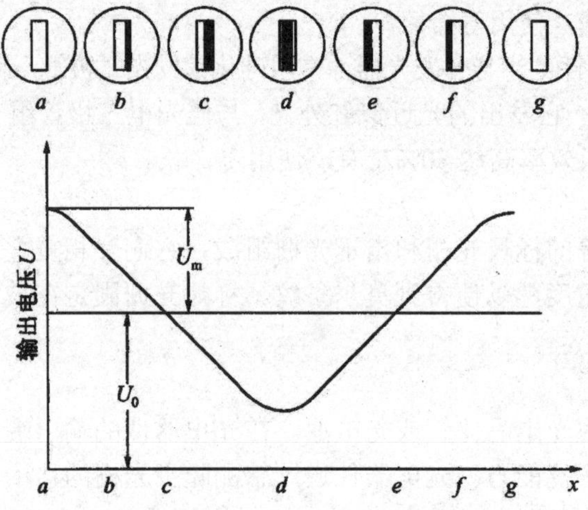

图 10-8　光栅位移与光强变化、输出电压的关系

10.1.5　辨向原理

在实际应用中，由于被测物的移动往往是往复运动，既有正向移动，又有反向移动。当标尺光栅与指示光栅在水平方向进行相对移动时，莫尔条纹做上下移动，在某一个固定点上的光强作交替变化。若只安装一套光电元件，则无论光栅做正向移动还是反向移动，光敏元件只能反映出固定点的莫尔条纹矩形明暗变化，而不能辨别光栅移动的方向。因此，要正确辨别光栅的运动方向，至少需要使用两个光电元件，通过测量电路进行辨向。图 10-9 所示为光栅辨向电路原理框图。

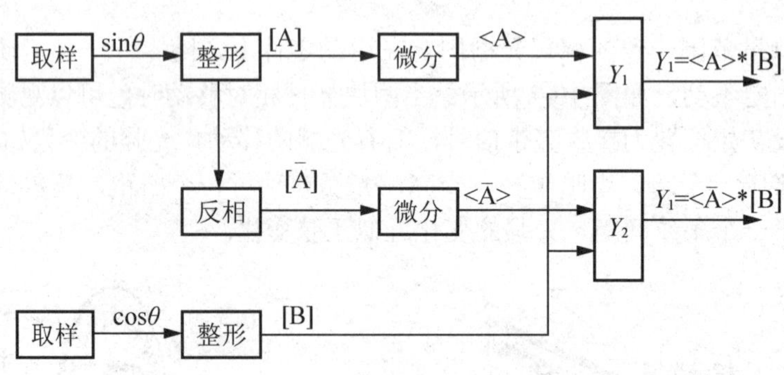

图 10-9　辨向电路原理框图

辨向电路通常在相隔四分之一栅距的位置上放置两个光电元件，得到两个相位差为 90°的电信号 A 和 B。经过整形电路整形得到矩形波信号。当光栅移动时，莫尔条纹做相应移动。此时信号 B 超前信号 A 相位 90°，矩形波信号 A 经微分处理后产生的脉冲正好发生在矩形波信号 B 的高电平时，与门 Y_1 输出一个计数脉冲；矩形波信号 A 经反向并微分处理后产生的脉冲正好发生在矩形波信号 B 的低电平时，与门 Y_2 被堵塞，无脉冲输出。

当光栅和莫尔条纹都反向移动时，此时信号 A 超前信号 B 相位 90°，信号 A 经微分后的脉冲发生在信号 B 的低电平时，与门 Y_1 无计数脉冲输出；A 经反向处理后的脉冲发生在信号 B 的高电平时，与门 Y_2 输出计数脉冲。如果用 Y_1 、Y_2 输出的脉冲分别作为计数器的加、减计数脉冲，则计数器的工作状态就可以正确地反映光栅尺的移动状态。

10.1.6　细分技术

细分电路是用来提高测量精度的。所谓细分就是在莫尔条纹变化一个周期时，不只输出一个脉冲，而是输出若干个脉冲，从而提高脉冲当量，使分辨力提高。细分前后脉冲数比较如图 10-10 所示，图 10-10(a)所示为细分前的脉冲数，图 10-10(b)所示为细分后的脉冲数。

光栅信号细分技术主要有光学细分、电子细分、微机细分三种方式。光学细分操作复杂，很少使用。电子细分是目前比较常用的一种细分方式，以上定义中所提到的实际上就是电子细分的定义。在电子细分中常采用四倍频细分法。图 10-11 所示为四倍频细分法电路。微机细分法是现在比较流行的一种细分方法，现在多数的光栅数显表都采用这种方法。它得到的细分数较电子细分法要高得多，成本低，可靠性高，而且可以用程序改变细分数，比较适合于智能检测和控制等系统。

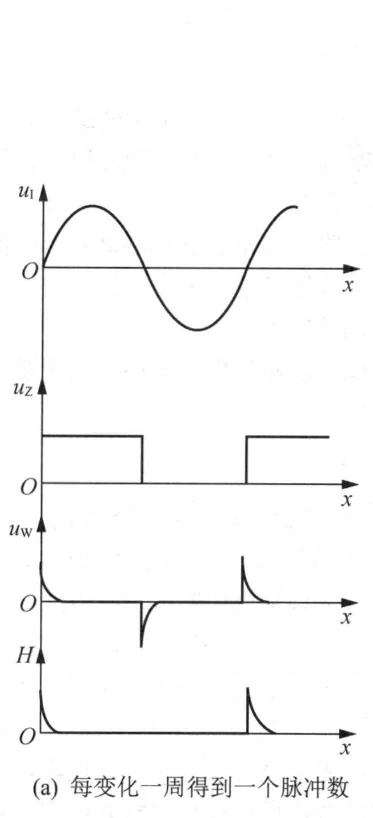

(a) 每变化一周得到一个脉冲数

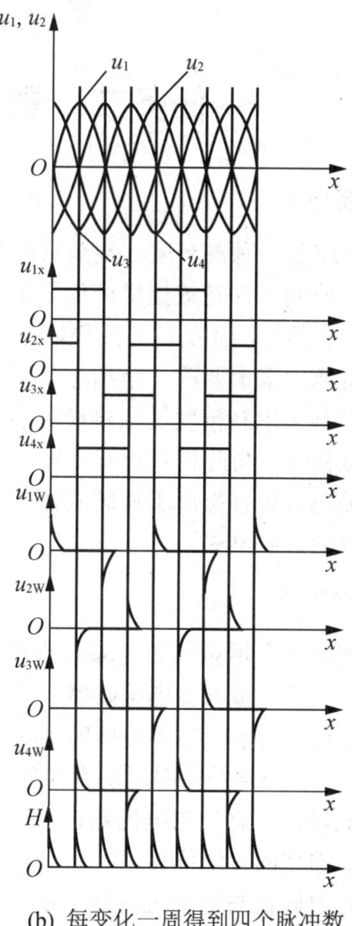

(b) 每变化一周得到四个脉冲数

图 10-10　细分前后脉冲数比较

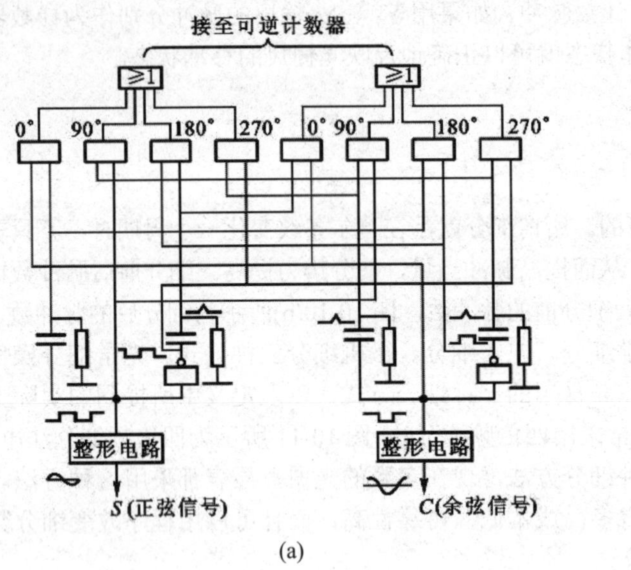

(a)

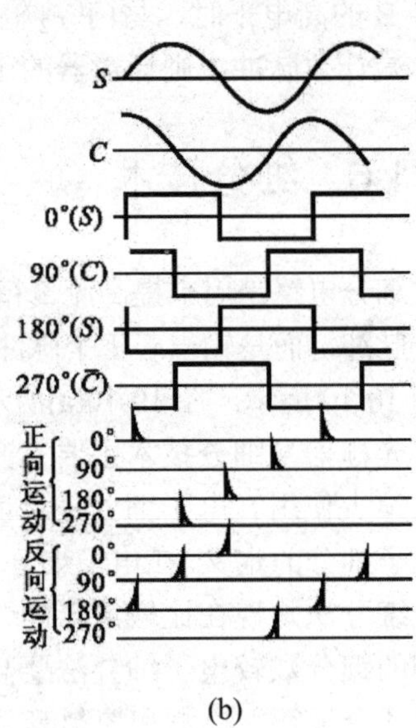

(b)

图 10-11　四倍频细分法电路

任务二　数控机床位移量检测

1. 任务分析

数控机床是一种高精度、高效率的加工设备，而实现其安全可靠的运行需要精确的检测和控制。检测元件是数控机床伺服系统的重要组成部分，起着检测各控制轴的位移和速度的作用，它把检测到的信号反馈回去，构成闭环系统。

数控机床中很重要的一个指标是进给运动的位置定位和重复定位误差。要提高位置控制精度就必须采用高精度的位移检测装置。位移检测的对象有工作台的直线位移及回转工作台的角位移等，与此相对应有直线式和旋转式检测装置。

光电编码器可直接用于旋转式测角位移和通过角位移与直线位移之间的线性关系间接测出工作台的直线位移。

2. 任务实现

光电编码器有增量式光电编码器和绝对式光电编码器两种，要对数控机床的位置进行检测，一般选用增量式光电编码器，对于重要的测量可选用绝对式光电编码器。

如图 10-12 所示，拖板的横向运动为 Z 轴，由 Z 轴进给伺服电动机通过 Z 轴滚珠丝杆来实现；拖板上刀架的径向运动为 X 轴，由 X 轴进给伺服电动机通过 X 轴滚珠丝杆来实现。伺服电动机端部配有光电编码器，用于角位移测量和数字测速，角位移通过丝杆螺距间接反映拖板或刀架的直线位移。

由于光电码盘与电动机同轴，电动机旋转时，光栅盘与电动机同速旋转，经发光二极管等电子元件组成的检测装置检测到输出的脉冲信号，通过计算每秒光电编码器输出脉冲的个数就能反映当前电动机的转速。此外，为判断旋转方向，码盘还可提供相位相差 90°

的两路脉冲信号。

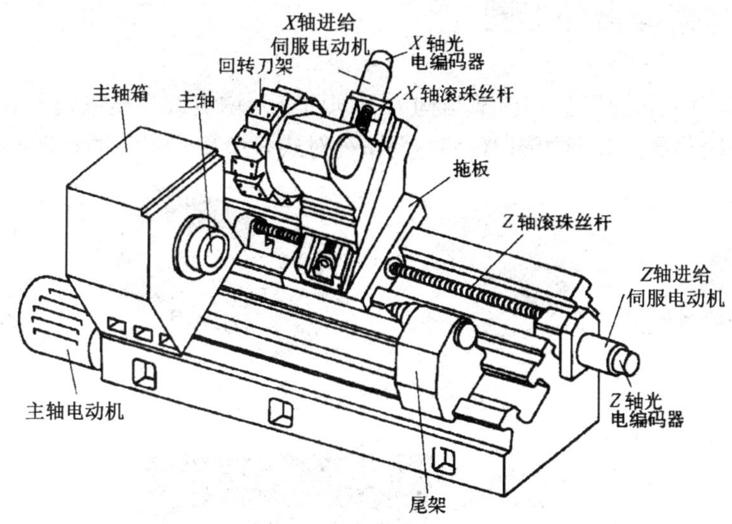

图 10-12　数控机床内部结构

提示： (1) 光电编码器的电气连接线建议采用屏蔽电缆。

(2) 编码器轴与电动机输出轴之间必须采用弹性软连接，并要确保可靠连接，以避免电动机串动、跳动造成编码器的损坏。

(3) 安装时要注意允许的轴负载；严禁碰撞、敲击和摔打。

(4) 保证编码器轴与被测轴的不同轴度小于 0.2mm，与轴线的偏角小于 1.5°。

(5) 编码器要确保固定牢固，无松动，并定期检查。

3. 任务小结

位置检测装置是数控机床的重要组成部分。光电编码器是一种通过光电转换将输出轴上的机械几何位移量转换成脉冲或数字量的传感器。其作用就是检测位移量，并发出反馈信号与数控装置发出的指令信号相比较，若有偏差，经放大后控制执行部件使其向着消除偏差的方向运动，直至偏差等于零为止。这是目前位移检测应用最多的传感器。为了提高数控机床的加工精度，必须提高检测元件和检测系统的精度。

10.2　光电编码器

将机械转动的模拟量(位移)转换成以数字代码形式表示的电信号，这类传感器称为编码器。编码器以其高精度、高分辨力和高可靠性被广泛用于各种位移的测量。

光电编码器是一种光电传感器，它是通过光电转换将输出轴上的机械几何位移量转换成脉冲或数字量的传感器。它将光源、透镜、随轴旋转的码盘、狭缝和光敏元件组合在一起。当码盘转动时，光敏元件接收到一串亮暗相间的光线。由后续电路转换为一串脉冲。光电编码器将转速信号直接转换为脉冲输出，因此，光电编码器是一种脉冲数字式传感器。

10.2.1 光电编码器外形图

光电编码器由于它的码盘和内部结构的不同而分为增量式光电编码器和绝对式光电编码器两种。光电编码器的外形如图 10-13 所示，绝对式和增量式码盘的外形如图 10-14 所示。

图 10-13 光电编码器的外形

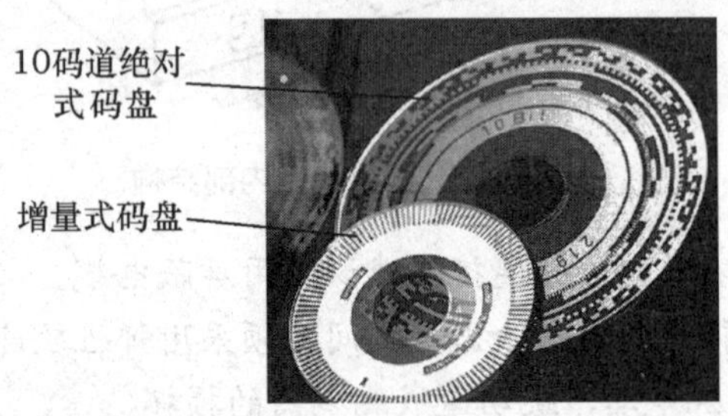

图 10-14 码盘

10.2.2 绝对式光电编码器

绝对式光电编码器是直接输出数字量的传感器，它的特点是，每一被测点都有一个对应的编码，编码器在转轴的任何位置都可以输出一个固定的与位置相对的数字码。绝对式测量即使断电之后再重新上电，也能读出当前位置的数据。

1. 六位二进制码盘结构

图 10-15 所示是一个六位的二进制码盘。码盘由光学玻璃制成，上面刻有同心码道，每位码道都按一定规律制成透光和不透光部分，其中黑的区域为不透光区，又称暗区，用“0”表示；白的区域为透光区，又称亮区，用“1”表示。最内圈称为 C_6 码道，一半透光、一半不透光。最外圈称为 C_1 码道，一共分成 2^6=64 个黑白间隔。这样在任意角度都有对应的二进制编码。例如零位时，对应的六个光敏元件输出为 000000(全黑)；在第 16 个方位，对应码盘两道暗，四道亮，六个光敏元件输出为 001111，即 90°；第 32 个方位对应于 010111。测量时，只要根据码盘的起始和终止位置就可确定转角，与转动

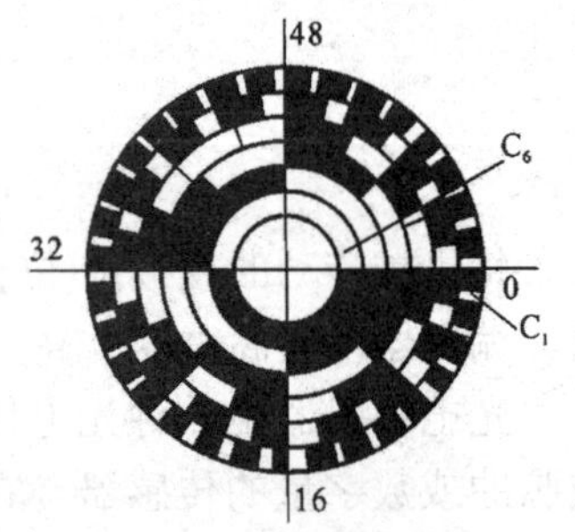

图 10-15 六位二进制绝对式码盘

的中间过程无关。

2. 绝对式光电编码器的组成

图 10-16 所示为绝对式光电编码器组成示意图。它由光源、透镜、码盘和光敏元件等组成。其中光敏元件是一组，它的排列与码道一一对应。

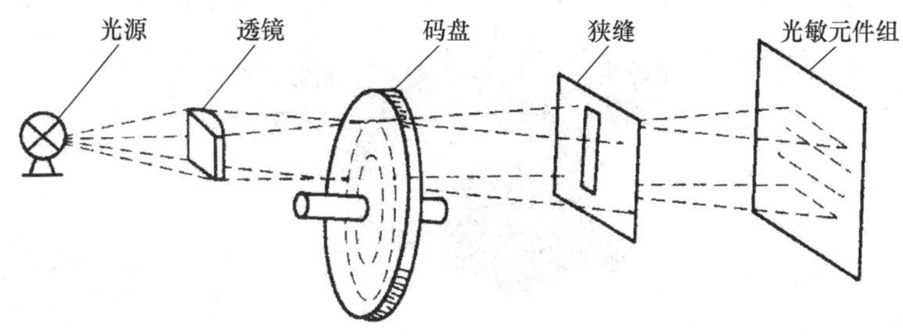

图 10-16 绝对式光电编码器组成示意图

3. 绝对式光电编码器的工作原理

如图 10-16 所示，由光源发出的光线经透镜变成一束平行光或会聚光，照射到码盘上。当码盘随轴转动时，通过码盘亮区的光线经狭缝后，形成一束很窄的光束照射在光敏元件组上，输出为“1”；而在暗区，输出为“0”。码盘旋至不同的位置时，光电元件的各种信号组合反映出按一定规律编码的数字量，代表了码盘转角的大小。

10.2.3 增量式光电编码器

增量式光电编码器的特点是，每产生一个输出脉冲信号就对应于一个增量位移，但是不能通过输出脉冲区别出在哪个位置上的增量。增量式码盘结构简单、易于实现，机械平均寿命长，可达到几万小时以上；可任意设置零位，但测量结果与中间过程有关，它的抗干扰能力强，可靠性高，适合于长距离传输。缺点是它无法直接读出转动轴的绝对位置信息。

1. 增量式光电编码器的结构和组成

增量式光电编码器又称为脉冲盘式光电编码器，它由光源、光栅板、码盘和光敏元件组成。如图 10-17 所示，码盘与转轴连在一起，码盘用玻璃材料制成，表面涂有一层不透光的金属铬，然后在边缘制成节距相等的辐射状透光狭缝；透光狭缝在码盘圆周上等分，数量从一百多条到几千条不等。光源一般使用自身有聚光效应的 LED。光栅板外圈上刻有 A、B 两组与码盘相对应的透光狭缝，里圈有一个 C 狭缝，用以通过或阻挡光源和光电检测器件之间的光线。光敏元件也对应有 A、B、C 三个，分别接收从 A、B、C 狭缝透过的光线。

2. 增量式光电编码器的工作原理

增量式光电编码器的光栅板外圈上 A、B 两个狭缝与码盘上两个狭缝彼此错开$(m+1/4)d$距离(其中 m 为正整数，d 为码盘节距)，以使两组狭缝相对应的光敏元件所产生的信号 A、B 彼此相差 90° 相位。工作时，光栅板静止不动，码盘与转轴一起转动，光源发出的光投射到码盘上。当码盘上的不透光区正好与光栅板上的透光狭缝对齐时，光线被全部遮住，光电器件输出电压最小；当码盘上的透光区正好与光栅板上的透光狭缝对齐时，光线全部通过，光电器件输出电压最大。码道上有多少狭缝，每转过一周就将有多少个相差 90°的两相(A、B 两路)脉冲和一个零位(C 相)脉冲输出。增量式光电编码器的精度和分辨力与绝对式光电编码器一样，主要取决于码盘本身的精度。

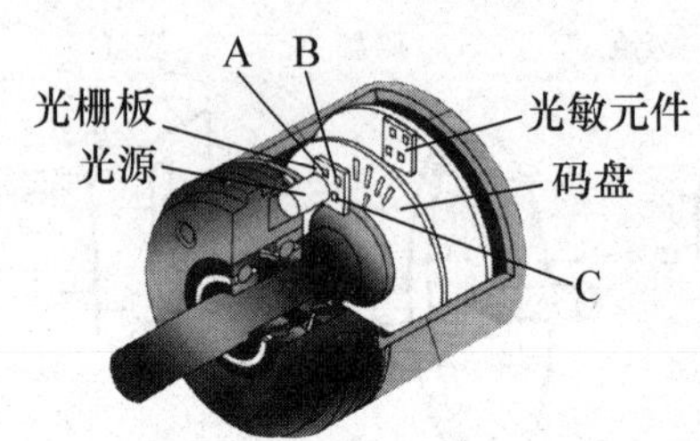

图 10-17　增量式光电编码器的结构图

码盘里的狭缝 C，每转仅产生一个脉冲，该脉冲信号又称“一转信号”或零标志脉冲，作为测量的起始基准。

提示： 绝对式光电编码器与增量式光电编码器的不同之处在于，增量式光电编码器一般只有 3 个码道，它不能直接产生编码输出，故它不具有绝对码盘码的含义，它检测出的是圆盘上转过的透光、不透光的线条数；而绝对式光电编码器检测出的是若干编码，它根据码盘上读出的编码检测出角位移。

10.3　感应同步器

感应同步器是应用电磁感应原理来测量直线位移和角位移的一种精密传感器。测量直线位移的称为直线感应同步器，测量角位移的称为圆感应同步器。它们的优点是：对环境温度、湿度变化要求低，测量精度高，抗干扰能力强，使用寿命长和便于成批生产等。目前，感应同步器广泛应用于数控机床和加工测量装置中。本节以直线感应同步器为例来说明其工作原理。

10.3.1　直线感应同步器的结构

直线感应同步器按其使用的精度、测量尺寸的范围和安装条件的不同，又可以设计制造成以下几种不同形状的感应同步器。

1. 标准型

标准型直线感应同步器主要由定尺和滑尺两部分组成，如图 10-18 所示，定尺安装在静止的机械设备上，滑尺安装在活动的机械部分，它相对定尺而移动。

定尺和滑尺利用印刷电路板的生产工艺，用覆铜板制成。定尺绕组是连续的，由一连串线圈以节距 W_2 均匀地串联在基板上；由于信号要进行细分和辨向处理，所以滑尺做成两个分段绕组，一个为正弦绕组(S 绕组)1-1′，另一个为余弦绕组(C 绕组)2-2′，它们在空间位置上错开形成 90° 相位差，图 10-19 所示为感应同步器绕组结构。

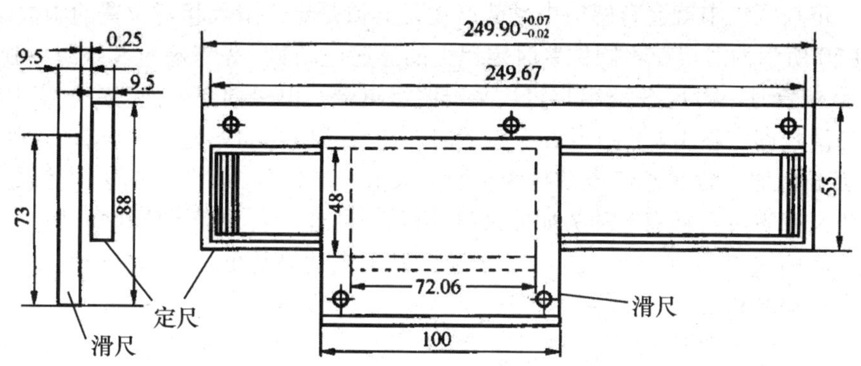

图 10-18 标准型直线感应同步器示意图

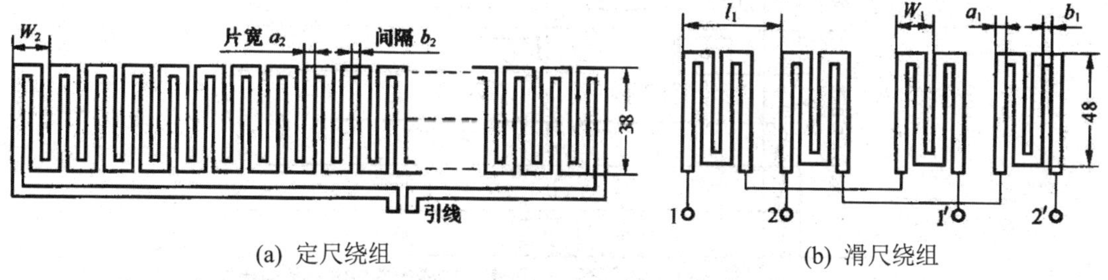

(a) 定尺绕组　　(b) 滑尺绕组

图 10-19 感应同步器绕组结构

提示： 安装时必须保证滑尺绕组全部覆盖在定尺上，且滑尺与定尺之间保持 0.25mm 左右的气隙，使两尺可以相对移动。当测量长度超过其定尺测量范围时，可以将定尺接长以扩大测量范围。工作时，定尺安装在不动的机械设备上，滑尺安装在被测部件上，滑尺随被测部件移动。

标准型直线感应同步器精度高，应用广，每根定尺长 250mm。如果测量长度超过 1.75mm 时，可将几根定尺接起来使用，甚至可连接长达十几米，但必须保持安装平整，否则极易损坏。

2. 窄型

窄型直线感应同步器中定尺、滑尺长度与标准型相同，不同点是宽度窄一点。其电磁感应强度较标准型小，因此测量精度较低，一般用于设备安装位置受到限制的场合。

10.3.2 感应同步器的工作原理

根据电磁感应定律，当滑尺绕组(励磁绕组)加正弦电压时，将产生同频率的交变磁通，这个交变磁通与定尺绕组耦合，在定尺绕组上产生同频率的交变电动势。感应同步器利用定尺和滑尺的两个平面印刷电路绕组的互感随其相对位置变化的原理，将位移转换为电信号。感应同步器工作时，定尺和滑尺相互平行、相对放置，它们之间保持一定的气隙(0.25±0.005)mm；定尺固定，滑尺可动。当滑尺的 S 和 C 绕组分别通过一定的正、余弦电压激励时，定尺绕组中就会有感应电动势产生，其值是定、滑尺相对位置的函数。

图 10-20 所示为滑尺在不同位置时定尺上的感应电动势。先考虑对 S 绕组单独励磁，滑尺处在 *A* 点位置时，滑尺 S 绕组与定尺某一绕组重合，电磁耦合最强，定尺绕组感应电动势最大；当滑尺向右移 1/4 节距至 *B* 点位置时，定尺感应电动势为零；当滑尺继续移动 1/2 节距至 *C* 点位置时，定尺感应电动势为负的最大值；当移至 3/4 节距的 *D* 点位置时，定尺感应电动势又为零，其感应电动势如曲线 1 所示。同理，余弦绕组单独励磁时，定尺感应电动势变化如曲线 2 所示。定尺上产生的总的感应电动势是正弦、余弦绕组分别励磁时产生的感应电动势之和。

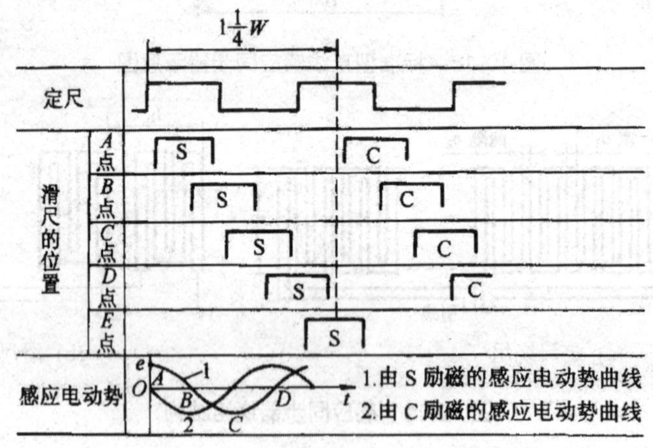

图 10-20　感应电动势与绕组相对位置的关系

10.3.3　直线感应同步器的信号检测

感应同步器输出电信号很微弱，需配以变换电路，将输出电信号进行处理，以便于准确测量位移大小。对于感应同步器组成的检测系统，可以采用不同的励磁方式，输出信号也可采用不同的处理方式。从励磁方式来说一般可分为两大类，一类是以滑尺(或定子)励磁，由定尺(或转子)输出；另一类是以定尺励磁，由滑尺输出。对输出感应电动势信号，可采取不同的处理方式检测，感应同步器的信号一般分为鉴相型和鉴幅型两种检测系统。

1. 鉴相型

鉴相型工作方式是根据输出感应电动势的相位来鉴别感应同步器定、滑尺间相对位移量的方法。这种工作方式是给滑尺的 S 和 C 绕组分别通以同频率、等幅值、相位上相差 90° 的励磁电压，即

$$u_S = U_m \cos\omega t \tag{10-2}$$

$$u_C = U_m \sin\omega t \tag{10-3}$$

如果滑尺相对于定尺移动位移 *x*，则正弦与余弦绕组分别在定尺绕组上引起的感应电动

势为

$$e_S = k\omega U_m \cos\left(\frac{2\pi}{W}x\right)\sin\omega t \tag{10-4}$$

$$e_C = -k\omega U_m \sin\left(\frac{2\pi}{W}x\right)\cos\omega t \tag{10-5}$$

式中，W 为定尺节距，标准为 2mm。

由以上两式可以看出，定尺绕组的感应电动势与励磁电压的幅值成正比，与位移 x 成余弦或正弦关系，其相位与励磁电压相差 90° 。由于感应同步器近似为线性系统，根据叠加原理，定尺上的感应电动势为

$$e = e_S + e_C = k\omega U_m \sin\left(\omega t - \frac{2\pi}{W}x\right) \tag{10-6}$$

式中，k 为电磁耦合系数，为常数。

因此，只要利用一定的测量电路测出感应电动势的相位，就可以测量出滑尺相对于定尺的位移量 x。

2. 鉴幅型

鉴幅型是根据感应电动势的幅值来鉴别感应同步器定、滑尺间相对位移量的方法。这种工作方式是给滑尺的 S 和 C 绕组分别通以同频率、同相位但不同幅值的交流电压，则可根据定尺绕组输出感应电动势的幅值来鉴别定、滑尺间的相对位移值。若所加的励磁电压为

$$u_S = U_S \sin\omega t \tag{10-7}$$

$$u_C = U_C \cos\omega t \tag{10-8}$$

式中，$U_S = \sin\varphi$；$U_C = U_m \cos\varphi$；φ 为给定的电角度。

则在定尺上的感应电动势分别为

$$e_S = k\omega U_S \cos\left(\frac{2\pi}{W}x\right)\cos\omega t \tag{10-9}$$

$$e_C = -k\omega U_C \sin\left(\frac{2\pi}{W}x\right)\cos\omega t \tag{10-10}$$

根据叠加原理，定尺上的感应电动势为

$$e = e_S + e_C = k\omega U_m \sin\left(\varphi - \frac{2\pi}{W}x\right)\cos\omega t \tag{10-11}$$

本 章 小 结

光栅式传感器是利用光栅的莫尔条纹现象进行几何量测量的装置。由于它的高精度、高分辨力和高动态范围等优点，被广泛应用于静态测量、动态测量和自动化控制等领域。在圆分度和角位移测量方面，一般认为光栅式传感器是精度最高的一种，可实现高分辨力、大量程测量；可实现动态测量，易于实现测量及数据处理的自动化；且具有较强的抗干扰

能力。因此，近些年来，光栅式传感器在精密测量领域中的应用得到了迅速发展。

光电编码器是一种通过光电转换将输出轴上的机械几何位移量转换成脉冲或数字量的传感器。这是目前应用最多的一种角度(角速度)检测装置，它将输入给轴的角度量，利用光电转换原理，转换成相应的电脉冲或数字量，具有体积小、精度高、工作可靠、接口数字化等优点。它广泛应用于数控机床、回转台、伺服传动、机器人、雷达、军事目标测定等需要检测角度的装置和设备中。

感应同步器是利用两个平面形绕组的互感随位置不同而变化的原理组成的，可用来测量直线或角位移。测量直线位移的称为直线感应同步器，测量角位移的称为圆感应同步器。感应同步器对环境要求低，工作可靠，抗干扰能力强，具有一定的精度，维护简单，寿命较长，广泛应用于大位移静态和动态测量中。

思考与练习

1. 光栅式传感器的基本原理是什么？莫尔条纹是怎么形成的？有何特点？
2. 为什么光栅式传感器具有较高的测量精度？
3. 某光栅式传感器，刻线数为 100 线/mm，未细分时测得莫尔条纹数为 1000，问光栅位移为多少毫米？若经四倍细分后，计数脉冲仍为 1000，问光栅位移为多少？此时测量分辨力为多少？
4. 简述增量式光电编码器和绝对式光电编码器的区别。
5. 直线感应同步器主要有哪几部分组成？它的信号处理方式一般有几种？
6. 简述直线感应同步器的工作原理。

第 11 章

检测装置的信号处理技术

本章要点

- 传感器元件的放大电路
- 信号传输中的变换技术
- 常见信号的非线性系统
- 隔离放大器电路的特点、应用场合

本章难点

- 信号传输中的变换技术
- 信号的线性处理技术

在检测系统中，被测的各种非电量信号经传感器检测后转变为电信号，如电压、电流、电阻等。这些信号往往很微弱，不便于直接应用，且输出阻抗高，并与输入的被测量之间呈非线性关系，而且输出信号在包含被测信号的同时，又不可避免地被噪声所污染。因此检测装置的信号处理技术比较复杂，它包括信号放大、滤波、隔离、线性化处理、误差修正等。

任务一　传感器信号放大电路设计

1. 任务分析

由传感器或敏感元件转换后输出的信号不仅电平低、内阻高，还常伴有较高的共模电压，因此需接放大电路进行信号放大和阻抗变换。

传感器的放大电路一般应满足以下要求。

(1) 输入阻抗远大于信号源内阻，否则，放大器的负荷效应会使测量结果造成误差，对传感器内阻不是常数的测量场合，所测误差无法补偿。

(2) 抗共模电压干扰能力强。共模电压的来源除传感器输出本身的共模电压以外，还有环境造成的共模干扰。

(3) 在频带宽度内增益稳定，线性度好，漂移和失调小，信噪比高。

(4) 便于增益调整。增益调整时放大器性能不降低，且便于量程切换、极性自动变换等。

2. 任务实现

随着半导体技术的发展，目前的放大电路几乎都采用运算放大器，由于其输入阻抗高，增益大，可靠性好，性价比高，因而得到广泛应用。但是一般的运算放大器输入阻抗太低，共模抑制能力受外部电阻失配精度限制，不能在精密测量中应用。为满足高精度检测系统的需要，现在已经生产出各种专用或通用运算放大器，如测量放大器(仪表放大器)、可编程增益放大器、隔离放大器等。

3. 任务小结

测量放大器广泛应用于信号微弱及存在较大共模干扰的场合，具有精确的增益标定。可编程增益放大器是根据待测的模拟信号幅值大小来改变放大器的放大倍率，它增加了一些模拟开关和驱动电路，可实现量程自动切换。隔离放大器能在输入与输出信号之间保持电气隔离的同时，实现输出电压与输入电压的线性传输。

11.1　信号放大电路

11.1.1　测量放大器

运算放大器对微弱信号的放大仅适用于信号回路不受干扰的情况。然而，传感器的工作环境往往比较恶劣，在传感器的两个输出端上经常产生较大的干扰信号，这两个干扰信号有时是完全相同的，称为共模干扰。虽然运算放大器对直接输入到差动端的共模信号有较强的抑制能力，但对简单的反相输入或同相输入接法，由于电路结构的不对称，抵御共模干扰的能力很差，所以不能用在精密测量场合。因此，需要引入另一种形式的放大器，即测量放大器，它广泛用于传感器的信号放大，特别是微弱信号及具有较大共模干扰的场合。

普通的减法器是最简单且增益可设定的差动放大器，但其输入阻抗低，电阻参数对称性调整复杂，共模抑制比难以保证，不适合作为传感器输出信号的差动放大。而测量放大器则是专为这种应用场合设计的放大器。

测量放大器除了对低电平信号进行线性放大外，还担负着阻抗匹配和抗共模干扰的任务，它具有高共模抑制比、高速度、高精度、宽频带、高稳定性、高输入阻抗、低输出阻抗、低噪声等特点。

测量放大器又称为仪用放大器、数据放大器。它由 3 个运算放大器 A_1、A_2、A_3 组成，如图 11-1 所示。

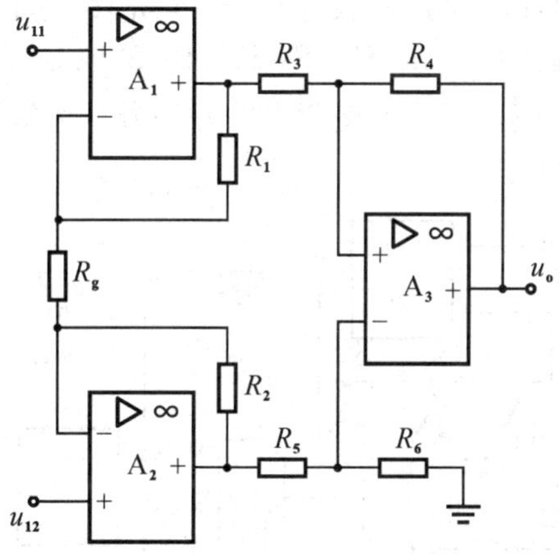

图 11-1　测量放大器

其中，A_1 和 A_2 组成具有对称结构的差动输入/输出级，差模增益为 $1+2R/R_g$，而共模增益仅为 1。右边部分由运算放大器 A_3 和电阻 R_3～R_6 组成测量放大器的后级，它不仅切断共模干扰的传输，还将 A_1、A_2 的差动输出信号转换为单端输出信号，以适应对地负载的需要。A_3 的共模抑制精度取决于 4 个电阻的匹配精度。设 $R_1=R_2=R$，$R_3=R_4=R_5=R_6$，则有测量放大器的电压放大倍数为

$$A_u = \frac{u_o}{u_i} = -\left(1 + \frac{2R}{R_g}\right) \tag{11-1}$$

式中，R_g 为用于调节放大倍数的外接电阻，通常 R_g 采用多圈电位器，并应靠近组件，若距离较远，应将连线绞合在一起。由式(11-1)可见，测量放大器仅调整 R_g 即可调整放大器增益，不需多个电位器联动，也不会影响电路的对称性，具有输入阻抗高、对称性好、共模抑制比高、增益设定调整方便的特点。改变 R_g 可使放大倍数在 1～1000 范围内调节。

11.1.2 可编程增益放大器

在多通道数据采集系统中，为了节约费用，多种传感器共用一个测量放大器。当切换通道时，必须迅速调整测量放大器的增益，称为增益放大器。

可编程增益放大器(PGA)也称程控放大器，是在含有微机的检测系统中采用的通用性很强的一种新型放大器，它是根据待测的模拟信号幅值大小来改变放大器的放大倍率，是解决宽范围传感器信号的模拟数据采集问题的有效方法。其特点是硬件设备少，放大倍数可根据需要通过编程进行控制。

在数据采集系统中，对输入的模拟信号一般需要放大，以适应模数转换器的电压转换范围。但是，传感器输出信号可能在很大范围内变化，若固定增益就不能兼顾不同输入信号幅度的放大量。PGA 器件能够很好地解决此问题，实现量程的自动切换，因而在数据采集系统中被广泛应用。

可编程增益放大器的原理结构如图 11-2 所示，它是图 11-1 所示电路的扩展，增加了模拟开关和驱动电路。增益选择开关 S_1-S_1'、S_2-S_2'、S_3-S_3' 成对动作，每一时刻仅有一对开关闭合，当改变数字量输入编码，即可改变闭合的开关号，选择不同的反馈电阻，达到改变放大器增益的目的。

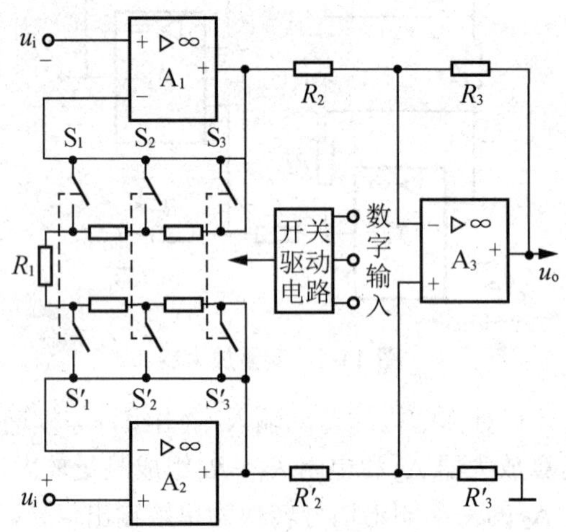

图 11-2 可编程增益放大器的原理结构

可编程增益放大器的增益由使用者对每个通道输入信号大小预先作出估计，编成软件存入计算机。通道切换时，由计算机将相应的增益代码送入 PGA，即可得到预期效果。

提示： 可编程增益放大器的优越性之一是能进行量程自动切换。特别是当被测参数动态范围比较宽时，采用 PGA 会更方便、更灵活。例如，数字电压表，其测量动态范围可以从几微伏到几百伏，过去是用手拔动切换开关进行量程选择，现在，在智能化数字电压表中，采用程控放大器和微处理器，可以很容易地实现量程自动切换。

11.1.3　隔离放大器

隔离放大器是一种特殊的测量放大电路，其输入、输出和电源电路之间没有直接电路耦合，由输入放大器、输出放大器、隔离器以及隔离电源等几部分组成，如图 11-3 所示。信号的耦合以及电源电能的传递要靠磁路或光路来实现，即信号在传输过程中没有公共的接地端。隔离放大器能在输入通道中把传感器输出的模拟信号与检测系统的后续电路隔离开来的同时，实现输出电压与输入电压的线性传输。它不仅具有通用运放的性能，而且输入公共地和输出公共地之间具有良好的绝缘性能。

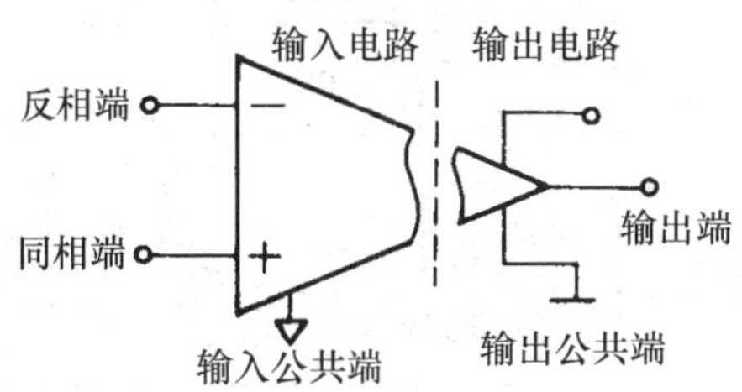

图 11-3　隔离放大器符号

由图 11-4 所示的隔离放大器组成框图可知，它由仪器放大器(或运放)和隔离电路构成。隔离电路完全隔离了器件的输入和输出，使电信号没有欧姆连续性。

运放 + 隔离电路 = 隔离放大器

图 11-4　隔离放大器组成框图

隔离放大器在测量系统中，能在噪声环境下以高阻抗、高共模抑制能力传送信号，能阻止数据采集器件遭受远程传感器模拟信号带来的共模电压及各种干扰对系统的影响，一般应用于高共模电压环境下的小信号测量，可对被测对象和数据采集系统予以隔离。它的隔离电平高且漏电流极小，从而可提高共模抑制比，还可在多通道应用中放大低电平信号，它也可以消除由接地环路引起的测量误差，对保护电子仪器有重要的作用。

目前，对于模拟量信号的隔离，广泛采用隔离放大器。按隔离模式，可分为两口隔离(指信号输入部分和信号输出部分电气隔离，采取其他措施进行电源隔离)、三口隔离(指输入、输出和供电三部分彼此隔离)。隔离的媒介主要有变压器隔离、电容隔离和光电隔离三种。

1. 变压器隔离放大器

隔离变压器的原理和普通变压器的原理是一样的，都是利用电磁感应原理。隔离放大器先将现场模拟信号调制成交流信号，通过变压器耦合给解调器，输出的信号再送给后续电路，例如计算机的 A/D 转换器。由于放大器的两个输入端都是浮空的，所以它能够有效地作为测量放大器，又因采用变压器耦合，所以输入部分和输出部分是隔离的。下面以 ADI 公司的 AD202/AD204 介绍双端口变压器隔离放大器。

如图 11-5 所示，AD202/AD204 通过片内变压器耦合，对信号的输入和输出进行电气隔离。工作时，+15V 电源加到输入 31 脚，使片内振荡器工作，产生 25kHz 的信号，通过功率变压器耦合，经整流滤波后得到±7.5V/2mA 的隔离电源。该电源足以使低漂移、低功耗的前置放大器工作，除给片内提供电源外，还可输出给外接传感器作为电源。

AD202、AD204 的内部结构基本相同，仅是电气参数和供电方式略有不同。AD202 直接由±15V 电源驱动，而 AD204 由外部时钟提供电源。这样，在多通道情况下，几个 AD204 可以共用一个时钟源，降低了功耗和成本，提高了带宽，同时，其内置 DC/DC 也可以提供更大的功率输出。

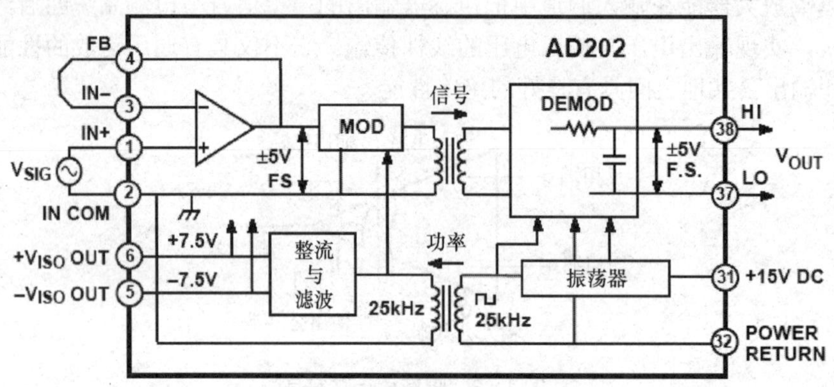

图 11-5　AD202/AD204 结构框图

有时在用隔离放大器放大信号时，电源由信号输入部分的电路供给，这时采用 AD202/AD204 不合适。为了能灵活选择隔离放大器驱动电源所在位置，有些隔离放大器采用三口隔离方式，即信号输入端口、信号输出端口、驱动电源端口分别电气隔离。这类隔离放大器有 AD210、AD293、AD294 等。

例如，AD210 直流电源使 AD210 电源部分的功率振荡器工作于 50kHz。两个功率变压器将能量分别送到输入部分和输出部分，经整流滤波稳压调节供两部分电路使用。输入信号经调制器调制由变压器耦合至输出部分，经解调器解调后重构输入信号，然后经 20kHz 三极点滤波器滤波，使信号中的噪声和纹波达到最小，最后由缓冲器输出。

AD210 驱动电源电压为+15V 单电源，输入和输出部分电源电压±15V，允许电流 5mA；信号输入电压范围±10V，输出部分电路的输出阻抗为 1Ω，为保证精度，负荷电阻应大于 2kΩ；隔离电压为有效值 2500V 或峰值 3500V(可连续加压)，−3dB 带宽 20kHz，共模抑制比 120dB，非线性(在增益为 100 时)为±0.012%。

2. 电容隔离放大器

电容隔离放大器的原理是将输入信号调制产生高频信号，经隔离电容耦合到输出电路，输出电路解调还原输入信号，最后滤波输出，得到与输入信号呈线性关系的输出信号。可见，电容隔离放大器的原理与变压器隔离放大器的原理很相近，只是前者的电容可被含在半导体器件中，因此体积小、成本低。利用电容耦合的隔离放大器有 BB 公司(布尔−布朗公司)的 ISO106、ISO122 等。

图 11-6 所示为 ISO122 电源和信号的基本连接电路。ISO122 每一个电源端都必须有一个 1μF 钽电容作为旁路滤波器，印刷电路板布局时尽可能将旁路电容靠近芯片放置。

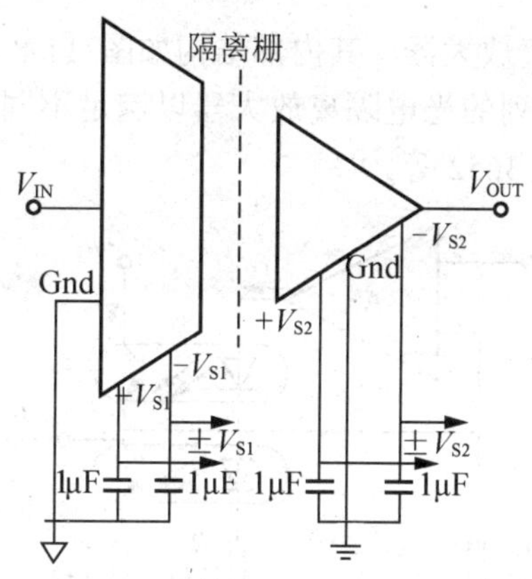

图 11-6　ISO122 电源和信号基本连接电路

图 11-7 所示为 ISO122P 输入侧电源隔离放大电路。它是利用 ISO122P 低成本隔离放大器和 HPR117 DC/DC 转换器组成的精密模拟隔离放大器，由 HPR117 提供隔离放大器所需的原边与副边的电源，ISO122P 完成信号的隔离放大。因为 HPR117 内置 0.33μF 旁路电容，所以各个电源端不需要外接旁路电容滤波。

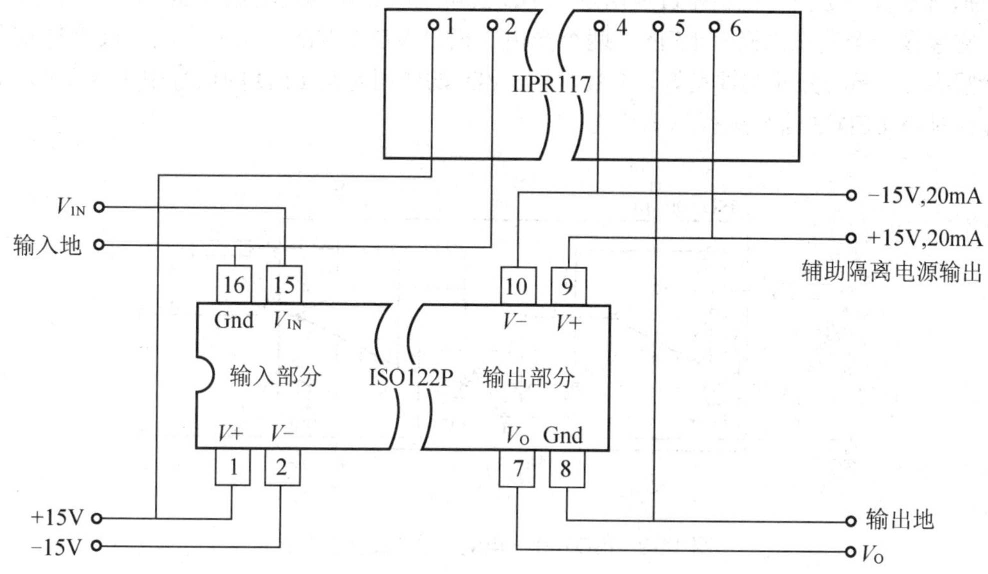

图 11-7　ISO122P 输入侧电源隔离放大电路

ISO122P 价格低，使用方便，只需在器件的输入和输出部分分别接入±4.5～±18V 的两套互相隔离的电源。这时隔离放大器将以 1:1 的比例传输信号，增益误差小于±0.5%，非线性误差小于 0.02%，−3dB 带宽为 50kHz，最大隔离电压为 1500V，测试条件为连续 60Hz 交流信号，隔离电阻为 1014Ω，隔离电容为 2pF。

3. 光电隔离放大器

光电隔离放大器是一种把发光元件和光敏元件封装在同一壳体内，中间通过电→光→电的转换来传输电信号的半导体光电子器件。目前应用最广的是发光二极管和光敏二极管

(光敏三极管)组合成的光电隔离放大器，其内部结构如图 11-8 所示。可由不同种类的发光元件和光敏元件组合成许多系列的光电隔离放大器以满足不同要求。常用的光电隔离放大器有 ISO100、ISO130、3650、3652 等。

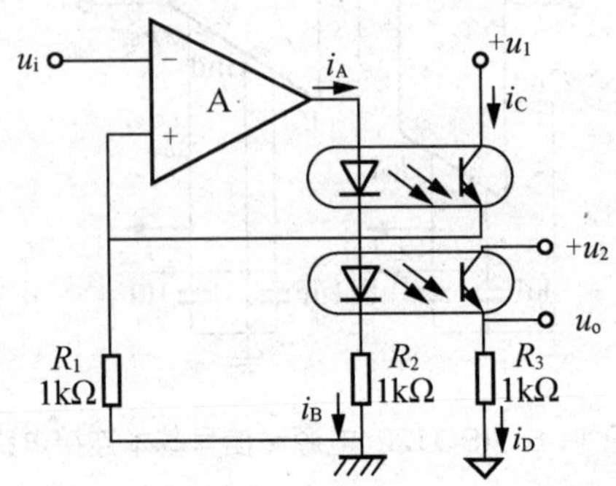

图 11-8　光电隔离放大器内部结构

光电隔离放大器广泛应用于数字电路中的隔离，其中的耦合器件是半导体器件，若用于模拟电路，存在非线性和温漂、参数离散性大的缺点。因此，用光电耦合器线性隔离传送模拟信号有一定技巧性。图 11-9 所示为 BB 公司生产的光电隔离放大器 ISO100 的内部结构。它包含一个发光二极管 LED 和两个光电二极管 VD_1、VD_2。两个光电二极管与发光二极管紧靠在一起，光匹配性良好，参数对称。VD_1 的作用是从 LED 的信号中引入反馈，VD_2 的作用是将 LED 的信号进行隔离传送。

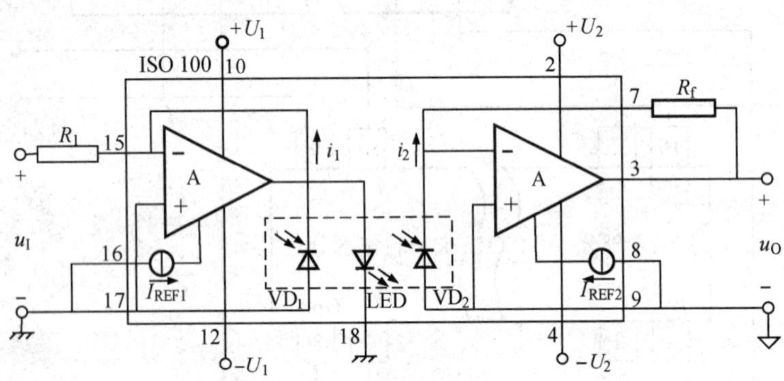

图 11-9　ISO100 光电隔离放大器内部结构

电路正常工作时，u_I 为单极性负电压，这时由于 VD_1 的负反馈作用，LED 中会有电流流过。LED 导通后，通过光电耦合作用，在 VD_1、VD_2 中会分别产生大小相等的电流 i_1、i_2。若外接电阻 $R_1=R_f$，则输出端电压与输入端电压相等。由于双光耦参数对称，光电器件的非线性误差和漂移不造成任何误差。注意这时 u_I 和 u_O 均为负值。若要双极性工作，电路如图 11-10 所示。它将参考电流源 I_{REF1} 端和 I_{REF2} 端分别接运算放大器反相输入端(引脚 15 和引脚 7)。此时，u_I 和 u_O 的最大值分别为 $I_{REF1}R_1$ 和 $I_{REF2}R_f$。

ISO100 的主要性能参数有：隔离电压为脉冲 2500V，连续 750V(峰值)；漏电流 0.3μA；隔离电阻达 1012Ω；直流隔离共模抑制比为 140dB，交流隔离共模抑制比为 120dB；非线性误差小于±0.02%；−3dB 带宽为 60kHz。

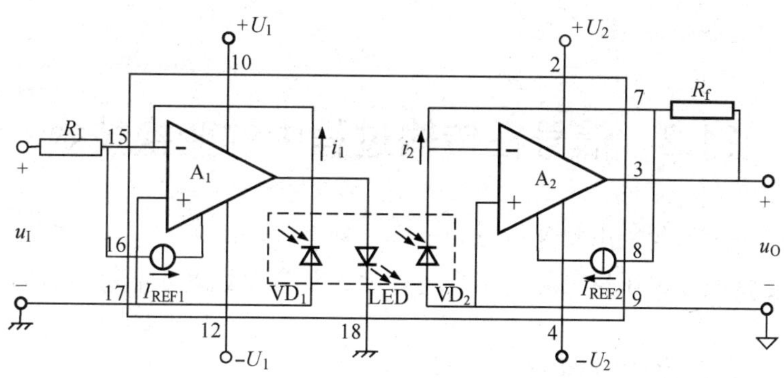

图 11-10　ISO100 光电隔离放大器双极性工作模式

提示： (1) 变压器隔离放大器中的变压器体积大、成本高、功耗大、无法集成，造成整个器件价格高、体积大，一般器件的封装为非标准集成电路封装，但这种器件一般把隔离电源也固化在器件内，甚至可实现三端隔离，且通过引脚将电源输出，可外接负荷，不需用户另配隔离 DC/DC 变换器，使用方便。

(2) 电容隔离放大器引出线少，使用方便，但需使用调制解调技术，频带宽度不及光电隔离放大器。

(3) 光电隔离放大器全部由半导体器件构成，便于集成，成本低，体积小，性能稳定，使用时不需外接任何器件，使用方便。但器件本身不带隔离电源，需用户另接隔离 DC/DC 变换器。

任务二　信号变换技术

1. 任务分析

在仪表系统及自动检测装置中，都希望传感器和仪表之间及仪表和仪表之间的信号传送能采用统一的标准信号，这样不仅便于微机进行巡回检测，同时可以使指示、记录仪表单一化。另外若通过各转换器，如电-气转换器、气-电转换器等还可将电动仪表和气动仪表结合起来混合使用，扩大仪表的使用范围。因此，为了使传感器的输出信号便于显示、传输，需要将信号进行各种变换。

2. 任务实现

常用的信号变换电路有 V/f(电压/频率)变换器、f/V(频率/电压)变换器、V/I(电压/电流)变换器、I/V(电流/电压)变换器、A/D(模/数)变换器、D/A(数/模)变换器等。

3. 任务小结

为了使传感器的输出信号便于显示、传输，常需将信号进行各种变换。例如，电压/频率变换将电压信号进行频率调制以便于电气隔离和数字化；电流/电压变换，将电流信号变换为标准的电压信号；电压/电流变换，可将电压信号变成不易受干扰的电流信号；交流/直流变换，将输入信号的交流参数如峰值、绝对平均值、有效值等变换为与之成正比的直流

信号输出。

11.2 信号在传输过程中的变换技术

模拟连续式传感器的输出参量可以归纳为 5 种形式：电压、电流、电阻、电容和电感。这些参量必须先转换成电压量信号，然后进行放大及带宽处理才能进行 A/D 变换。

11.2.1 电压/频率(V/f)变换电路

V/f 变换是指把电压信号转换成与之成正比的频率信号。V/f 变换过程实质上是对信号进行频率调制，频率信息可远距离传递并有优良的抗干扰能力，采用光电隔离和变压器隔离时不会损失精确度，因而被广泛应用。频率信号是数字信号的一种表现形式，所以 V/f 变换也是 A/D 变换的一种。V/f 变换器应用简单，对外围器件性能要求不高，其 A/D 变换速度不低于双积分型 A/D 转换器件，且价格较低。

V/f 变换电路的形式较多，通常采用电荷平衡变换方法，其原理如图 11-11 所示。图中运算放大器 A_1、电阻 R_1、积分电容 C_{INT} 组成积分器。其中运算放大器 A_1 的输入端 A 和输出端 B 分别接到电流开关 S 的两个选择端。当电流开关 S 受到单稳态触发器控制而交替地在 A、B 点切换时，积分器相应地工作于两种不同的状态，分别称为复位状态和积分状态。

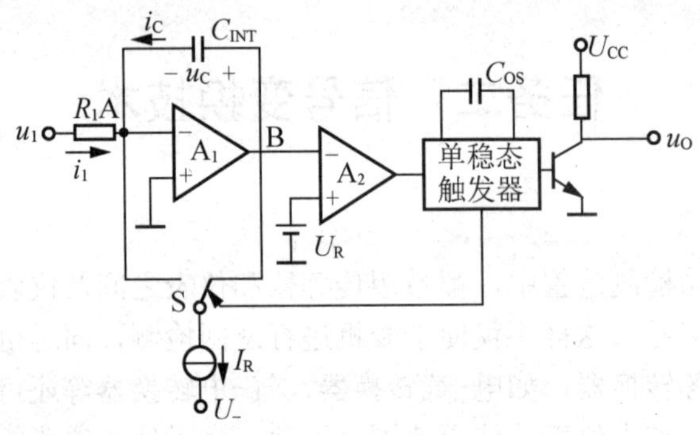

图 11-11 电荷平衡式 V/f 变换电路

该变换器的积分电容在积分过程和复位过程中的电荷变化量是平衡的，故称电荷平衡式 V/f 变换器。由于输入端采用了积分器，具有平均效应，所以 V/f 变换器对共模干扰抑制能力强，分辨力高，输出信号适用作远距离串行输出。其主要缺点是转换精度易受参考电压的变化、电阻和电容参数的稳定度、积分电容的漏电、模拟开关内阻变化等多种因素影响，另外，速率低，必须由外加计数器将串行的脉冲输出转换为并行形式，因此，它适用于低速率信号的转换。

V/f 变换电路的输出跟踪输入信号，直接响应输入信号的变化，不需要外部时钟信号同步。另外，在用 V/f 变换电路实现 A/D 变换时，也不必加采样保持电路，因为它的输出总是对应于输入信号的平均值。

11.2.2　电压/电流(V/I)变换电路

传感器输出的信号多数为电压信号，为了信号在远距离传送中减少干扰影响和信号损失，通常采用 V/I 变换器将电压信号转换成 4～20mA 的电流信号，在检测系统需接收电压信号时，可在电流回路串入一个负载电阻获得电压信号。它不仅具有恒流性能，而且要求输出电流随负载电阻变化所引起的变化量不超过允许值。图 11-12 所示为 4～20mA 的 V/I 变换电路。

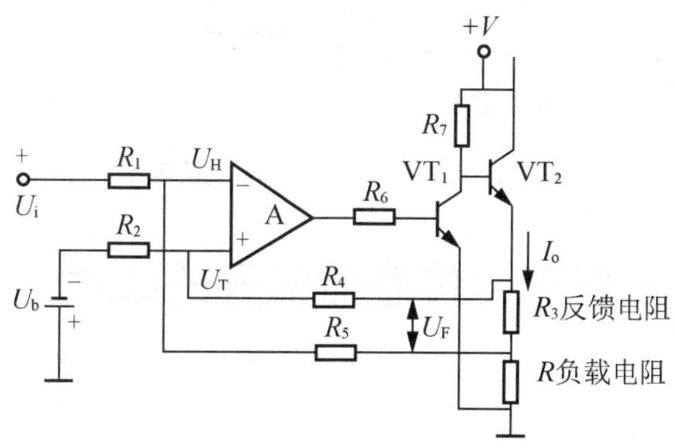

图 11-12　4～20mA 的 V/I 变换电路

在仪表及自动检测装置中，传感器与仪表之间及仪表与仪表之间的信号传送一般都采用统一的标准信号。目前，世界各国均采用直流信号作为统一信号，并将直流电压 0～5V 和直流电流 4～20mA 作为统一的标准信号。

直流信号作为统一标准信号与交流信号相比有以下优点。

(1) 在信号传输过程中，直流不受交流感应的影响，干扰问题易于解决。

(2) 直流信号便于 A/D 变换。

(3) 直流不受传输线路的电感、电容及负荷性质的影响，不存在相位移问题，使接线简单。

11.2.3　电流/电压(I/V)变换电路

I/V 变换器的作用是将电流信号变换为标准的电压信号，即实现工业标准电流(4～20mA)到工业标准电压(0～5V)的转换。例如，对电流进行数字测量时，首先需将电流转换成电压，然后再由数字电压表进行测量。它不仅要求具有恒压性能，而且要求输出电压随负载电阻变化所引起的变化量不能超过允许值。I/V 变换器分无源 I/V 变换和有源 I/V 变换，有源 I/V 变换可调性强，便于电路的调试，实际应用广泛。

有源 I/V 变换电路可由运算放大器组成，如图 11-13 所示。左端虚线部分将输入电流信号转变为电压信号，输入电流由于电容 C_f 的存在使 R_f 两端产生一定的压降，然后由运算放大器实现电压放大，从而完成电流到电压的转换。电路的输出电压 $U_o=-I_SR_f$。一般 R_f 比较大，若传感器内部电容量较大时容易振荡，需要消振电容 C_f。C_f 的大小随 R_f 用实验方法确定，因此该电路不适用于高频。当运算放大器直接接到高阻抗的传感器时，需要加保护电路。当信号较大时，可在运算放大器输入端用正、反向并联的二极管保护；当信号较小时，可在运算放大器输入端串联 100kΩ的电阻保护。

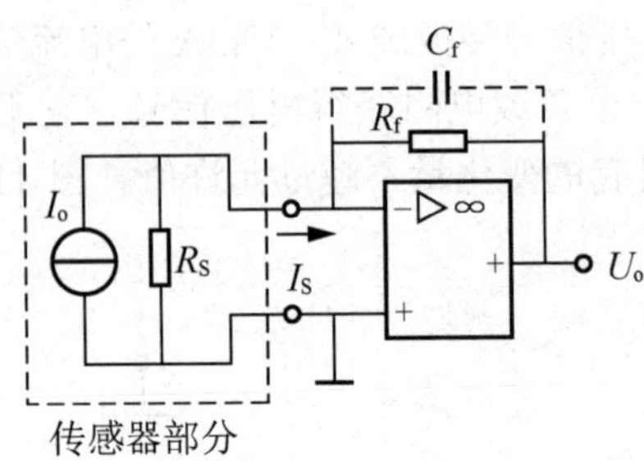

图 11-13 采用运放的 I/V 变换电路

任务三 传感器信号的线性化

1. 任务分析

在自动检测系统中，对非电量参数数字化测量所使用的传感器的一个重要指标就是数据的线性化。而传感器的输出量与被测物理量之间绝大部分是非线性的。造成非线性的原因主要是许多传感器的转换原理并非线性，以及所采用的测量电路的非线性。对于这类问题的解决，在模拟量自动检测系统中，一般采用以下三种方法。

(1) 缩小测量范围，并取近似值。

(2) 采用非线性的指示刻度。

(3) 增加非线性补偿环节。

显然，前两种方法的局限性和缺点比较明显，这里着重介绍增加非线性补偿环节的方法。

2. 任务实现

信号的非线性补偿技术的实现，主要采用硬件补偿法和软件补偿法。

3. 任务小结

在自动检测系统中不可避免地存在非线性环节。采用模拟显示方式时可以进行非线性刻度加以校正，而数字显示却不能进行非线性记数，只能一个一个地线性递增或递减。为了提高仪器和系统的准确性，扩大使用范围，可对传感器输出信号或其他模拟信号进行非线性补偿，减小甚至消除非线性误差。常用的增加非线性补偿环节的方法有硬件电路补偿法和微机软件补偿法。

采用硬件电路，增加了设备、电路的复杂性，使调试困难，精度低，不仅成本高，通用性也差，而且对有些误差难以甚至不能补偿。因此，在微机自动检测系统中，几乎毫不例外地都采用软件补偿法。

11.3　信号的非线性补偿技术

对传感器信号进行非线性补偿的方法又称为线性化过程，有硬件补偿法和软件补偿法两种。硬件补偿通常是采用模拟电路、数字电路，如二极管阵列开方器，各种对数、指数、三角函数运算放大器等数字控制分段校正、非线性 A/D 变换等，实现传感器特性的线性化，从而消除非线性误差；软件补偿是通过函数拟合及利用微机的运算功能有效减小信号中的非线性误差，提高传感器的准确度，从而达到自动检测系统的非线性补偿。

11.3.1　硬件补偿法

硬件补偿法是指电路补偿和机械补偿。除了前面几章所讲的差动补偿法外，在模拟电路中实现非线性补偿，一般是利用二极管组成非线性电阻网络，配合运算放大器产生折线形式的输入-输出特性曲线。由于折线可以分段逼近任意曲线，因而可以得到非线性补偿环节所需要的特性曲线。

折线逼近法如图 11-14 所示，将非线性补偿环节所需特性曲线用若干个有限线段代替，然后根据各折点 x_i 和各段折线的斜率 k_i，采用线性提升电路进行折线逼近。可以看出，转折点越多，折线越逼近曲线，精度也越高，但太多则会因电路本身误差而影响精度。

在 A/D 变换中实现非线性校正，是采用自动切换双积分 ADC 反积分时间常数的非线性 A/D 变换器。在数字电路中实现非线性校正，是利用输出数字量反馈控制计数器，称为加减脉冲法；或在计数器前插入乘法器，称为分段乘系数法。

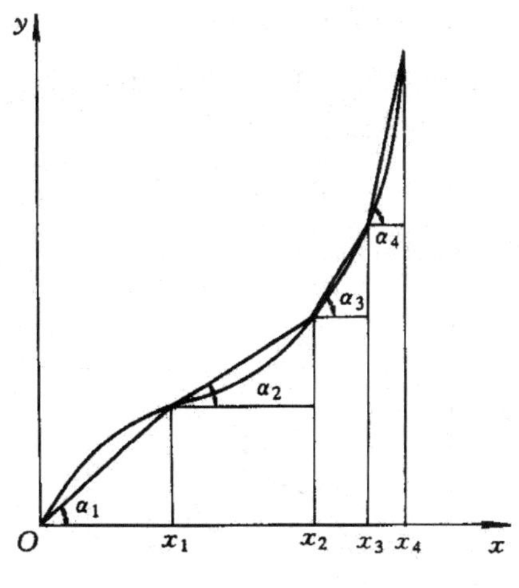

图 11-14　折线逼近法

11.3.2　软件补偿法

软件补偿法可分为两类：分段插值补偿法和查表法。分段插值补偿法是由已测得的输出，用插值法找到对应的输入，再乘以规定的系数，即可得到校正后的标准输出。下面介绍线性化的软件处理经常采用的线性插值法、二次插值法和查表法。

1. 线性插值法

先用实验法测出传感器的输入-输出特性曲线 $y=f(x)$，将曲线分段，选取各插值基点；然后利用一次函数进行插值，用直线逼近传感器的特性曲线。在传感器特性曲线曲率较大时，采用分段插值，把每段曲线用直线近似，即用折线逼近整个曲线，这样可以按分段线性关系求出输入值所对应的输出值。图 11-14 所示是用分段直线逼近传感器等器件的非线性曲线。

根据测量输出值 y，计算 $y-y_i$，查出其所在的区间(y_i, y_{i+1})，并求出该段的斜率 k_i，最后计算结果为

$$x = x_i + k_j(y - y_i) \tag{11-2}$$

在实际应用中，预先把每段直线方程的常数及测量数据 $x_0, x_1, x_2, \cdots, x_n$ 存于内存储器中，计算机在进行校正时，首先根据测量值的大小，找到合适的校正直线段，从存储器中取出该直线段的常数，然后计算直线方程式(11-1)就可获得实际被测量了。

2. 二次插值法

二次插值法或称平方插值法、抛物线插值法。如图 11-15 所示，在传感器特性弯曲较严重时，可采用二次抛物线代替直线来拟合，在每段曲线上取三个点便可得出对应拟合抛物线方程为

$$\begin{aligned} y &= a_0 + a_1x + a_2x^2 \quad x \leqslant x_1 \\ y &= b_0 + b_1x + b_2x^2 \quad x_1 \leqslant x \leqslant x_2 \\ y &= c_0 + c_1x + c_2x^2 \quad x_2 \leqslant x \leqslant x_3 \end{aligned} \tag{11-3}$$

式中，各系数可通过各段曲线上任意三点联立方程解出，如

$$\begin{aligned} y_0 &= a_0 + a_1x_0 + a_2{x_0}^2 \\ y_1 &= a_0 + a_1x + a_2{x_1}^2 \\ y_2 &= a_0 + a_1x + a_2{x_2}^2 \end{aligned} \tag{11-4}$$

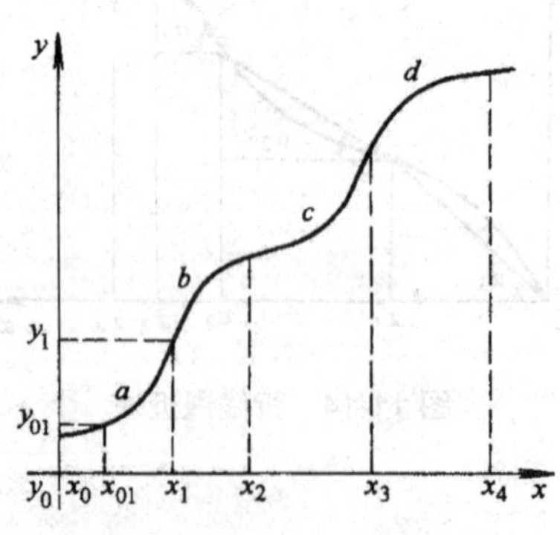

图 11-15　二次插值法

然后将这些系数和数值存入计算机数据表中。二次插值法程序流程图如图 11-16 所示。

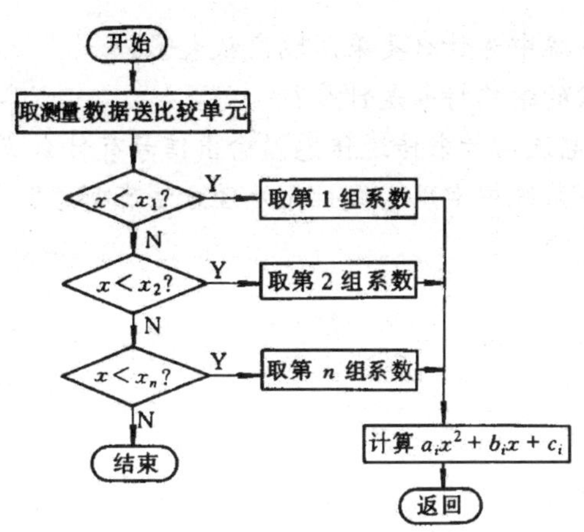

图 11-16　二次插值法程序流程图

3. 查表法

将通过计算或实验得到的检测值和被测值的关系，按一定的规律把数据排成表格，存入内存单元，微处理器根据检测值大小查表。常用的查表方法有顺序查表法和对分搜索法等。查表法一般适合于参数计算复杂，采用计算法编程较繁琐并且占用 CPU 的时间较长等情况。

本 章 小 结

检测装置的信号处理的目的主要是提高测量精度和线性度，另外还对调制信号进行调解、运算及对结果进行细分、辨向等。

传感器在检测过程中常有许多噪声掺杂到输出信号中，影响测量系统的精度。噪声的抑制是检测装置信号处理的重要内容。

提高检测系统线性度是信号处理的另一个作用。非线性是传感器不可避免的固有缺陷，而且许多非线性误差是传感器原理本身造成的。因此，在检测装置的信号处理中要进行线性化处理。

在检测系统中，被测的非电信号经传感器后输出的都是电压、电流、电阻的微弱变化，且输出阻抗高，不便于直接应用，需作适当调解。常用的信号调解，包括微弱信号的放大、滤波、隔离、标准化输出、线性化处理、温度补偿、误差修正、量程切换等。信号调解是实现检测系统的灵敏度、线性度、输出阻抗、失调、漂移等性能参数达到设计要求的关键环节。

本章介绍了信号的放大与隔离、信号的变换、线性化处理等比较重要的处理技术。其处理方法一是利用模拟电路来实现，二是利用计算机软件来实现。

思考与练习

1. 对传感器输出的微弱电压信号进行放大时，为什么要采用测量放大器？

2. 在模拟自动检测系统中为什么要采用隔离放大器？
3. 变压器隔离放大器的结构特点是什么？
4. 采用 4～20mA 的电流信号来传送传感器输出信号有什么优点？
5. 在模拟量自动检测系统中常用的线性化处理方法有哪些？

第 12 章

检测装置的干扰抑制技术

本章要点

- 干扰类型
- 干扰的耦合方式及传播途径
- 干扰的抑制技术

本章难点

- 干扰的传播途径
- 干扰的抑制技术

干扰问题是自动检测系统设计和使用过程中必须考虑的重要问题。在自动检测系统中，存在大量的电磁信号，当它们在系统中产生电磁感应和干扰冲击时，往往会扰乱系统的正常运行，轻者造成系统的不稳定，降低系统的精度；重者会引起控制系统死机或误动作，造成设备损坏或人身伤亡。

任务　检测装置的干扰抑制技术

1. 任务分析

检测装置主要应用于实际的工业生产过程，而工业现场的环境往往比较恶劣，干扰严重。干扰在检测系统中是无用信号，各种干扰通过不同的耦合方式进入测量系统，产生测量误差，轻则影响测量精度，重则使测量结果完全失常。

干扰抑制技术是检测技术中一项重要内容，它直接影响测量工作的质量和测量结果的可靠性。为了获得正确的测量结果，有效地排除和抑制各种干扰，降低干扰对测量的影响，保证检测装置可靠工作，干扰抑制技术已成为必须研究和解决的问题。

2. 任务实现

检测装置的干扰抑制技术主要是要抑制形成干扰的“三要素”，即消除或抑制干扰源；阻断或减弱干扰的耦合通道或传输途径；削弱接收电路对干扰的灵敏度。三种措施比较起来，消除干扰源是最有效、最彻底的方法。但在实际中不少干扰源是很难消除的，例如某些自然现象的干扰、邻近工厂的用电设备干扰、大功率发射台的干扰等。因此，就必须采取防护措施来抑制干扰。削弱接收电路对干扰的灵敏度可通过电子线路板的合理布局，如输入电路采用对称结构、信号的数字传输、信号传输线采用双绞线等措施来实现。干扰抑制技术主要是研究如何阻断干扰的传输途径和耦合通道。干扰信号主要是通过电磁感应、传输通道和电源线三种途径进入检测装置内部的。因此，检测装置的干扰抑制技术也是针对这三种情况采取相应的有效措施。常采用的有屏蔽技术、接地技术、浮置技术、隔离技术、滤波等硬件抗干扰措施，以及数字滤波、冗余技术等软件抗干扰措施。

3. 任务小结

干扰在测量中是一种无用信号。工业生产过程检测的环境往往是非常恶劣的，声、光、电、磁、振动，以及化学腐蚀、高温、高压等的干扰都可能存在。这些干扰将影响测量精度，降低产品质量，甚至使检测仪表无法正常工作。

检测装置主要应用于实际的工业生产过程，而工业现场的环境往往比较恶劣，干扰严重。在利用测量结果进行控制的系统中，干扰的影响可能导致控制失灵，甚至损坏设备，造成事故。因此，有效地排除和抑制各种干扰，保证检测装置能在实际应用中可靠地工作，已成为必须探讨和解决的问题。

对检测系统采取有效的干扰抑制技术，首先要找准干扰的来源，对于不同的干扰来源应该采取不同的抑制技术，必须“对症下药”，才能收到良好的效果。

12.1　干扰的来源

在电测技术中，把一切来自设备或系统内部无关的信号称为噪声，把一切来自设备或系统外部无关的信号称为干扰。也有的把来自系统外部和内部的、影响测量装置正常工作的各种因素总称为干扰。它可由传感器内部产生，也可从外部随信号传递而混入。

噪声的产生和存在是不受接收者的影响，与有用信号无关而独立的。干扰是相对有用信号而言的，只有噪声达到一定数值，并和有用信号一起进入仪器并影响其正常工作时才形成干扰。噪声是干扰之因，干扰是噪声之果，是一个从量变到质变的过程。

干扰在满足一定条件时，可以消除。但噪声一般情况下难以消除，只能减弱。干扰在测试系统中是无用信号，它会在测量结果中产生误差。为了获得正确的测量结果，就必须研究干扰来源及抑制措施。

12.1.1　常见的干扰类型

1．外部干扰

从自然界以及检测装置周围的电气设备侵入检测装置的干扰称为外部干扰，它是由使用条件和外界环境决定的，与系统装置本身的结构无关。来源于自然界的干扰称为自然干扰；来源于其他电气设备或各种电操作的干扰称为人为干扰(或工业干扰)。

自然干扰主要来自天空，如雷电、宇宙辐射、太阳黑子活动等，对广播、通信、导航等电子设备影响较大，而对一般工业用电子设备(检测仪表)影响不大。

人为干扰来源于各类电气、电子设备所产生的电磁场、电火花、电弧焊接、高频加热、晶闸管整流装置等强电系统的影响。这些干扰主要通过供电电源对检测装置产生影响。在大功率供电系统中，大电流输电线产生的交变电磁场也会对检测装置产生干扰。由于这些干扰源功率强大，要消除它们的影响较为困难，必须采取多种措施来防护。

电气设备的干扰有以下特点。

(1) 工频干扰：大功率输电线，甚至一般室内交流电源线对于输入阻抗高和灵敏度甚高的测量装置来说都是威胁很大的干扰源。在电子设备内部，由于工频感应而产生干扰，如果波形失真，则干扰更大。

(2) 射频干扰：指高频感应加热、高频介质加热、高频焊接等工业电子设备通过辐射或通过电源线给附近测量装置带来的干扰。

(3) 电子开关通断干扰：电子开关、电子管、晶闸管等大功率电子开关虽然不产生火花，但因通断速度极快，使电路电流和电压发生急剧的变化，形成冲击脉冲而成为干扰源。在一定的电路参数下还会产生阻尼振荡，构成高频干扰。

2．内部干扰

内部干扰是由装置内部的各种元器件引起的，包括固定干扰和过渡干扰。过渡干扰是电路在动态工作时引起的干扰。固定干扰是电路中电子元件本身产生的、具有随机性、宽频带的干扰。电路中常出现的固定干扰源有电阻热噪声，半导体器件产生的散粒噪声，开关、继电器触点、电位器触点、接线端子电阻以及晶体管内部的不良接触等产生的接触噪声等。

固定干扰是引起测量随机误差的主要原因，一般很难消除，主要靠改进工艺和元器件质量来抑制。选用低噪声元器件、减小流过器件的电流、减小电路的带宽等，均能减小固定干扰。

12.1.2 信噪比

在测量过程中，人们不希望有噪声，但是噪声不可能完全排除，也不能用一个确定的时间函数来描述。噪声对测量的影响反映到测量结果中，是固定干扰与有用信号混杂在一起。通常只要噪声小到不影响检测结果，是允许存在的。显然，大的有用信号，允许噪声较大，而小的有用信号，允许噪声也随之减少。为衡量噪声对有用信号的影响，引入信噪比(*S*/*N*)的概念。

信噪比用有用信号功率 P_S 和噪声功率 P_N 的比值或信号电压有效值 U_S 与噪声电压有效值 U_N 的比值的对数单位来表示，即

$$S/N=10\lg\frac{P_S}{P_N}=20\lg\frac{U_S}{U_N} \tag{12-1}$$

从式(12-1)可看出，信噪比越大，噪声对测量结果的影响越小。因此，在测量过程中应尽量提高信噪比。

12.2 干扰的耦合方式及传输途径

干扰是通过一定的耦合通道或传输途径对检测装置的正常工作造成不良影响的。干扰信号进入接收电路或测量装置内的途径称为干扰的耦合方式。也就是说，造成系统不能正常工作的干扰必须同时具备三个条件，即干扰源、干扰途径和对干扰敏感的接收电路。三者的关系示于图 12-1 中。

(1) 干扰源：产生噪声信号的设备被称为干扰源，如变压器、电机、高压电线等产生了空中电磁信号。

(2) 干扰途径：干扰途径是指噪声源发出的信号的传播路径。

(3) 敏感接收电路：敏感接收电路是指受干扰影响的设备的某个环节，由于吸收了噪声信号，对系统的正常工作产生了影响。

图 12-1 电磁干扰三要素之间的联系

12.2.1　耦合方式

常见的干扰耦合方式主要有静电耦合、电磁耦合、共阻抗耦合和漏电流耦合。

1. 静电耦合

静电耦合是由于两个电路之间存在着寄生电容，产生静电效应，使一个电路的电荷变化影响到另一个电路。

在一般情况下，静电耦合传输干扰可用图 12-2(a)表示，导线 1 是干扰源，导线 2 是检测系统的传输线，C_1、C_2 分别为导线 1、2 的对地寄生电容，C_{12} 是导线 1 和 2 之间的寄生电容，Z_i 为被干扰电路的输入阻抗；根据图 12-2(b)所示的等效电路，此时在 Z_i 上产生的对地干扰电压为

$$U_N = \frac{j\omega\left[C_{12}/(C_{12}+C_2)\right]}{j\omega + 1/\left[Z_i\left(C_{12}+C_2\right)\right]}U_i \tag{12-2}$$

式中，U_i 为干扰源电压；ω为干扰源 U_i 的角频率。

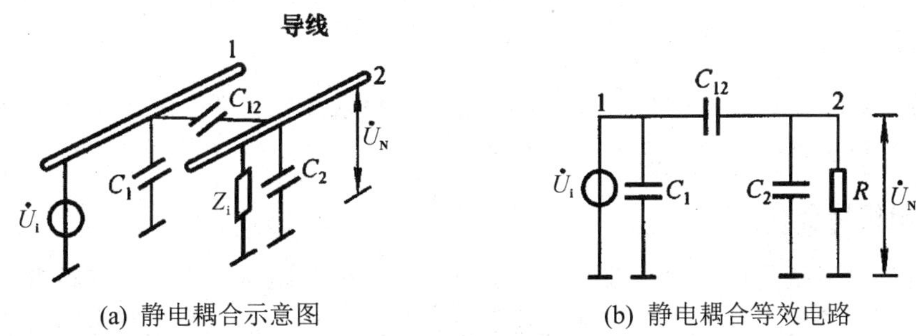

(a) 静电耦合示意图　　(b) 静电耦合等效电路

图 12-2　静电耦合

一般情况下，$\left|j\omega\left(C_{12}+C_2\right)Z_i\right| \ll 1$，故式(12-2)可简化为

$$\left|U_N\right| \approx j\omega Z_i C_{12} U_i \tag{12-3}$$

结论：

(1) 干扰电压 U_N 与干扰源的电压 U_i 及角频率ω成正比，说明高电压小电流的高频干扰源主要是通过静电耦合形成干扰的。

(2) 干扰电压 U_N 与 C_{12} 成正比，因此应通过合理布线和采取适当防护措施，减少分布电容 C_{12}，以减少静电耦合引起的干扰。

(3) 干扰电压 U_N 与 Z_i 成正比，因此应通过适当降低接收电路的输入阻抗，减小静电耦合干扰。

2. 电磁耦合

电磁耦合(互感耦合)是由于电路之间存在互感，使一个电路的电流变化，通过磁交变影响到另一个电路，从而形成干扰电压。在电气设备内部，变压器及线圈的漏磁就是一种常见的电磁耦合干扰源。另外，任意两根平行导线也会产生这种干扰。

图 12-3 所示为两个电路的电磁耦合示意图和等效电路。图中导线 1 为干扰源，导线 2 为检测系统的一段电路，M 为两导线之间的互感，U_N 为通过电磁耦合在导线 2 产生的干扰电压。当导线 1 中有电流 I_1 变化时，根据电路理论和等效电路，可得

$$U_N = j\omega M I_1 \tag{12-4}$$

式中，ω为干扰源 I_1 的角频率。

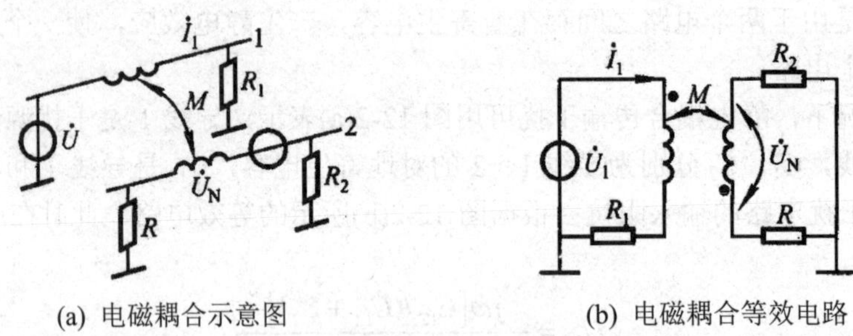

(a) 电磁耦合示意图　　(b) 电磁耦合等效电路

图 12-3　电磁耦合

由式(12-4)可得：干扰电压 U_N 与干扰角频率ω成正比，与电路间的互感系数 M 成正比，与干扰源电流 I_1 成正比。

提示： 对于电磁耦合干扰，降低接收电路的输入阻抗并不会减小干扰，而应尽量采取远离干扰源或设法降低 M 等措施。

3．共阻抗耦合

共阻抗耦合干扰是由于两个或两个以上电路间有公共阻抗，当一个电路中的电流流经公共阻抗产生压降时，就形成对其他电路的干扰电压。例如，几个电路由同一个电源供电时，会通过电源内阻互相干扰；在放大器中，各放大级通过接地线电阻互相干扰。

共阻抗耦合等效电路如图 12-4 所示，图中，Z_C 表示两个电路之间的共有阻抗，I_n 表示干扰源的电流，U_N 表示被干扰电路的干扰电压。

由图 12-4，很容易写出被干扰电压 U_N 的表达式为

$$U_N = I_n Z_C \tag{12-5}$$

从式(12-5)可知，消除共阻抗耦合干扰的核心是消除两个或几个电路之间的共阻抗。

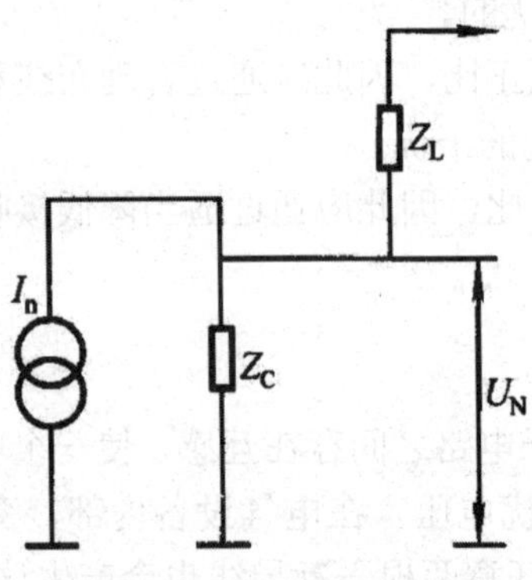

图 12-4　共阻抗耦合等效电路

共阻抗耦合干扰在测量仪表的放大器中是很常见的干扰，由于它的影响，放大器常常会工作不稳定，很容易产生自激振荡，破坏正常工作。

4．漏电流耦合

由于绝缘不良，流经绝缘电阻 R_n 的漏电流所引起的干扰称为漏电流耦合。图 12-5 所示为漏电流耦合等效电路，图中，E_n 为干扰电势，R_n 为漏电阻，Z_i 为漏电流流入电路的输入阻抗，U_N 为干扰电压。

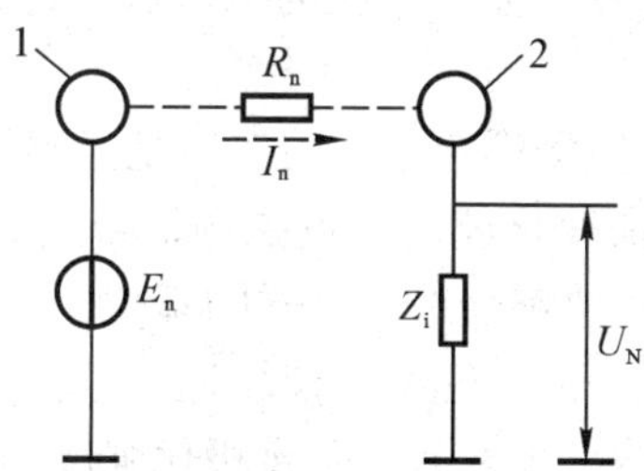

图 12-5　漏电流耦合等效电路

从图 12-5 可以写出 U_N 的表达式为

$$U_N = \frac{Z_i}{R_n + Z_i} E_n \tag{12-6}$$

漏电流经常发生在以下几种情况中。

(1) 用仪表测量较高的直流电压时。

(2) 测量仪表附近有较高的直流电源时。

(3) 高输入阻抗的直流放大器中。

为了削弱漏电流干扰，必须改善绝缘性能并采取相应的防护措施。

12.2.2　传输途径

1．通过“路”的干扰

“路”的干扰又称传导传输干扰。“路”的干扰是指在干扰源和被干扰对象之间有完整的电路连接，干扰沿着这个通路到达被干扰对象。

通过“路”的干扰有以下几种。

(1) 泄漏电阻：元件支架、探头、接线柱、印刷电路以及电容器内部介质或外壳等绝缘不良都可产生漏电流，引起干扰。

(2) 共阻抗耦合干扰：两个或两个以上电路共有两部分阻抗，一个电路的电流流经共阻抗所产生的电压降就成为其他电路的干扰源。在电路中的共阻抗主要有电源内阻(包括引线寄生电感和电阻)和接地线阻抗。

(3) 经电源线引入干扰：交流供配电线路在现场相当于一个吸收各种干扰的网络，而且十分方便地以电路传导的形式传遍各处，通过电源线进入各种电子设备造成干扰。

2. 通过“场”的干扰

“场”的干扰又称辐射传输干扰。“场”的干扰不需要沿着电路传输，而是以电磁场辐射的方式进行。各种噪声源常通过“场”的途径将噪声源的部分能量传递给检测电路，从而造成干扰。

通过“场”的干扰有以下几种。

(1) 通过电场耦合的干扰：电场耦合干扰的实质是电容性耦合干扰，主要是由于两支路(或元件)之间存在着寄生电容，使一条支路上的电荷通过寄生电容传送到另一条支路上去，造成干扰。

(2) 通过磁场耦合的干扰：磁场耦合干扰的实质是互感性耦合干扰，当两个电路之间有互感存在时，一个电路中的电流变化就会通过磁场耦合到另一个电路中。例如变压器及线圈的漏磁，两根平行导线间的互感都会造成这样的干扰。

(3) 通过辐射电磁场耦合的干扰：辐射电磁场通常来自大功率高频用电设备、广播发射台、电视发射台等。例如当中波广播发射的垂直极化强度为100mV/m时，长度为10cm的垂直导体可以产生5mV的感应电势。

12.3 差模干扰和共模干扰

各种噪声源产生的噪声，必然要通过各种传播途径进入设备，干扰设备的工作，使测量结果产生误差。根据干扰进入测量电路的方式不同，可将干扰分为差模干扰和共模干扰两种。

12.3.1 差模干扰

电路中干扰信号和有用信号按电压源的形式串联(或按电流源的形式并联)起来作用在输入端的称为差模干扰(又称串模干扰)。差模干扰使信号接收器的一个输入端子的电位相对另一个输入端子的电位发生变化，它使干扰电压叠加在有用信号上，所以影响很大。差模干扰等效电路如图12-6所示。

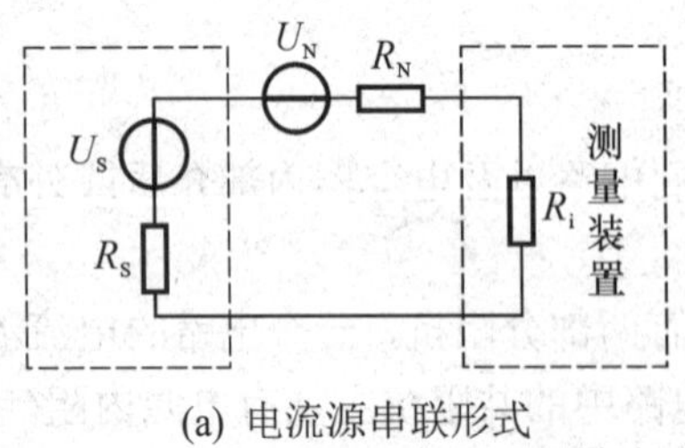

(a) 电流源串联形式

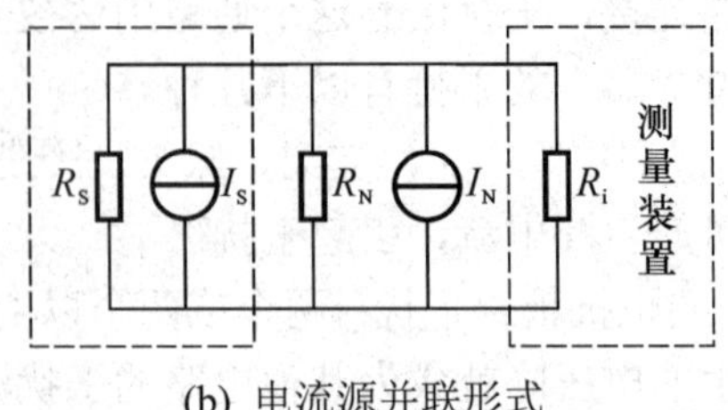

(b) 电流源并联形式

图12-6 差模干扰等效电路

1) 常见差模干扰

常见的差模干扰有：外交变磁场对传感器的一端进行电磁耦合，外高压交变电场对传感器的一端进行漏电耦合等。

差模干扰通常来自高压输电线、与信号线平行铺设的电源线及大电流控制线所产生的空间电磁场。由传感器来的信号线有时长达一二百米，干扰源通过电磁感应和静电耦合的作用再加上如此之长的信号线上的感应电压，数值是相当可观的。

图 12-7 所示就是一种较常见的外来交变磁通对传感器的一端进行电磁耦合产生差模干扰的典型例子。外交变磁通 Φ 穿过其中一条传输线，产生的感应干扰电动势 U_{NM} 便与热电偶电动势 E_R 相串联。

2) 抗差模干扰措施

抗差模干扰的措施主要有以下几种。

(1) 信号传输采取抗干扰措施，信号线采用带屏蔽层的双绞线或电缆线，并有良好的接地系统。

(2) 传感耦合端加低通输入滤波器滤除交流干扰。

(3) 尽可能早地对被测信号进行前置放大，以提高回路中的信噪比。

(4) 采用高抗扰度的逻辑器件，通过提高阈值电平来抑制低噪声的干扰，或采用低速逻辑部件来抑制高频干扰。

(5) 采用电流或数字量进行传送。

12.3.2　共模干扰

共模干扰是相对于公共的电位基准地(接地点)，在信号接收器的两个输入端子上同时出现的干扰。这种干扰可以是直流电压，也可以是交流电压，其幅值可达几伏甚至更高。造成共模干扰的主要原因是被测信号的参考接地点和检测装置输入信号的参考接地点不同，导致产生一定的电压。共模干扰本身不会使两输入端电压变化，但在输入电路参数不对称时，便会转化为差模干扰。因共模电压一般都比较大，所以对测量的影响更为严重。其等效电路如图 12-8 所示。

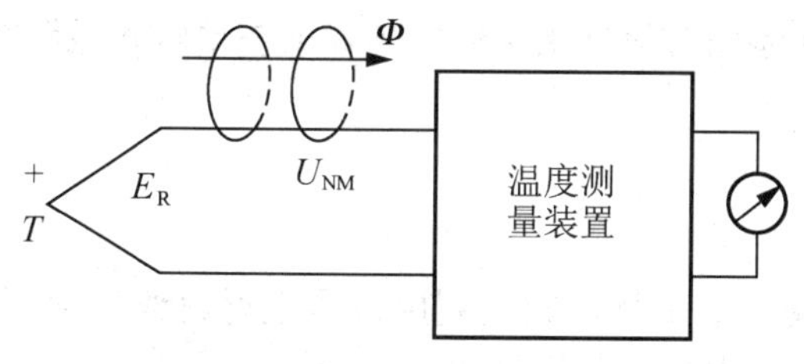

图 12-7　产生差模干扰的例子

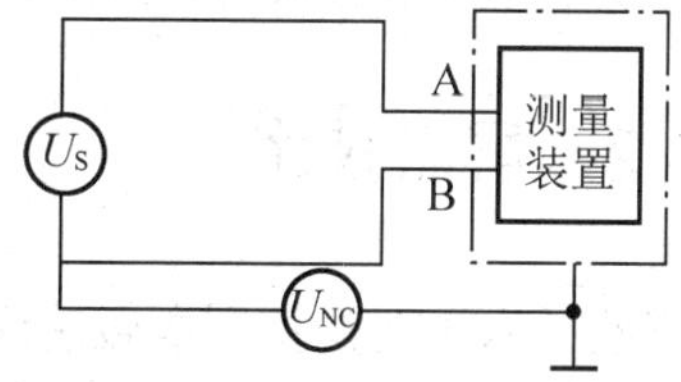

图 12-8　共模干扰等效电路

1) 常见共模干扰耦合

常见的共模干扰耦合如下。

(1) 在测试系统附近有大功率电气设备、三相动力电网负载不平衡、零线有较大的电流等。

(2) 因绝缘不良漏电，此时动力电源会通过漏电电阻耦合到测试系统的信号回路，形成干扰。

(3) 在交流供电的电子仪表中，动力电源会通过变压器的一次、二次绕组间的杂散电容，以及整流滤波电路、信号电路与大地之间的杂散电容构成回路，形成工频共模干扰。

2) 抗共模干扰措施

抗共模干扰的措施主要有以下几种。

(1) 仪表输入端的前置放大器采用双端输入差分放大器来提高抑制共模干扰的能力。

(2) 采用变压器或光耦合器把模拟负载与数字信号隔离开，把“模拟地”与“数字地”断开，被测信号通过变压器耦合或光电耦合获得通路，使共模干扰不成回路而得到有效的抑制。

(3) 对由敏感元件组成桥路的传感器，为减小由供电电源引起的共模干扰，采用正负对称的电源供电，使桥路输出端形成的共模干扰电压接近于零。

(4) 采用合理的接地系统，如浮地输入双层屏蔽放大器，减小共模干扰形成的干扰电流流入测量电路。

12.4 干扰抑制技术

12.4.1 抑制干扰的方法

干扰信号主要是通过电磁感应、传输通道和电源线三种途径进入检测装置内部的。干扰抑制技术主要是研究如何阻断干扰的传输途径和耦合通道。

(1) 消除或抑制干扰源，使产生干扰的电气设备远离检测装置；对继电器、接触器等采取触点灭弧措施或改用无触点开关；消除电路中的虚焊、假接等。

(2) 破坏干扰的耦合通道或传输途径，提高绝缘性能，采用隔离变压器、光电隔离器，切断干扰途径；利用退耦、滤波、选频等电路手段引导干扰信号转移；改变接地形式，消除共阻抗耦合干扰途径；对数字信号可采用甄别、限幅、整形等信号处理方法或选通控制方法切断干扰途径。

(3) 削弱接收电路对干扰的敏感性，例如电路中的选频措施可以削弱对全频带噪声的敏感性，负反馈可以有效削弱内部噪声源，其他如对信号采用绞线传输或差动输入电路等。

12.4.2 屏蔽技术

屏蔽技术主要是抑制电磁感应对检测装置的干扰，它是利用低电阻材料或磁性材料制成容器，将需要防护的电路包在其中，以隔离内外电磁场的相互干扰。

1. 静电屏蔽

在静电场作用下，导体内部无电力线，其内部各点电位相等。因此将导电性能良好的金属屏蔽盒接地，使外部的电力线不会影响内部，屏蔽盒内的电力线也不会外逸，影响外电路。静电屏蔽主要用来防止静电场的影响，可消除或削弱元器件及电路之间因分布电容耦合产生的干扰。

2. 电磁屏蔽

电磁屏蔽是利用涡流效应抑制高频磁场的干扰。采用导电性能良好的金属材料做屏蔽层，高频磁场在屏蔽导体内产生电涡流，一方面消耗电磁场能量，另一方面电涡流产生反磁场抵消高频干扰磁场，从而达到磁屏蔽的效果。若将电磁屏蔽层接地，同时兼有静电屏蔽的作用。

3. 磁屏蔽

电磁屏蔽的措施对低频磁场干扰的屏蔽效果是很差的，因此对低频磁场的屏蔽，通常采用坡莫合金等高磁导率的材料作屏蔽层，使干扰磁感线在屏蔽体内构成回路，屏蔽体以外的漏磁通很少，从而抑制了低频磁场的干扰作用。

为减少磁阻，保证屏蔽效果，屏蔽体应有一定的厚度，以免磁饱和或部分磁通穿过屏蔽层而形成漏磁干扰。

某些高导磁材料，如坡莫合金，经机械加工后，其磁性能会降低。因此用这些材料制成的屏蔽体在加工后应进行热处理。

4. 驱动屏蔽

驱动屏蔽就是使被屏蔽导体的电位与屏蔽导体的电位相等，其原理如图 12-9 所示。将被屏蔽导体 B 的电位经严格的 1:1 电压跟随器去驱动屏蔽层导体 D 的电位，由运放的理想特性，使导体 B、运放输出端和导体 D 的电位相等，B 和 D 间分布电容 C_{2S} 两端等电位，干扰源 u_N 不再影响导体 B。驱动屏蔽常用于减小传输电缆分布电容的影响及改善电路共模抑制比。

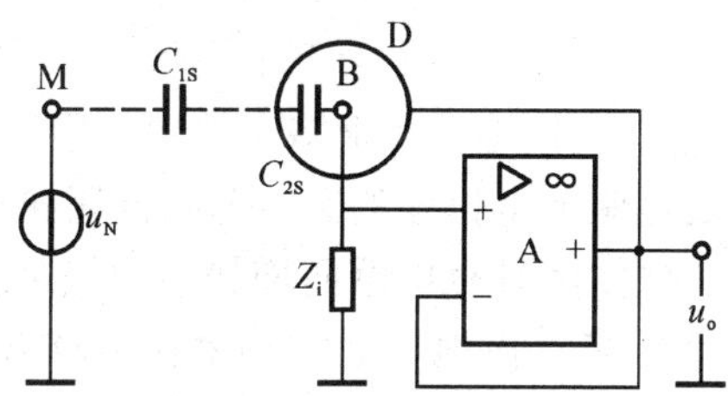

图 12-9 驱动屏蔽原理图

12.4.3 接地

将电路、设备机壳等与作为零电位的一个公共参考点(大地)实现低阻抗的连接，称为接地。电子技术或传感器中的“地”指的是一个等电位点，是电路的基准电位点。它的“地”是输入与输出信号的公共零电位，它本身可能与大地是隔离的。因此，与基准电位点相连接，就是接地。

接地的目的有两个：一是为了安全，例如把电子设备的机壳、机座等与大地相接，当设备中存在漏电时，不致影响人身安全，称为安全接地；二是为了给系统提供一个基准电位，例如脉冲数字电路的零电位点等，或为了抑制干扰，如屏蔽接地等，称为工作接地。

工作接地包括一点接地和多点接地两种方式。

正确接地是检测系统中抑制干扰的重要措施。在设计中若能把接地和屏蔽正确地结合，就能很好地消除外界干扰的影响。

1. 接地技术

(1) 安全地线。为保障安全，将电子装置的外壳接大地，称为安全地线。要求接地电阻在 10Ω 以下。

(2) 信号地线。信号地线是指电子装置的零电位(基准电位)接地线，它不一定真正接大地，可能与大地是隔绝的。信号地线分为模拟信号地线及数字信号地线。因模拟信号一般较弱，故对地线要求较高，而数字信号一般较强，对地线要求可降低些。为了避免两者之间相互干扰，两种地线应分别设置。

(3) 信号源地线。传感器可看做是测量装置的信号源。通常传感器在生产现场，而二次仪表在控制室内，在接地要求上两者不同。从测量装置的角度看，信号源地线就是传感器本身的零信号电位基准公共线。

(4) 负载地线。负载的电流一般都比前级信号电流大得多，负载地线上的电流有可能干扰前级微弱的信号，因此负载地线必须与其他信号地线分开。有时两者在电气上是相互绝缘的，它们之间通过磁耦合或光耦合传输信号。

(5) 屏蔽地线及机壳地线。这类地线是为了防止静电干扰或电磁干扰而设置的，是对电磁场的屏蔽，也能达到安全防护的目的，一般是接大地。

(6) 交流电源地线。它是噪声源，必须与直流地线相互绝缘，在布线上也应使两种地线远离。

2. 地线设计原则

(1) 一点接地和多点接地。一点接地就是把多个接地点用导线连接到一点，再将该点接地。采用一点接地，可以有效克服地电位差的影响和共同阻抗引起的干扰，一般低频电路应一点接地。对于高频电路，地线因具有电感而增加了地线阻抗，地线变成了天线，向外辐射噪声信号，因此应采用就近多点接地。通常频率在 1MHz 以下用一点接地，频率在 10MHz 以上用多点接地。

(2) 交流地线、功率地线与信号地线。流过交流地线和功率地线的电流较大，在地线电阻上会产生数毫伏甚至几伏电压，将严重干扰低电平信号电路。因此信号地线应与交流地线、功率地线分开，不能共用。

(3) 屏蔽。电场屏蔽是为了解决分布电容问题，一般接大地；电磁屏蔽主要避免雷达、短波电台等高频电磁场的辐射干扰，地线用低阻金属材料做成，可接大地，也可不接；低频磁屏蔽是防止磁铁、电机、变压器等的磁感应和磁耦合的，一般接大地。

12.4.4 浮置

浮置又称为浮空、浮接，是测量仪表的输入信号放大器公共地不接机壳或大地，测量系统与大地之间没有任何导电性的直接联系(仅有寄生电容存在)的一种抑制干扰措施。浮置阻断了干扰电流的通路，测量系统浮置后，明显加大了系统信号放大器公共线与大地或外壳之间的阻抗，大大减小共模干扰电流，因此，浮置与接地相比具有更强的抑制共模干扰的能力。

提示： 多数系统应接大地，一些特殊场合，如飞行器或船舰上使用的仪器仪表不可能接大地，或者对电路要求高且采用多层屏蔽的条件下才采用浮置技术。测量电路的浮置应包括该电路的供电电源，即浮置测量电路的供电系统应为单独的浮置供电系统，否则浮置无效。浮置方法简单，但全系统与地的绝缘电阻不能小于 50MΩ，一旦绝缘下降便会带来干扰；此外，浮置容易产生静电，也会导致干扰。

12.4.5　隔离

当电路检测信号及信号源在两端接地时，容易形成地环路电流，引起干扰。一般常采用隔离的方法，把电路的两端从电路上隔开。如果检测系统中同时含有模拟与数字、低压与高压混合电路时，必须对电路各环节进行隔离，这样也起到了抑制漂移和安全保护的作用。

隔离的方法主要采用变压器隔离和光电耦合器隔离。在两个电路之间加入隔离变压器可以切断地环路，两个电路接地点就不会产生共模干扰，实现前后电路的隔离。变压器隔离只适用于交流电路。在直流或超低频测量系统中，多采用光电耦合的方法实现电路的隔离。光耦合器示意图如图 12-10 所示。

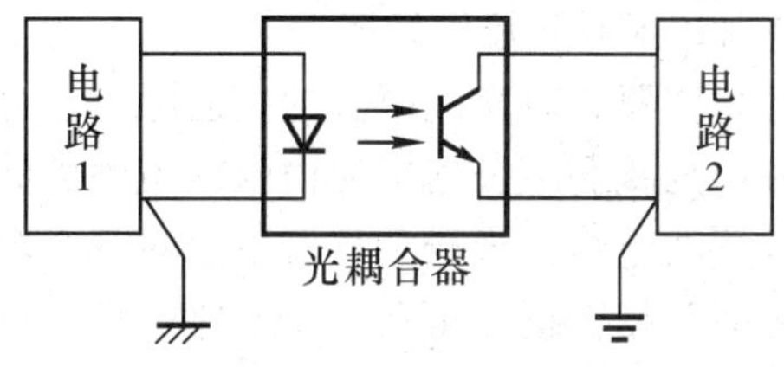

图 12-10　光耦合器示意图

光耦合器由发光二极管和光敏晶体管组成，若发光二极管有信号输入，它就输出与电流大小成正比的光通量，光敏晶体管把光通量变成相应的电流。由于采用了光的耦合，用光作为信号的传输媒介，切断了电和磁的干扰通道，完全隔离了两个电路上的电气联系。通常在要求共模干扰抑制比高的模拟电信号的传递过程中可采用隔离放大器，在电源隔离中则采用变压器隔离。

在采用两点以上接地的检测或控制系统中，为了抑制地电位差形成的干扰，运用隔离技术切断地环路电流是十分有效的措施。

提示： 光耦合器主要用于信号隔离和电源隔离。

12.4.6 滤波

由于测试环境干扰源发出的电磁干扰的频谱往往比要接收的信号的频谱宽得多，传感器和放大器的信号会含有多种频率成分的噪声信号，为了获得被测量的真实值，只让所需要的频率成分通过，可以采用滤波的方法，将干扰频率成分加以抑制，使系统的信噪比增加。

提取输入信号中某频率范围内的有用信号成分得到输出信号的过程称为滤波。实现滤波处理的运算电路或设备称为滤波器，滤波器的作用是将干扰成分滤除，也就是让特定频段的信号通过，达到对信号筛选的效果。滤波器是抑制干扰最有效的手段之一，特别是对抑制经导线耦合到电路中的噪声干扰效果更显著。

滤波可采用数字滤波方法，也可采用电源滤波方法。数字滤波具有很多硬件滤波器没有的优点。它是由软件算法实现的，不需要增加硬件设备，只要在程序进入控制算法之前，附加一段数字滤波的程序。各通道共用一个数字滤波器，不存在阻抗匹配问题。它使用灵活性强，只要改变滤波程序或运算参数，就可实现不同的滤波效果，滤波效果好；但与电源滤波器相比，也存在分辨力有限(特别是噪声信号幅值较大时)、动态范围小、响应速度慢、时延大等缺点。

电源滤波分为有源滤波和无源滤波。无源滤波器由电容和电感线圈或电容和电阻组成，滤波器接在测量电路输入端、放大器输入端或测量桥路与放大器之间，只允许某一频带信号通过，阻止某些频带通过，以阻止干扰信号进入放大器。有源滤波器可利用运算放大器等有源器件引入正反馈，提高电路的 Q 值，改善滤波器频率选择特性。由于受有源器件有限频带宽度的限制，有源滤波器一般不能用于高频场合，一般有源滤波器适用于几十千赫以下的低频场合，如音频处理和工业测控等领域。

电源滤波通常采用无源滤波器。对交流电源的高低频干扰分别采用相应的对称型的滤波电路来抑制；对直流电源，为减弱经公用电源内阻在电路之间形成的噪声耦合，可在电源输出端加装相应的高低频滤波电路；当一个直流电源对几个电路同时供电时，为避免通过电源内阻造成几个电路之间互相干扰，可在每个电路的直流电源进线与地之间加装去耦滤波器。

本章小结

干扰抑制技术就是研究干扰的产生根源、干扰的传播方式和如何阻断干扰的传输途径和耦合通道等问题。在自动检测系统中，既要避免系统被外界干扰，也要考虑系统自身的内部相互干扰，同时还要防止对环境的干扰污染。

形成干扰的三个要素为：①干扰源；②传播途径；③接收载体。

检测装置的干扰抑制技术的着眼点是抑制形成干扰的“三要素”，即消除或抑制干扰源；阻断或减弱干扰的耦合通道或传输途径；削弱接收电路对干扰的灵敏度。三种措施比较起来，消除干扰源是最有效、最彻底的方法。削弱接收电路对干扰的灵敏度可通过电子线路板的合理布局，如输入电路采用对称结构、信号的数字传输、信号传输线采用双绞线等措施来实现。干扰信号主要是通过电磁感应、传输通道和电源线三种途径进入检测装置内部的。因此，检测装置的干扰抑制技术也是针对这三种情况采取相应的有效措施。常采用的有屏蔽技术、接地技术、浮置技术、隔离技术、滤波等硬件抗干扰措施，以及数字滤波、冗余技术等软件抗干扰措施。

思考与练习

1. 论述检测装置的干扰来源。
2. 通过“路”和“场”的干扰各有哪些？它们是通过什么方式造成干扰的？
3. 硬件干扰抑制方法有哪些？
4. 软件干扰抑制方法有哪些？
5. 屏蔽有哪几种？它们对哪些干扰起抑制作用？
6. 什么叫一点接地原则？
7. 接地设计时应注意什么问题？

附录　标准化热电偶分度表

a　铂铑$_{10}$-铂热电偶分度表

分度号：LB-3，S　　　　　　　　　　　　(参比端温度为 0℃)

工作端温度/℃	热电动势/mV		工作端温度/℃	热电动势/mV	
	LB-3	S		LB-3	S
0	0.000	0.000			
10	0.056	0.055	410	3.346	3.356
20	0.113	0.113	420	3.441	3.452
30	0.173	0.173	430	3.538	3.549
40	0.235	0.235	440	3.634	3.645
50	0.299	0.299	450	3.731	3.743
60	0.364	0.365	460	3.828	3.840
70	0.431	0.432	470	3.925	3.938
80	0.500	0.502	480	4.023	4.036
90	0.571	0.573	490	4.121	4.135
100	0.643	0.645	500	4.220	4.234
110	0.717	0.719	510	4.318	4.333
120	0.792	0.795	520	4.418	4.432
130	0.869	0.872	530	4.517	4.532
140	0.946	0.950	540	4.617	4.632
150	1.025	1.029	550	4.717	4.732
160	1.106	1.109	560	4.817	4.832
170	1.187	1.190	570	4.918	4.933
180	1.269	1.273	580	5.019	5.034
190	1.352	1.356	590	5.121	5.136
200	1.436	1.440	600	5.222	5.237
210	1.521	1.525	610	5.324	5.339
220	1.607	1.611	620	5.427	5.442
230	1.693	1.698	630	5.530	5.544
240	1.780	1.785	640	5.633	5.648
250	1.867	1.873	650	5.735	5.751
260	1.955	1.962	660	5.839	5.855
270	2.044	2.051	670	5.943	5.960
280	2.134	2.141	680	6.046	6.064
290	2.224	2.232	690	6.151	6.169
300	2.315	2.323	700	6.256	6.274
310	2.407	2.414	710	6.361	6.380
320	2.498	2.506	720	6.466	6.486
330	2.591	2.599	730	6.572	6.592
340	2.684	2.692	740	6.677	6.699
350	2.777	2.786	750	6.784	6.805
360	2.871	2.880	760	6.891	6.913
370	2.965	2.974	770	7.999	7.020
380	3.060	3.069	780	7.105	7.128
390	3.155	3.164	790	7.213	7.236
400	3.250	3.260	800	7.322	7.345

续表

工作端温度/℃	热电动势/mV		工作端温度/℃	热电动势/mV	
	LB-3	S		LB-3	S
810	7.430	7.454	1210	12.035	12.067
820	7.539	7.563	1220	12.155	12.188
830	7.648	7.672	1230	12.275	12.308
840	7.757	7.782	1240	12.395	12.429
850	7.867	7.892	1250	12.515	12.550
860	7.978	8.003	1260	12.636	12.671
870	8.088	8.114	1270	12.756	12.792
880	8.199	8.225	1280	12.875	12.913
890	8.310	8.336	1290	12.996	13.034
900	8.421	8.448	1300	13.116	13.155
910	8.534	8.560	1310	13.236	13.276
920	8.646	8.673	1320	13.356	13.397
930	8.758	8.786	1330	13.475	13.519
940	8.871	8.899	1340	13.595	13.640
950	8.985	9.012	1350	13.715	13.761
960	9.098	9.126	1360	13.835	13.883
970	9.212	9.240	1370	13.955	14.004
980	9.326	9.355	1380	14.074	14.125
990	9.441	9.470	1390	14.193	14.247
1000	9.556	9.585	1400	14.313	14.368
1010	9.671	9.700	1410	14.433	14.489
1020	9.787	9.816	1420	14.552	14.610
1030	9.902	9.932	1430	14.671	14.731
1040	10.019	10.048	1440	14.790	14.852
1050	10.136	10.165	1450	14.910	14.973
1060	10.252	10.282	1460	15.029	15.094
1070	10.370	10.400	1470	15.148	15.215
1080	10.488	10.517	1480	15.266	15.336
1090	10.605	10.635	1490	15.385	15.456
1100	10.723	10.754	1500	15.504	15.576
1110	10.842	10.872	1510	15.623	15.697
1120	10.961	10.991	1520	15.742	15.817
1130	11.080	11.110	1530	15.860	15.937
1140	11.198	11.229	1540	15.979	16.057
1150	11.317	11.348	1550	16.097	16.176
1160	11.437	11.467	1560	16.216	16.296
1170	11.556	11.587	1570	16.334	16.415
1180	11.676	11.707	1580	16.451	16.534
1190	11.795	11.827	1590	16.569	16.653
1120	11.915	11.947	1600	16.688	16.771

b　镍铬-镍硅(镍铝)热电偶分度表					
分度号：EU-2，K		(参比端温度为 0℃)			
工作端温度/℃	热电动势/mV		工作端温度/℃	热电动势/mV	
	EU-2	K		EU-2	K
-50	-1.86	-1.889	360	14.72	14.712
-40	-1.50	-1.527	370	15.14	15.132
-30	-1.14	-1.156	380	15.56	15.552
-20	-0.77	-0.777	390	15.99	15.974
-10	-0.39	-0.392	400	16.40	16.395
-0	-0.00	-0.000	410	16.83	16.818
			420	17.25	17.241
			430	17.67	17.664
+0	0.00	0.000	440	18.09	18.088
			450	18.51	18.513
10	0.40	0.397	460	18.94	18.938
20	0.80	0.798	470	19.37	19.363
30	1.20	1.203	480	19.79	19.788
40	1.61	1.611	490	20.22	20.214
50	2.02	2.022	500	20.65	20.640
60	2.43	2.436	510	21.08	21.066
70	2.85	2.850	520	21.50	21.493
80	3.26	3.266	530	21.93	21.919
90	3.68	3.681	540	22.35	22.346
100	4.10	4.095	550	22.78	22.772
110	4.51	4.508	560	23.21	23.198
120	4.92	4.919	570	23.63	23.624
130	5.33	5.327	580	24.05	24.050
140	5.73	5.733	590	24.48	24.476
150	6.13	6.137	600	24.90	24.902
160	6.53	6.539	610	25.32	25.327
170	6.93	6.939	620	25.75	25.751
180	7.33	7.338	630	26.18	26.176
190	7.73	7.737	640	26.61	26.599
200	8.13	8.137	650	27.03	27.022
210	8.53	8.537	660	27.45	27.445
220	8.93	8.938	670	27.87	27.867
230	9.34	9.341	680	28.29	28.288
240	9.74	9.745	690	28.71	28.709
250	10.15	10.151	700	29.13	29.128
260	10.56	10.560	710	29.55	29.547
270	10.97	10.969	720	29.97	29.965
280	11.38	11.381	730	30.39	30.388
290	11.80	11.793	740	30.81	30.799
300	12.21	12.207	750	31.22	31.214
310	12.62	12.623	760	31.64	31.629
320	13.04	13.039	770	32.06	32.042
330	13.45	13.456	780	32.46	32.455
340	13.87	13.874	790	32.87	32.866
350	14.30	14.292	800	33.29	33.277

续表

工作端温度/℃	热电动势/mV		工作端温度/℃	热电动势/mV	
	EU-2	K		EU-2	K
810	33.69	33.686	1110	45.48	45.486
820	34.10	34.095	1120	45.85	45.863
830	34.51	34.502	1130	46.23	46.238
840	34.91	34.909	1140	46.60	46.612
850	35.32	35.314	1150	46.97	46.985
860	35.72	35.718	1160	47.34	47.356
870	36.13	36.121	1170	47.71	47.726
880	36.53	36.524	1180	48.08	48.095
890	36.93	36.925	1190	48.44	48.462
900	37.33	37.325	1200	48.81	48.828
910	37.73	37.724	1210	49.17	49.192
920	38.13	38.122	1220	49.53	49.555
930	38.53	38.519	1230	49.89	49.916
940	38.93	38.915	1240	50.25	50.276
950	39.32	39.310	1250	50.61	50.633
960	39.72	39.703	1260	50.96	50.990
970	40.10	40.096	1270	51.32	51.344
980	40.49	40.488	1280	51.67	51.697
990	40.88	40.897	1290	52.02	52.049
1000	41.27	41.264	1300	52.37	50.398
1010	41.66	41.657	1310		52.747
1020	42.04	42.045	1320		53.093
1030	42.43	42.432	1330		53.439
1040	42.83	42.817	1340		53.782
1050	43.21	43.202	1350		54.125
1060	43.59	43.585	1360		54.466
1070	43.97	43.968	1370		54.807
1080	44.34	44.349			
1090	44.72	44.729			
1100	45.10	45.108			

参 考 文 献

1. 马西秦. 自动检测技术. 北京：机械工业出版社，2009

2. 罗志增，薛凌云，席旭刚. 测试技术与传感器. 西安：西安电子科技大学出版社，2008

3. 俞云强. 传感器与检测技术. 南京：江苏科学技术出版社，2010

4. 梁森，王侃夫，黄杭美. 自动检测与转换技术. 北京：机械工业出版社，2006

5. 叶湘滨，熊飞丽，张文娜，罗武胜. 传感器与测试技术. 北京：国防工业出版社，2007

6. 刘少强，张靖. 传感器设计与应用实例. 北京：中国电力出版社，2008

7. 刘亮等. 先进传感器及其应用. 北京：化学工业出版社，2005

8. 张红润，张亚凡，邓洪敏. 传感器原理及应用. 北京：清华大学出版社，2008

9. 宋雪臣. 传感器与检测技术. 北京：人民邮电出版社，2010

10. 李长缨，滕光辉，赵春江，乔晓军，武聪玲. 利用计算机视觉技术实现对温室植物生长的无损监测. 农业工程学报，2003(5):140-143

11. 王化祥，张淑英. 传感器原理及应用. 天津：天津大学出版社，2007

12. 宋文旭，杨帆. 自动检测技术. 北京：高等教育出版社，2006

13. 赵燕. 传感器原理及应用. 北京：北京大学出版社，2010

14. 余成波，聂春燕，张佳薇. 传感器原理与应用. 武汉：华中科技大学出版社，2010

15. 刘爱华，满宝元. 传感器原理与应用技术. 北京：人民邮电出版社，2010

16. 王化祥等. 现代传感器技术及应用. 北京：化学工业出版社，2008

17. [日]松井邦彦. 传感器应用技巧 141 例. 梁瑞林译. 北京：科学出版社，2006

18. 孙余凯等. 传感器应用电路 300 例. 北京：电子工业出版社，2008